国家级技工教育规划教材
全国技工院校化工类专业教材

化工设备维护与检修

靳军丽　孔磊磊　主编

中国劳动社会保障出版社

图书在版编目（CIP）数据

化工设备维护与检修/靳军丽，孔磊磊主编．--北京：中国劳动社会保障出版社，2024
全国技工院校化工类专业教材
ISBN 978－7－5167－6222－6

Ⅰ．①化…　Ⅱ．①靳…　②孔…　Ⅲ．①石油化工设备－检修－技工学校－教材
Ⅳ．①TE960.7

中国国家版本馆 CIP 数据核字（2024）第 071268 号

中国劳动社会保障出版社出版发行
（北京市惠新东街 1 号　邮政编码：100029）

*

北京市科星印刷有限责任公司印刷装订　　新华书店经销

787 毫米×1092 毫米　16 开本　14.75 印张　317 千字
2024 年 6 月第 1 版　　2024 年 6 月第 1 次印刷
定价：39.00 元

营销中心电话：400－606－6496
出版社网址：http://www.class.com.cn

《化工设备维护与检修》编审委员会

主　　编　靳军丽　孔磊磊

副 主 编　王立娟

编　　者　**（以姓氏笔画为序）**

王立娟（山东化工技师学院）

王　楠（山东化工技师学院）

孔磊磊（山东化工技师学院）

张显冲（山东化工技师学院）

徐家唯（河南化工技师学院）

靳军丽（河南化工技师学院）

主　　审　徐廷国（山东化工技师学院）

任永胜（山东化工技师学院）

总前言

为了深入贯彻党的二十大精神和习近平总书记关于大力发展技工教育的重要指示精神，落实中共中央办公厅、国务院办公厅印发的《关于推动现代职业教育高质量发展的意见》，推进技工教育高质量发展，全面推进技工院校工学一体化人才培养模式改革，适应技工院校教学模式改革创新，同时为更好地适应技工院校化工类专业的教学要求，全面提升教学质量，我们组织有关学校的一线教师和行业、企业专家，在充分调研企业生产和学校教学情况、广泛听取教师意见的基础上，吸收和借鉴各地技工院校教学改革的成功经验，组织编写了本套全国技工院校化工类专业教材。

总体来看，本套教材具有以下特色：

第一，坚持知识性、准确性、适用性、先进性，体现专业特点。教材编写过程中，努力做到以市场需求为导向，根据化工行业发展现状和趋势，合理选择教材内容，做到“适用、管用、够用”。同时，在严格执行国家有关技术标准的基础上，尽可能多地在教材中介绍化工行业的新知识、新技术、新工艺和新设备，突出教材的先进性。

第二，突出职业教育特色，重视实践能力的培养。以职业能力为本位，根据化工专业毕业生所从事职业的实际需要，适当调整专业知识的深度和难度，合理确定学生应具备的知识结构和能力结构。同时，进一步加强实践性教学的内容，以满足企业对技能型人才的要求。

第三，创新教材编写模式，激发学生学习兴趣。按照教学规律和学生的认知规律，合理安排教材内容，并注重利用图表、实物照片辅助讲解知识点和技能点，为学生营造生动、直观的学习环境。部分教材采用工作手册式、新型活页式，全流程体现产教融合、校企合作，实现理论知识与企业岗位标准、技能要求的高度融合。部分教材在印刷工艺上采用了四色印刷，增强了教材的表现力。

本套教材配有习题册和多媒体电子课件等教学资源，方便教师上课使用，可以通过技工教育网（http://jg.class.com.cn）下载。另外，在部分教材中针对教学重点和难点制作了演示视频、音频等多媒体素材，学生可扫描二维码在线观看或收听相应内容。

本套教材的编写工作得到了北京、河南、山东、云南、江苏、江西、四川、广西、广东等省（自治区、直辖市）人力资源社会保障厅（局）及有关学校的大力支持，教材编审人员做了大量的工作，在此我们表示诚挚的谢意。同时，恳切希望广大读者对教材提出宝贵的意见和建议。

本书前言

本教材以化工企业一线技术工人应具备的化工设备知识和能力为出发点，对化工设备知识进行优化整合，重点介绍了压力容器基本知识、高压容器及其检修、换热器及其检修、塔设备及其检修、反应釜及其检修、化工设备的腐蚀与防腐等内容。

本教材紧密结合企业生产实际，参考国家相关标准和规范，编写过程力求做到知识系统化、层次化，理论知识与实践操作相统一，内容精练、素材丰富、深入浅出、实用性强。本书可作为技工院校化工类及相关专业的教学用书，也可作为职业培训和职业技能鉴定教材及工程技术人员参考用书。

本教材由河南化工技师学院和山东化工技师学院组成联合编写团队，绪论、第二章、第三章由靳军丽编写，第一章由徐家唯编写，第四章、第六章由孔磊磊、张显冲编写，第五章由王立娟、王楠编写。全书由徐廷国、任永胜主审。本书编写过程中还得到了化工企业相关技术人员的帮助，在此表示感谢。

由于编者水平有限，书中有可能存在疏漏，敬请读者批评指正。

编者

2024 年 3 月

目 录

绪 论

学习目标

1. 熟悉化工机械的分类。
2. 了解常用化工设备的种类。
3. 了解化工设备应满足的基本要求。

一、化工机械的分类

机械是工业生产的基础。化工生产过程需要对物料进行混合、分离、加热等操作，这些操作需要用到混合搅拌设备、分离设备、传热设备、反应设备等；流体在设备间的输送需要用到管道、阀门和储存设备等。

化工机械是指为化工生产服务，用于处理各种物料和制取产品的装备，是化工机器和化工设备的总称。化工机械是实现化工生产的基础，没有相应的机器和设备，任何化工生产过程都无法实现。化工产品的质量、产量和成本，在很大程度上取决于化工机械的完善程度。

化工机器的主要部件是运动的机械，包括压缩机、鼓风机、离心机、离心泵等。

化工设备的主要部件是静止的或者只有很小运动的机械，如各种容器（槽、罐、釜等）、塔器、反应器、换热器、干燥器、蒸发器、电解槽、结晶设备、传质设备、吸附设备等。

二、化工设备的种类

按化工设备在生产中的作用可将其归纳为换热设备、传质设备、反应设备、储存设备等类型。

1. 换热设备

换热设备的作用是将热量从高温流体传给低温流体，以达到加热、冷凝、冷却的目的，并从中回收热量，节约燃料。换热器如图 0 – 1 所示。

2. 传质设备

传质设备利用物料之间的某些物理性质如沸点、密度、溶解度等的不同，将处于混合状态的物质中的某些组分分离出来。塔设备属于传质设备，如图 0 – 2 所示。

3. 反应设备

反应设备的作用是完成一定的化学反应和物理过程，其中化学反应起主导作用，物理过程是辅助的或伴生的。反应釜属于反应设备，如图 0 – 3 所示。

4. 储存设备

储存设备是用来盛装生产用的原料气、液体、液化气等物料的设备。球状储罐属于储存设备，如图 0 – 4 所示。

图 0 – 1　换热器

图 0 – 2　塔设备

图 0 – 3　反应釜

图 0 – 4　球状储罐

三、化工设备的基本要求

化工生产中的介质大多具有易燃、易爆、有毒、腐蚀性强的特点，且生产装置具有大型化的特点，生产过程连续，自动化程度高。为了保障化工设备在生产中能安全、正常运转，其结构应满足如下要求：

1. 工艺性能要求

化工设备应具有在指定的生产条件下完成指定的生产任务所要求的工艺指标（如反应设备的反应速度、换热设备的传热量、储存设备的储存量），还应有较高的生产率和较低的资源消耗。

2. 安全性能要求

化工生产的特点要求化工设备必须具有足够的安全性。国内外化工生产实践表明，化工设备一旦发生事故，危害性极大。为了保障化工设备安全、可靠地运行，防止事故发生，化工设备必须具有足够的强度、刚度，以及良好的韧性、耐蚀性和可靠的密封性等。密封性是化工设备安全操作的必要条件，是化工生产正常操作条件下阻止介质泄漏的能力。尤其是承压或存储易燃、易爆、有毒介质的容器，必须保证有可靠的密封性，以确保操作人员和化工设备的安全，保护环境，防止发生爆炸等事故。

3. 使用合理性能要求

化工设备应尽可能做到结构合理，制造简单，运输与安装方便，操作、控制、维护简便等。

4. 经济性能要求

在满足安全、可靠运行和工艺要求的前提下，要尽量做到经济、合理。首先，应保证生产率高，消耗低；其次，应选择合适的材料、合理的结构，减少加工量，降低制造成本；最后，对于大型化工设备，还应考虑降低运输、安装等方面的费用以及运行、维修等费用。

5. 环境保护及职业安全健康要求

化工设备的生产和使用必须贯彻执行国家有关环境保护和职业安全健康方面的法律、法规，对可能对环境造成近期和远期影响、影响劳动者健康和安全的因素，要采取防治措施。

四、本课程的任务和学习方法

1. 主要任务

（1）掌握化工设备基础理论知识。

（2）学会分析化工设备常见故障的原因并能进行维修。

（3）能够对化工设备进行日常检查及维护保养。

（4）通过国家标准、技术规程的学习，养成严谨的工作态度，建立专业自信。

2. 学习方法

（1）掌握化工设备基础理论。在学习中，要有探究精神，从设备的外观结构到内部的构件组成及其作用，再到设备的工作原理、故障的检修方法，要循序渐进，打好理论基础。

（2）注重实践，在实践中提高能力。利用本校实训资源，认真完成每个实训任务，提高自己的动手操作能力，达到由不会到会、由会到熟练、由熟练到有技巧的提升。

（3）培养严谨的工作作风。要严格遵守检修规程，检修前做好准备工作，办理好各种票证，做好安全防护，查找故障要细心，维修工作要精心，养成认真负责、踏实严谨的优良作风。

第1章

压力容器基本知识

在化工生产中，换热器、塔设备、反应釜等都属于压力容器，这些压力容器的几何形状常常是轴对称的。本书中属于化工设备共性的内容均在本章予以介绍。

§1－1　认识压力容器

学习目标

1. 熟悉压力容器的基本构造。
2. 熟悉压力容器常用材料的主要性能。
3. 掌握压力容器的分类。
4. 了解公称直径和公称压力的含义。
5. 掌握压力容器主要的失效形式。

化工生产中有很多用来储存物料、进行物理过程和化学反应的设备，这些设备虽然作用不同，大小形状各异，内部构件千差万别，但它们有个共同的特点，就是都有一个外壳。可将化工生产中各种设备的外部壳体统称为容器。所以，容器是化工设备的一个基本组成部分。

承受介质压力且与外界隔离的密闭容器称为压力容器。这类容器应用广泛，形式繁多，又比较容易发生事故，且事故后果往往比较严重。因此，压力容器的安全问题备受关注。

根据《固定式压力容器安全技术监察规程》（TSG 21—2016）的规定，压力容器应同时具备下列条件：

（1）工作压力大于或等于0.1 MPa（不含液柱静压力）。

（2）容积大于或等于0.03 m^3并且内直径（非圆形截面指截面内边界最大几何尺寸）大于或等于0.15 m。

（3）盛装介质为气体、液化气体以及介质最高工作温度高于或等于标准沸点的液体。

一、压力容器的结构与形式

压力容器最基本的结构是一个密闭的壳体。化工生产中常用的中低压容器大多是圆筒形容器，主要由壳体（筒体）、封头（又称端盖）、法兰、支座、接管及人孔、手孔、视镜等组成。卧式储罐如图1－1所示，立式容器如图1－2所示。

图1－1　卧式储罐

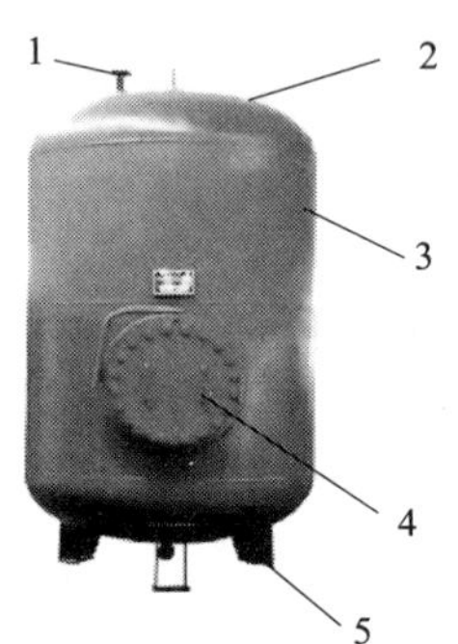

图1－2　立式容器

1—接管　2—封头　3—筒体　4—人孔　5—支座

二、压力容器的材料

制造压力容器的材料种类很多，有金属材料和非金属材料，目前大部分压力容器是用金属材料制造的。压力容器的选材应充分考虑材料的力学性能、物理性能、工艺性能以及与介质的相容性。

压力容器材料的采购、使用应严格遵照《固定式压力容器安全技术监察规程》（TSG 21—2016）、《压力容器　第1部分：通用要求》（GB/T 150.1—2011）等标准执行。

1. 金属材料的性能

（1）力学性能。材料的力学性能是指材料在不同环境（温度、介质、湿度）下，承受各种外加载荷（拉伸、压缩、弯曲、扭转、冲击、交变应力等）时所表现出的力学特征。压力容器用材料的常规力学性能指标主要包括强度、塑性、韧性和硬度等。

1）强度：金属材料在静载荷作用下抵抗永久变形或断裂的能力。强度是压力容器中决定许用应力的重要依据。

2）塑性：金属材料在载荷作用下产生永久变形而不被破坏的能力。塑性变形发生在金属材料承受的应力超过弹性极限时，且载荷去除之后材料将保留承受一部分或全部载荷时的变形。塑性是材料变形的能力。压力容器在加工的时候需要变形，比如把钢板压成圆筒，如果塑性不好，在加工过程中会产生缺陷。另外，塑性好的材料在使用过程中能通过一定的塑

性变形，减少局部应力的影响。塑性指标有断后伸长率 A 和断面收缩率 Z，A 和 Z 的值越大，材料的塑性越好。

3）韧性：金属材料抵抗冲击载荷而不被破坏的能力。韧性是指金属材料在拉应力的作用下，在发生断裂前有一定塑性变形的特性。衡量金属材料韧性的指标为冲击吸收能量和侧膨胀值，工程上常用一次摆锤冲击弯曲试验来测定材料抵抗冲击载荷的能力。

4）硬度：金属材料表面抵抗其他硬物压入的能力。它既可理解为材料抵抗弹性变形、塑性变形或破坏的能力，也可表述为材料抵抗残余变形和反破坏的能力。硬度不是一个简单的物理概念，而是材料弹性、塑性、强度和韧性等力学性能的综合指标。硬度的常规表示有布氏（HB）、洛氏（HRC）、维氏（HV）、里氏（HL）硬度等，其中以 HB 及 HRC 较为常用。

（2）焊接性能。压力容器大多是焊接结构，因此制造材料的焊接性能至关重要。可焊性差的材料，不但会由于焊接加热而降低焊接热影响区材料的韧性和塑性，还会在焊接处产生各种焊接缺陷，包括裂纹、未焊透等严重缺陷。而对于压力容器的承压部件来说，裂纹是最危险且不允许存在的缺陷。判定材料可焊性时，测定焊接碳当量或焊接裂纹敏感性指数的方法，都属于对比鉴别，并不能完全反映材料的实际可焊性。所以，在选用一种新的材料焊接压力容器时，一般要经过可焊性试验，常用的方法是抗裂试验。

（3）热处理性能。对于压力容器焊接材料的热处理性能，要求消除加工过程中产生的残余内应力，而且热处理时不会产生裂纹。一些用低合金高强度材料焊制的压力容器，往往在焊后的热处理过程中出现裂纹，这种裂纹发生在热影响区的粗晶粒区域，呈分支状，裂纹扩展到焊缝或母材的细晶粒区即停止。国外曾发生多起因存在这种裂纹而导致压力容器在耐压试验时发生脆性破裂的事故。这种焊后的热处理裂纹（或称消除应力退火裂纹），一般认为是材料在加热和热处理时，焊接热影响区的延性不足以调节释放应力所必需的应变而引起的。对于这种具有裂纹敏感性的材料，目前还没有可靠的热处理工艺措施来完全防止裂纹的产生。因此，最根本的办法是选材时不要选用这种敏感性的材料。

2. 压力容器常用钢材

压力容器所用钢材按照类别可分为钢板、钢管、锻件和焊接材料等。压力容器受压元件用钢应当是氧气转炉或者电炉冶炼的镇静钢，对化学成分特别是碳（C）、硫（S）、磷（P）的含量有严格的要求。压力容器用钢是指用于制造压力容器的专用钢，一般指强度用钢。为满足不同的设计与制造要求，可将钢材按强度级别划分一系列钢号，其中包括碳素类和低合金高强度类。以下按照常用钢种进行简单介绍。

（1）碳素结构钢。普通碳素结构钢如 Q235 - AF、Q235 - B 等。对于专门用途的碳素结构钢，一般在牌号尾部加代表用途的符号。例如，制造锅炉或压力容器的专用碳素结构钢应在牌号尾部附加汉语拼音 R。以 Q245R 为例，Q 为“屈”汉语拼音首位字母，245 指屈服强度值（MPa），R 为“容”汉语拼音首位字母。Q245R 具有特殊的成分与性能，主要用于制造压力容器并在限定条件下使用。碳素结构钢用于常温、低压、低腐蚀场合。

（2）低合金钢。低合金钢是指合金元素总质量分数小于 5% 的合金钢。合金钢是相对于碳钢而言的，是在碳钢的基础上，为了改善钢的性能，而有意向钢中加入一种或几种合金元素。合金元素总质量分数低于5%的称为低合金钢，普通合金钢合金含量一般在3.5%以下，合金元素总质量分数为5%～10%的称为中合金钢，合金元素总质量分数大于10%的称为高合金钢。常用的钢号有Q245R、14Gr1MoR、Q345R、13MnNiMoR等。

（3）不锈钢。不锈钢通常是指铬质量分数在12%～30%的铁基耐蚀合金。根据含铬量的不同，可将不锈钢分为两大类：一类是铬质量分数在12%～17%的不锈钢，它们在大气、水及其他腐蚀性不太强的介质中非常耐腐蚀；另一类用在腐蚀性较强的介质中，其铬质量分数在17%以上，又称为耐酸钢。常用的不锈钢有0Cr13Al、0Cr13、0Cr18Ni9、0Cr18Ni10Ti、0Cr17Ni12Mo2、00Cr19Ni10、00Cr19Ni13Mo3等。

（4）低温压力容器用低合金钢。设计温度≤－20 ℃的压力容器即属于低温容器范畴。对于这类容器，应选用耐低温的专用钢材，如16MnDR、15MnNiDR、09Mn2VDR、09MnNiDR等。

3. 常用钢板名义厚度

碳素结构钢及低合金钢钢板的名义厚度为3 mm、4 mm、5 mm、6 mm、8 mm、10 mm、…、60 mm（以2 mm递进）。厚度在60 mm以上的，依据钢板需要和供货情况而定。

高合金钢钢板的名义厚度为2 mm、3 mm、4 mm、…、20 mm（以1 mm递进）。厚度在20 mm以上的，依据钢板需要和供货情况而定。

4. 压力容器特种钢材

（1）铝合金。铝密度小，约为铁的1/3。铝合金强度可达500～600 MPa，强度与密度之比较高。化工工业中常用防锈铝合金（代号LF），其合金系为Al－Mn和Al－Mg系，主要性能特点如下：

1）不能通过热处理提高其强度，只能通过冷加工的方法。

2）有适中的强度和优良的塑性，焊接性能较好。

3）有很好的抗腐蚀性能。

4）主要用于制造各种容器、油罐及防锈蒙皮等。

（2）黄铜及铜合金。黄铜是指以铜为主的铜锌合金。黄铜的抗腐蚀性较好，与纯铜相近，对大气、海水以及氨以外的碱性溶液有较强的耐蚀性。常用的黄铜如下：

1）H80（铜质量分数为80%）：颜色呈金黄色，有较好的力学性能和冷、热加工性能，在大气和海水中有良好的耐蚀性，用来制造各种装饰品。

2）H70（铜质量分数为70%）：铜、锌之比为7∶3，又称为七三黄铜，强度高，塑性好，冷成形性能好，便于深冲压加工，用于制造换热器、弹壳等。

3）H62（铜质量分数为62%）：有较高的强度，热塑性良好，切削加工性好，焊接性能好，耐腐蚀性能好，价格较便宜，应用广泛。

铜合金是在铜锌合金中再加入铝、锰、锡、铅、铁、镍、硅等元素形成的合金。这些元素能提高黄铜的强度，其中铝、镍、锡、锰还能提高黄铜的耐蚀性和抗磨性。

（3）钛及钛合金。我国目前用于制造压力容器壳体及其他受压元件的钛材有各级工业纯

钛和 Ti-0.2Pb、Ti-0.3Mo-0.8Ni 两种钛合金。

钛密度小、强度高、塑性好，强度比目前任何材料都大。钛的性能与其纯度有很大的关系，微量的杂质能使钛的强度增加，塑性降低。工业纯钛的钛质量分数为 99.5%，牌号用“TA+数字”表示。工业纯钛牌号有 TA1~TA3，从1到3数字越大，其强度越高，塑性越差。钛在 882 ℃时产生相变，在 350 ℃时塑性最好。在化工生产中，钛材可用来制造热交换器、泵体、蒸馏塔、搅拌器等。

在设计钛制压力容器时，选择钛材必须考虑下列因素：

1）强度。应根据受压元件对强度的要求，选择不同等级的工业纯钛。选用时应注意，随着强度的增大，钛材的缺点也会增多。故对一般的钛制压力容器，通常选用中等强度的工业纯钛（如 TA2）作为壳体和其他受压元件的材料。对于钛-钢复合板制压力容器和换热器，钛复层通常选用 TA1 或 TA2，换热器则选用 TA2 或 TA3。

2）成形种类。对于最苛刻的成形（如板式换热器中的板片），必须采用尽可能软的工业纯钛（如 TA1）。对于不太困难的成形（如压力容器的衬里），可采用中等强度的工业纯钛（如 TA2）。工业纯钛很容易冷成形，较高强度的工业纯钛需要在 200~300 ℃下成形。

3）耐蚀性。钛合金 Ti-0.2Pb 和 Ti-0.3Mo-0.8Ni 比工业纯钛具有更高的耐蚀性，特别是耐缝隙腐蚀和耐弱还原性酸腐蚀的性能较优越。但钛合金 Ti-0.2Pb 的价格较高，仅用作有缝隙腐蚀的法兰密封面。

4）可焊性。虽然压力容器所用各级工业纯钛和钛合金均有良好的可焊性，但钛合金 Ti-0.3Mo-0.8Ni 的焊接较工业纯钛难。

5）价格。所有钛合金的价格都比工业纯钛高，特别是钛合金 Ti-0.2Pb 含有贵重合金元素钯，其价格约为工业纯钛的 10 倍。钛合金 Ti-0.3Mo-0.8Ni 的价格比工业纯钛高百分之几十，但它的强度较高，而且随温度升高强度降低较少。

三、压力容器的分类

压力容器的应用十分广泛，种类很多，分类方法也很多。通常可按以下几种方式分类：

1. 按工艺用途分类

(1) 反应压力容器（R）。反应压力容器主要用于完成介质的物理、化学反应。代表设备有反应器、分解塔、合成塔。

(2) 换热压力容器（E）。换热压力容器主要用于介质热量交换。代表设备有换热器、余热或废热锅炉、冷凝器、蒸发器等。

(3) 分离压力容器（S）。分离压力容器主要用于介质的流体压力平衡和气体净化分离。代表设备有分离器、过滤器、缓冲器、吸收塔等。

(4) 储存压力容器（C，球罐 B）。储存压力容器主要用于储存或盛装气体、液体、液化气体等介质。代表设备有液化石油气储罐、液氨储罐、球罐、槽车等。

2. 按承压性质分类

压力容器按承压性质可分为内压容器和外压容器。内部介质压力大于外部介质压力的容器称为内压容器，这种容器用得最多。外部压力大于内部介质压力的容器称为外压容器，如减压塔和真空容器等。带夹套的反应设备，当夹套内介质压力高于容器内介质压力时，也属外压容器。

内压容器按其承受压力 p 的大小可分为 4 种。

（1）低压容器（L）：0.1 MPa$\leqslant p<$1.6 MPa。

（2）中压容器（M）：1.6 MPa$\leqslant p<$10.0 MPa。

（3）高压容器（H）：10.0 MPa$\leqslant p<$100 MPa。

（4）超高压容器（U）：$p\geqslant$100 MPa。

3. 按容器壁厚分类

压力容器按容器壁厚可分为薄壁容器和厚壁容器。

（1）薄壁容器：$\delta/D_i\leqslant 1/10$（$D_o/D_i\leqslant 1.2$）。

（2）厚壁容器：$\delta/D_i>1/10$（$D_o/D_i>1.2$）。

其中，δ 为容器壁厚，D_o为容器外径，D_i为容器内径。

4. 按容器的工作温度分类

按容器的工作温度 T，可将压力容器分为 4 类。

（1）低温容器：$T\leqslant -20$ ℃。

（2）常温容器：-20 ℃ $<T\leqslant 150$ ℃。

（3）中温容器：150 ℃ $<T<400$ ℃。

（4）高温容器：$T\geqslant 400$ ℃。

5. 按安全技术监察规程分类

《固定式压力容器安全技术监察规程》（TSG 21—2016）综合考虑了设计压力、几何容积、材料强度、应用场合和介质危害程度等影响因素，将压力容器分为第一、第二、第三类压力容器，其中第三类压力容器最重要，要求也最严格。这种分类方法对压力容器的设计、制造、安装及管理人员而言更为重要。具体划分如下：

（1）第一类压力容器。第一类压力容器是指除第二类、第三类压力容器以外的所有低压容器。

（2）第二类压力容器。第二类压力容器包括以下类型：

1）除第三类压力容器以外的所有中压容器。

2）易燃介质或毒性程度为中度危害介质的低压反应容器和储存容器。

3）毒性程度为极度和高度危害介质的低压容器。

4）低压管壳式余热锅炉。

5）搪玻璃压力容器。

（3）第三类压力容器。第三类压力容器包括以下类型：

1）毒性程度为极度和高度危害介质的中压容器和设计压力与容积的乘积大于或等于

0.2 MPa·m^3的低压容器。

2）易燃或毒性程度为中度危害介质且其设计压力与容积的乘积大于或等于0.5 MPa·m^3的中压反应容器和设计压力与容积的乘积大于或等于10 MPa·m^3的中压储存容器。

3）高压、中压管壳式余热锅炉。

4）高压容器。

压力容器类别简易判断见表1－1。

表1－1　压力容器类别简易判断

介质性质		非易燃、无/轻度毒性	易燃、中度毒性		高度、极度毒性	
pV/（MPa·m^3）			$0.5 \leqslant pV < 10$	$pV \geqslant 10$	$pV < 0.2$	$pV \geqslant 0.2$
低压（$0.1\ MPa \leqslant p < 1.6\ MPa$）	换热	一类容器	一类容器	一类容器	二类容器	三类容器
	分离	一类容器	一类容器	一类容器	二类容器	三类容器
	储存	一类容器	二类容器	二类容器	二类容器	三类容器
	反应	一类容器	二类容器	二类容器	二类容器	三类容器
中压（$1.6\ MPa \leqslant p < 10\ MPa$）	换热	二类容器	二类容器	二类容器	三类容器	三类容器
	分离	二类容器	二类容器	二类容器	三类容器	三类容器
	储存	二类容器	二类容器	三类容器	三类容器	三类容器
	反应	二类容器	三类容器	三类容器	三类容器	三类容器
高压（$10\ MPa \leqslant p < 100\ MPa$）		三类容器	三类容器	三类容器	三类容器	三类容器

6. 按结构形式分类

在石油、化工生产中大量采用的中低压容器均属于薄壁容器，其外形结构形式较多，但最常用的是圆筒形容器（见图1－3）和球形容器（见图1－4）。

图1－3　圆筒形容器

图1－4　球形容器

四、压力容器零部件的标准化

压力容器零部件大多已经标准化，这样既增强了容器部件的互换性，又解决了加工量小、成本高、质量差等问题，更利于专业化大批量生产。

容器零部件标准化的基本参数是公称直径和公称压力。

1. 公称直径

公称直径是将压力容器的直径加以标准化后的标准直径，用“DN”表示。容器的公称直径是指容器的内径。压力容器的公称直径有 300 mm、350 mm、400 mm、450 mm 等。管的公称直径既不是内径也不是外径，而是与两者相近的某一个数值，故而是一个“名义”直径。采用无缝钢管制造筒体时其外径为公称直径。无缝钢管制筒体的公称直径有 159 mm、219 mm、273 mm、325 mm、377 mm、426 mm。

2. 公称压力

公称压力是为了设计、制造和使用方便而人为规定的一个标准压力，它分为若干标准压力等级，从而使容器的壁厚和部件标准化，用“PN”表示。在中低压范围，公称压力分为 0.25 MPa、0.6 MPa、1.0 MPa、1.6 MPa、2.5 MPa、4.0 MPa、6.4 MPa。

法兰的公称直径和公称压力是根据与之相配的容器或管的标准而制定的。

五、压力容器的失效形式

容器或其零部件在使用过程中，其尺寸、形状或材料性能发生改变而完全失去或不能良好地实现原定功能的现象，称为容器或其零部件的失效。引起容器失效的因素可归为操作条件、设计和制造、使用与维修 3 个主要方面，其中操作条件包括受载情况及工作环境。

压力容器的失效形式分为变形失效、断裂失效、腐蚀失效等。

1. 变形失效

(1) 弹性变形失效。当所承受的工作载荷或工作温度引起容器或其零部件可恢复的弹性变形大到足以妨碍其正常工作时，就称为弹性变形失效或过度弹性变形。例如，露天立置的塔设备在风力作用下，塔顶发生过度弹性挠曲，其挠度超过许用值，导致影响塔的正常操作或使塔体受到过大弯曲应力，即属弹性变形失效。

(2) 塑性变形失效。容器发生过大的塑性变形而不能继续工作的失效，称为塑性变形失效或过度塑性变形。例如，受均匀内压的容器，当容器内的压力异常升高至器壁平均应力且超过容器材料的屈服点时，容器的变形迅速增大，筒身发生膨胀，且当压力卸除之后，容器不能恢复原来形状而保留一部分残余变形。

(3) 失稳失效。当作用在压力容器上的外压力达到临界水平时，径向挠度迅速随压力的增大而增大，直到产生褶皱、塌陷、弯曲等不可复原的塑性变形。虽从强度观点来看，压力所产生的应力可能完全在材料的弹性或屈服点以下，但当达到临界状态时，任何外界干扰都可能引起挠度突然增大而破坏结构的平衡，导致突然崩溃或翘曲。这种失效形式称为容器的失稳失效或翘曲失效。

2. 断裂失效

(1) 脆性断裂失效。容器或其零部件的材料未经明显的变形而发生的断裂，即为脆性断裂。发生脆性断裂时，材料几乎没有发生塑性变形。

(2) 疲劳断裂失效。压力容器在交变循环载荷的作用下，经过一定周期后发生的断裂，

称为疲劳断裂。疲劳断裂是压力容器最常见的失效形式之一。

（3）蠕变断裂失效。压力容器或其零部件在高温和应力的共同作用下，经过一段时间，其塑性变形不断增大，以致累积的尺寸变化使容器或其零部件无法正常工作，直至出现破裂，称为蠕变断裂。压力容器一般较少发生蠕变断裂失效。

3. 腐蚀失效

压力容器由于接触化学介质，其构造材料与环境之间发生化学反应和电化学反应，引起材料减薄、局部腐蚀或变质，使容器不能正常运行，甚至发生破裂，即为腐蚀失效。

思考与练习

1. 对于化工设备常用钢板的名义厚度，低合金钢板以________递进，最厚板为________ mm；高合金钢板以________递进，最厚板为________ mm。

2. 压力容器标准化的数据是________和________，分别用符号________和 ________表示。

3. 以下容器中，（　　）属于第三类压力容器。

A. 低压管壳式锅炉　　B. 所有极度危害介质的低压容器

C. 中压容器　　D. 高度危害介质的中压容器

4. 内压容器按设计压力大小可分为4个压力等级，中压容器的压力范围为（　　）。

A. $0.1\ \text{MPa} \leqslant p < 1.6\ \text{MPa}$　　B. $1.6\ \text{MPa} \leqslant p < 10.0\ \text{MPa}$

C. $10.0\ \text{MPa} \leqslant p < 100\ \text{MPa}$　　D. $0.6\ \text{MPa} \leqslant p < 1.6\ \text{MPa}$

5. 以下容器中，（　　）的代号是E。

A. 干燥器　　B. 反应釜　　C. 过滤器　　D. 管壳式余热锅炉

6. 压力容器选材要考虑哪几个方面的性能？

§1－2　内压薄壁容器封头及开孔补强

学习目标

1. 熟悉常用封头的种类。

2. 了解不同压力和使用场合适用的封头类型。

3. 掌握压力容器3种补强方式及适用场合。

在化工生产中，大部分中低压容器属于内压薄壁容器，如各种储罐、换热器等。

一、内压容器的封头

封头是压力容器重要的受压元件，其质量直接关系压力容器的安全性。压力容器封头的种类较多，按外形特征一般分为凸形封头、锥形封头和平板形封头。凸形封头包括半球形封头、椭圆形封头、碟形封头，这些封头各有其特点且应用较广泛。

1. 半球形封头

半球形封头是由半个球壳构成的。球壳的曲率半径处处相等，因此半球形封头受力均匀，在同样的承压条件下应力最小。在同样体积下，球的表面积最小，故可选用较小的壁厚，节省材料，但其深度大，焊缝多，制造较困难，多用于大型容器。半球形封头如图 1－5 所示。

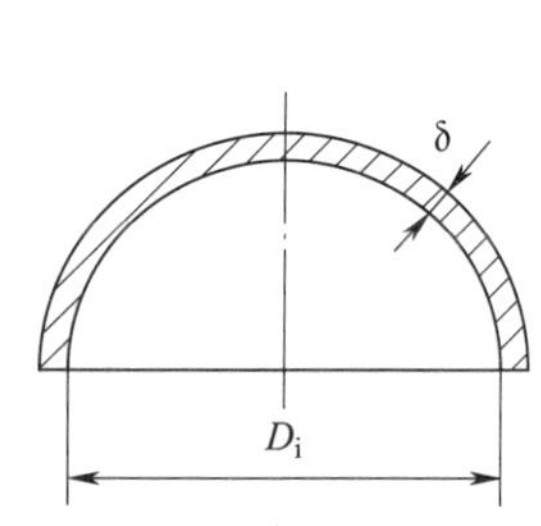

图 1－5　半球形封头

δ—有效厚度　D_i—封头的内直径

2. 椭圆形封头

椭圆形封头（见图 1－6）是由长、短半轴分别为 a 和 b 的半椭球及高度为 h_0 的短圆筒（通称为直边）两部分所构成。直边的作用是保障封头的制造质量，避免筒体与封头间的环向焊缝受边缘应力作用。

椭圆形封头的曲率半径是连续变化的，没有形状突变，所以封头中产生的集中应力较小，分布也比较均匀，故广泛用于中低压容器，其壁厚和筒体壁厚基本相同。

标准椭圆形封头为长、短轴之比为 2 的椭圆形封头。

3. 碟形封头

碟形封头又称带折边的球面形封头，它由 3 部分构成：以 R_i 为半径的球面、以 r 为半径的过渡圆弧（折边）、高度为 h_0 的直边，如图 1－7 所示。

碟形封头的最大优点是加工成形容易、方便。最大缺点是折边区域几何形状突变，虽采用过渡圆弧，但此区域内局部应力严重。目前生产中很少采用碟形封头，只有当椭圆形封头加工有困难无法生产时才用其代替。

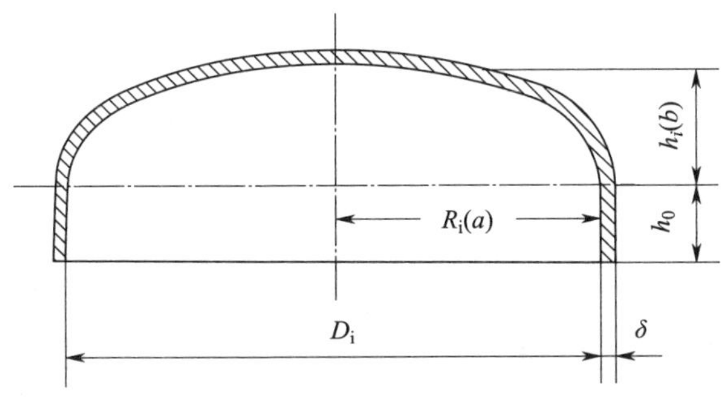

图 1－6　椭圆形封头

D_i—封头的内直径　δ—有效厚度

碟形封头壁厚较筒体壁厚大 10% ~30%，因此不够经济。

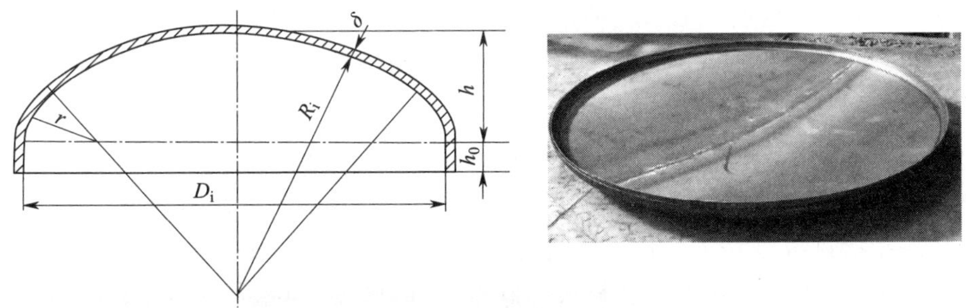

图 1－7　碟形封头

D_i—封头内直径　δ—有效厚度　h—碟形封头高度

4. 锥形封头

锥形封头广泛应用于许多化工设备的底盖，其优点是当容器内的工作介质含有颗粒状或粉末状的物料或为黏稠的液体时，有利于汇集并除去这些物料。此外，有一些塔设备上、下部分的直径不等，也常用锥形壳体将直径不等的两段塔体连接起来，这时的锥形壳体称为变径段。锥形封头结构不连续，为了减小边缘应力，常采用局部加强法或加过渡圆弧的结构。如图 1－8 所示，锥形封头有两端都无折边、大端有折边而小端无折边、两端都有折边 3 种形式。

a)　　b)　　c)

图 1－8　锥形封头

a）两端都无折边　b）大端有折边而小端无折边　c）两端有折边

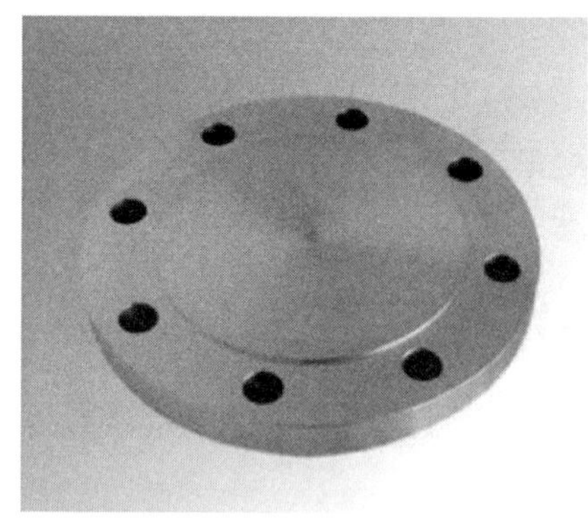
图1－9　圆形平板封头

5. 平板形封头

平板形封头是常用的一种封头，其几何形状有圆形、椭圆形、矩形和正方形等，最常用的是圆形平板封头，如图1－9所示。

在各种封头中，平板形封头结构最简单，制造最方便，但在同样直径、压力下所需的厚度最大，因此一般只用于压力低的容器。

平板形封头有时也用于小直径的高压容器。例如，合成塔使用平盖，这是因为它的端盖很厚且直径较小，而制造直径小、厚度大的凸形封头很困难。

6. 封头的选择

封头的选择主要根据设计对象的要求，并考虑经济技术指标。

（1）几何方面。容积相同时，半球形封头的表面积最小，椭圆形和碟形封头的表面积基本相同。

（2）力学方面。半球形封头的应力分布最好，椭圆形封头应力分布次之，碟形封头在力学上的最大缺点在于其具有较小的折边半径 r，平板形封头受力情况最差。

（3）制造及材料消耗方面。封头越深，直径和厚度越大，制造越困难。

以确定精馏塔封头壁厚为例，塔径为600 mm，壁厚为7 mm，材质为Q345R，计算压力为2.2 MPa，工作温度为－20～－3 ℃。不同封头的数据见表1－2。

表1－2　不同封头的数据

封头形式	壁厚/mm	总深度/mm	理论面积/m^2	质量/kg	制造难易程度
半球形	4	300	0.565	17.8	较难
椭圆形	6	175	0.466	21	较易
碟形	6	161	0.410	22.4	较易
平板形	40	—	0.283	88.3	易

二、容器的开孔补强

根据工艺需要和检修要求，压力容器的筒体和封头上要开各种孔，如物料的进出口管、仪表的接口装置、人孔、手孔等。开孔后，一方面，容器承载面积减小，器壁强度被削弱；另一方面，原有应力分布被破坏，并产生应力集中。开孔附近是疲劳破坏和脆性断裂的高发区，为使孔边应力下降至允许范围以内，要对开孔处进行补强。

1. 对容器开孔的限制

在容器上开孔时，孔周围会产生较大的应力集中，应力集中的程度取决于开孔的大小、被开孔容器的壁厚、直径等因素。若开孔很小并且有接管，这时接管可使强度的削弱得以补偿；若开孔过大，特别是对薄壁壳体，应力集中很严重，补强则较为困难。

《压力容器　第 3 部分：设计》（GB 150.3—2011）对压力容器壳体开孔补强的孔径有如下限制：

（1）筒体内直径 $D_i \leqslant 1\ 500$ mm 时，开孔最大直径 $d \leqslant D_i/2$，且 $d \leqslant 520$ mm。圆形孔开孔直径取接口管内直径加 2 倍厚度附加量。

（2）筒体内直径 $D_i > 1\ 500$ mm 时，开孔最大直径 $d \leqslant D_i/3$，且 $d \leqslant 1\ 000$ mm。

（3）凸形封头或球壳的开孔最大直径 $d \leqslant D_i/2$。

（4）锥壳（或锥形封头）的开孔最大直径 $d \leqslant D_k/3$，D_k 为开孔中心处的锥壳内直径。

2. 补强方法及结构

补强方法有两种，即局部补强和整体补强。常用的补强结构有补强圈补强、厚壁接管补强及整锻件补强。

（1）补强圈补强。补强圈补强是利用增大局部壁厚的原理，将补强圈贴焊在壳体与接管连接处，如图 1－10 所示。

1）特点。结构简单，制造方便，成本低，技术成熟；与壳体金属之间不能完全贴合，传热效果差，在 200 ℃以上使用时，存在较大热膨胀差，在补强局部区域产生较大的热应力；与壳体采用搭接连接，难以与壳体形成整体，抗疲劳性能差。补强圈补强一般使用在静载、常温、中低压、材料的标准抗拉强度低于 540 MPa 的场合。

2）补强要求。补强圈材料一般与壳体材料相同；补强圈与壳体间应很好贴合；所有的焊缝应连续焊接，特别是补强圈内缘与接管和壳体三者之间的连接焊缝应焊透；《补强圈》（NB/T 11025—2022）规定了补强圈的结构与尺寸，补强圈的厚度应不超过壳体壁厚的 1.5 倍，且不得大于 38 mm。

补强圈上常开设一个螺纹孔，其目的：①作为壳体泄漏的信号指示孔；②作为焊接时的排气孔；③在压力试验前通入压缩空气，以检验补强圈与壳体焊缝的紧密性。

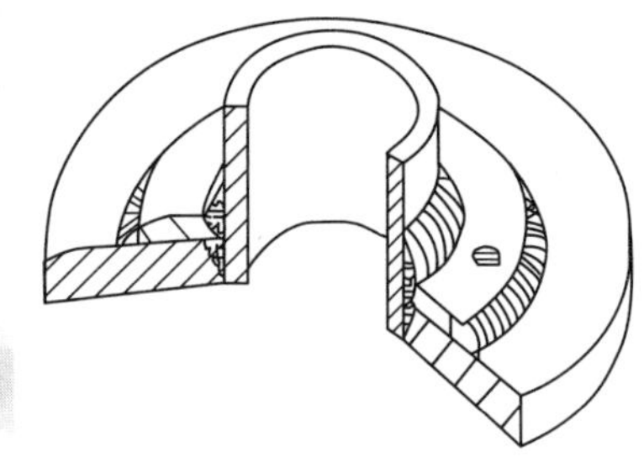

图 1－10　补强圈补强

（2）厚壁接管补强。厚壁接管补强是指利用增大局部壁厚的原理，在开孔处焊上一段厚壁接管，如图 1－11 所示。

特点：接管补强处于最大应力区域，能有效地降低应力集中系数；结构简单，焊缝少，焊接质量容易检验，补强效果较好。

厚壁接管补强应用于高强度低合金钢制压力容器，但必须保障焊缝全熔透。

（3）整锻件补强。整锻件补强是指将接管和部分壳体连同补强部分做成整体锻件，再

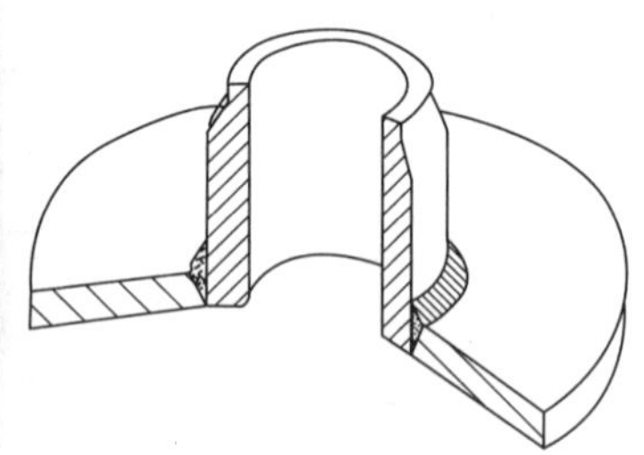

图 1－11　厚壁接管补强

与壳体和接管焊接，如图 1－12 所示。

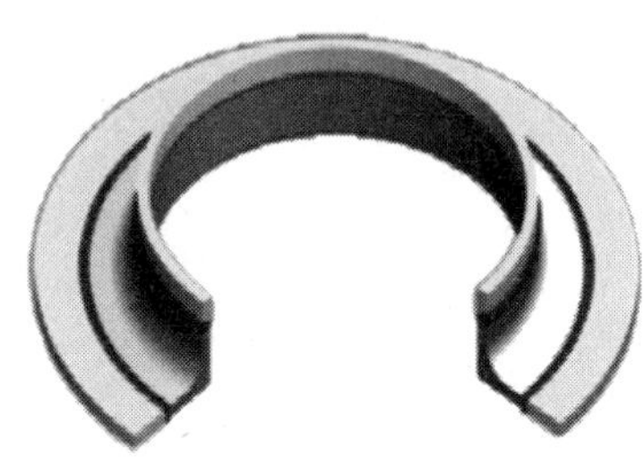

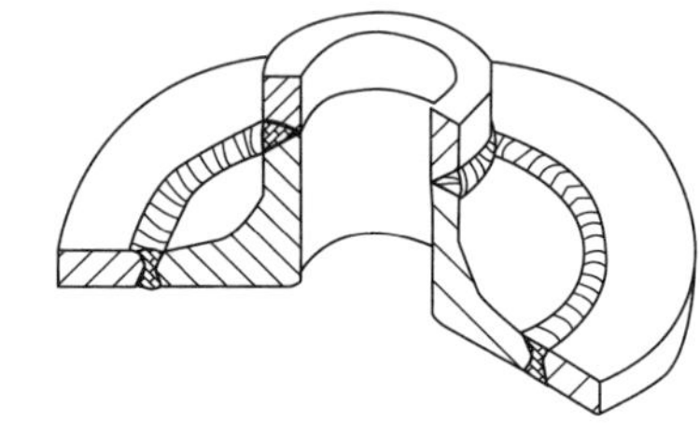

图 1－12　整锻件补强

优点：补强金属集中于开孔应力最大部位，能有效地降低应力集中系数；可采用对接焊缝，并使焊缝及其热影响区离开最大应力点，抗疲劳性能好，疲劳寿命只降低 10% ~15%。缺点：锻件供应困难，制造成本较高。

整锻件补强应用于重要压力容器的开孔补强，如核容器、材料屈服点在 500 MPa 以上的容器及受疲劳载荷的大直径容器等。

在工程设计中，采取什么样的补强形式，不仅要从强度方面考虑，还要从工艺要求、加工制造、施工条件等方面综合考虑，只有这样才能做到合理有效地补强。

思考与练习

1. 目前国内外广泛采用的中低压容器封头是______________。
2. 在相同条件下，____________封头的承压能力最高。
3. 标准椭圆形封头的长半轴和短半轴比例是______________。
4. 在相同设计条件下，计算壁厚最小的封头是______________。
5. 封头上直边的作用是什么？
6. 补强方法有哪几种？局部补强的结构有哪几种？
7. 补强圈上开小孔的作用是什么？

§1－3　外压容器

学习目标

1. 了解外压容器的失效形式。
2. 熟悉影响外压容器稳定性的因素。
3. 掌握提高外压容器稳定性的措施。

外压容器是指容器的外部压力大于容器内部压力的设备。化工生产中使用的压力容器大多数承受的是内压力，但也有一些承受的是外压力，如石油分馏中的减压塔（见图 1－13）、多效蒸发中的真空冷凝器和真空输送设备等。还有一些容器同时承受外压力和内压力，如带夹套的反应釜。

图 1－13　减压塔

一、外压容器的失效形式

案例：某厂一台制药用蒸汽夹套反应釜在运行中突然发生失稳爆裂，夹套内高压蒸汽大量喷出。同时，由于内筒发生外压失稳变形（见图 1－14），釜内药品瞬间溢出飞溅，造成在现场操作的 11 名工人受到不同程度的烫伤，最大烫伤面积达 40% 以上，其中 8 名重伤者被送往医院紧急抢救。

外压容器的失效主要有两种形式：一是刚度不够引起的失稳，二是强度不够造成的破裂。实践证明，许多外压容器特别是外压薄壁容器，往往并不是因强度不足而破坏，而是在

图 1－14　外压容器失稳变形

外部压力作用下壳体失去原来形状，即被压扁或出现褶皱产生严重的永久变形，致使壳体失去稳定性，这种现象称为外压容器的失稳。失稳时，截面形状由圆形变为曲波形。

1. 侧向失稳

容器由均匀侧向外压引起的失稳，称为侧向失稳，横断面由圆形变为波形，如图 1－15 所示。

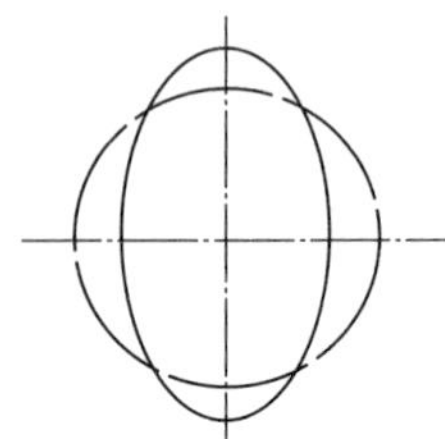

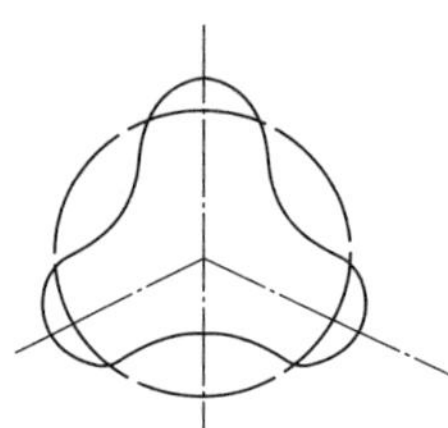

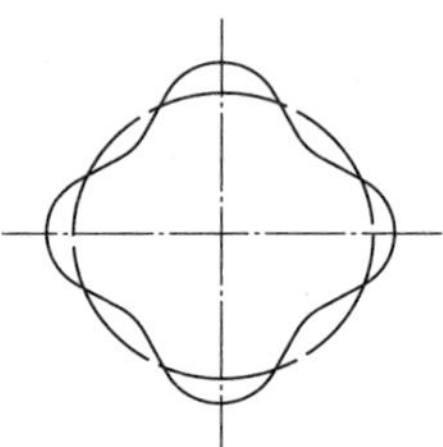

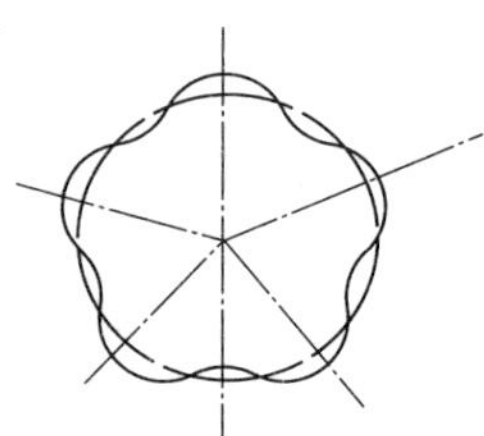

图 1－15　外压圆筒侧向失稳后的形状

2. 轴向失稳

轴向失稳由轴向压应力引起，失稳后其经线由原来的直线变为波形线，而横断面仍为圆形，如图 1－16 所示。

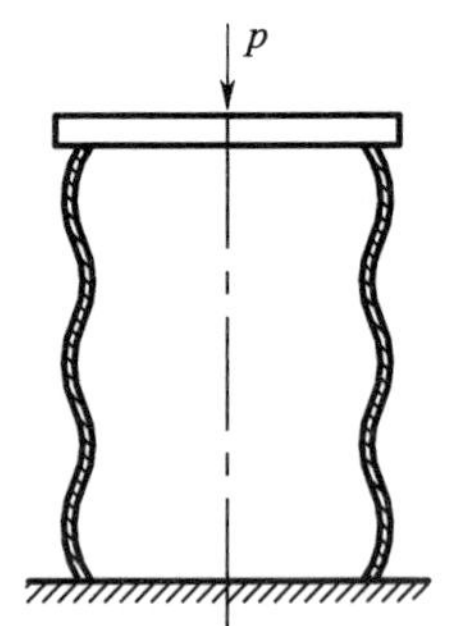

图 1－16　外压容器轴向失稳后的形状

二、影响临界压力的因素

实际的圆筒和管都不是绝对圆的，即存在着圆柱度偏差。当操作压力达到临界压力的 1/3～1/2 时，它们就有可能被压扁。此外，操作条件的变化、振动及材料的不均匀性都可能导致在达到临界压力之前而失稳。

失稳时的压力称为临界压力，以 p_{cr} 表示。一般，设计压力取值应为临界压力的 $1/m$，即

$$p \leqslant p_{cr}/m \qquad (1-1)$$

式中　p——设计外压力，MPa；

p_{cr}——临界压力，MPa；

m——稳定系数，通常取 3。

影响临界压力的因素有很多，其中最主要的因素是筒体的厚度 δ、直径 D、长度 L 和材料的弹性模量 E。

（1）当 L/D 相同时，δ/D 大者临界压力高。而筒体的 δ/D 越大，筒体抵抗变形的能力越强。

（2）当 δ/D 相同时，L/D 大者临界压力高。封头的刚度较筒体的高，筒体承受外压时，封头对筒体起一定的支撑作用。这种支撑作用将随圆筒长度的增加而减弱。因为圆筒越短，封头的刚性支撑作用越明显，其临界压力越高。

（3）当 δ/D、L/D 相同时，有加强圈者临界压力高。将刚度较大的加强圈焊在筒体的内壁或外壁上，同样可以起到支撑作用，从而提高临界压力。

（4）筒体材料的弹性模量 E 大者临界压力高。外压筒体失稳不是由于材料的强度不够，材料的 E 值直接影响临界压力。E 值大者，材料抵抗变形的能力强，即刚度好，临界压力就高。

除此之外，筒体的圆柱度偏差及材料的不均匀性，均会使其临界压力值下降。

三、提高外压容器稳定性的措施

由上面分析得知，增大筒壁的厚度可提高临界压力，从而提高筒体的稳定性，但会浪费很多材料，特别是对于用不锈钢等贵重金属制造的外压容器，增大筒壁厚度会加大制造成本，造成浪费。同理，采用 E 值大的高强度钢也可以提高外压容器的稳定性，但是各种钢的 E 值相差不大。因此，提高外压容器稳定性的最好措施是在外压容器筒体上设置加强圈，以缩短筒体的计算长度，增加筒体的刚性。

加强圈是设置在外压容器筒体内侧或外侧，具有足够刚性的环状构件。加强圈通常用型钢制成，如扁钢、角钢、槽钢或工字钢等。加强圈与筒体采用焊接方式连接，加强圈应紧贴筒壁，间断或连续焊接，内焊时焊接长度应不小于全长的 1/3，外焊时焊接长度应不小于全长的 1/2。间断焊接如图 1－17 所示，其中 l 为焊缝间距。

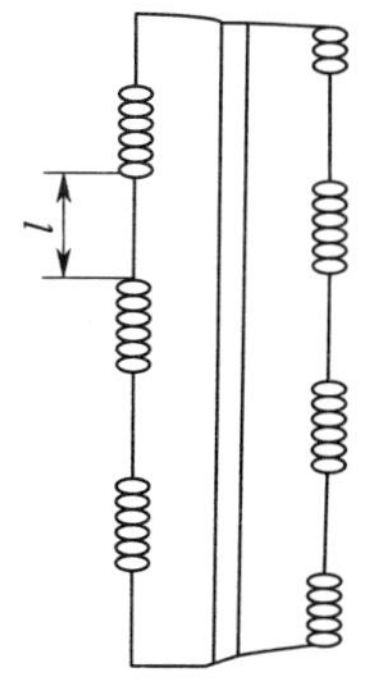

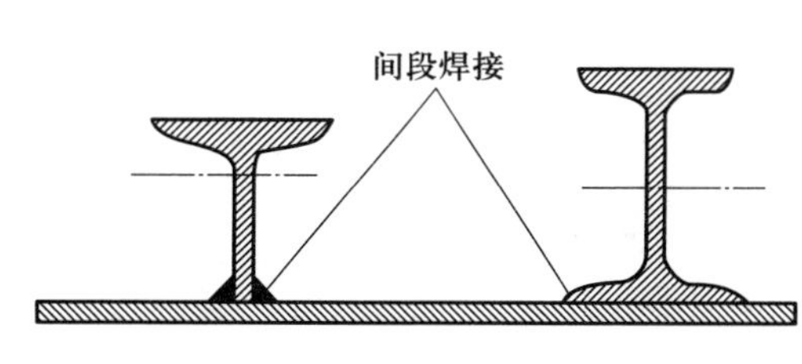

图 1－17　间断焊接

思考与练习

1. 影响外压容器临界压力的最重要因素是（　　）。

A. 简体尺寸　　B. 材料　　C. 加工质量　　D. 封头形式

2. 提高外压容器稳定性最有效的方法是（　　）。

A. 设置加强圈　　B. 增大壁厚

C. 采用 E 值大的材料　　D. 减小外形尺寸

3. 外压薄壁容器的椭圆度越大，则容器的临界压力（　　）。

A. 越大　　B. 越小　　C. 不变

4. 外压容器的加强圈常用型钢制成，主要原因是（　　）。

A. 型钢强度高　　B. 型钢便宜　　C. 型钢刚度大　　D. 型钢易变形

§1－4　压力容器附件

学习目标

1. 了解液位计的类型及原理。
2. 掌握卧式容器和立式容器支座的种类。
3. 掌握压力容器的支座类型。
4. 熟悉安全阀的安装与维护要求。
5. 掌握压力表的选用和正确读数。

一、接管、凸缘、视镜和液位计

接管及凸缘都是容器开孔的连接结构，既可用来连接设备和输送介质的管道，又可用来装置测量、控制仪表。

1. 接管

物料进、出口管直径相对较大，大多数通过法兰连接，接管伸出长度（容器外壁至法兰密封面的距离）应考虑螺栓安装方便和容器外保温层的厚度，可参照表 1－3 选取。

对于一些较细的接管，如果伸出长度较长，则应考虑加固。如公称直径不大于 40 mm、与容器壳体相连的接管，可采用管接头加固；对公称直径不大于25 mm、伸出长度不小于300 mm的任意方向的接管，均应设置筋板予以支撑。

表1－3　　**接管伸出长度**

公称直径 mm	不保温设备接管伸出长度/mm	保温设备接管伸出长度/mm	公称压力 MPa
≤20	80	130	≤4.0
20～50	100	150	≤1.6
70～350	150	200	≤1.6
70～500	150	200	≤1.0

各种测量、控制仪表接管一般很小，可用内、外螺纹管连接。

2. 凸缘

当接管长度必须很短时，可用凸缘来代替，如图1－18所示。凸缘本身具有补强作用，无须另行补强。但螺栓折断在螺栓孔内时，取出较为困难。

3. 视镜

视镜是指用来观察容器及设备内部物料情况的装置，属安全附件。最常用的圆形视镜有两种，即不带颈视镜和带颈视镜。

不带颈视镜由凸缘构成，结构简单，不易结垢，有比较宽阔的视野，使用压力可达2.5 MPa，如图1－19所示。

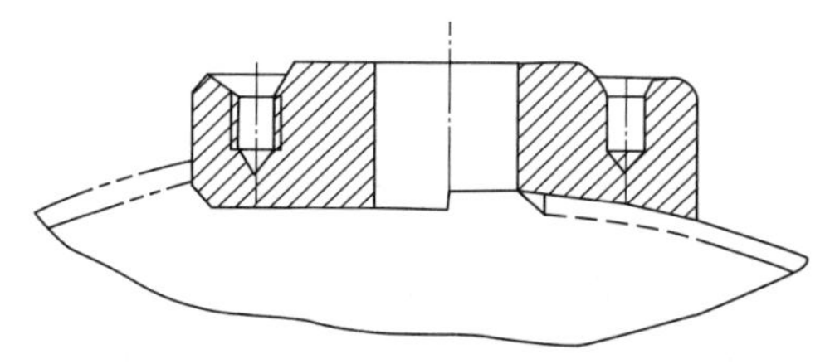

图1－18　带平面密封面的凸缘

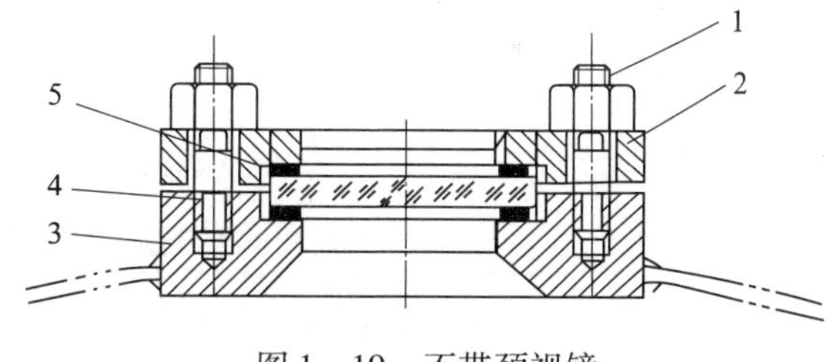

图1－19　不带颈视镜

1—螺栓　2—压紧环　3—凸缘

4—视镜玻璃　5—密封垫片

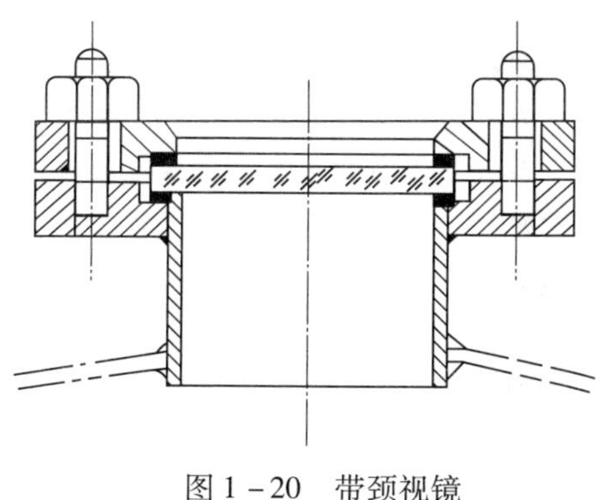

图1－20　带颈视镜

当视镜斜装或设备直径较小时，可采用带颈视镜，但不适于悬浮液介质，如图1－20所示。

视镜已经标准化，化工生产中常用的还有压力容器视镜、带灯视镜、组合视镜等。

4. 液位计

液位计是用来测量液位、显示液位的一类仪表，是企业自动化的重要检测工具。液位计主要用于生产过程中对罐、釜、塔等液位或界面的检测与控制。

根据工作原理，常用液位计可分为压差式、磁浮球式、磁翻板式、雷达式、射线式等种类。最常用的是磁翻板式液位计，它成本低、精度高、易维修，如图 1－21 所示。

液位计应当安装在便于观察的位置，否则应当增加其他辅助设施。大型压力容器还应当有集中控制的设施和警报装置。液位计上最高和最低安全液位，应当有明显标志。

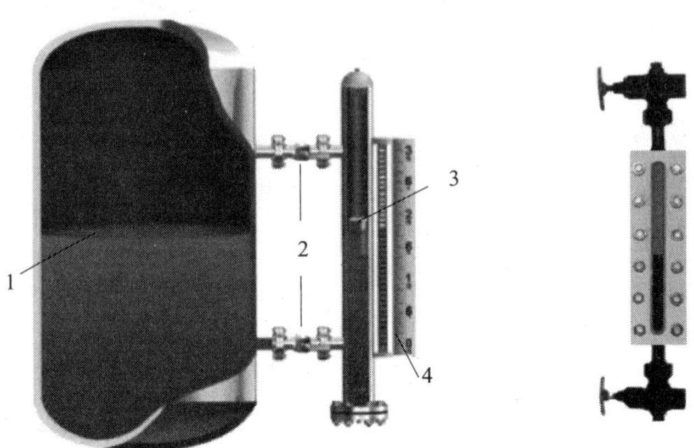

图 1－21　磁翻板式液位计

1—液位　2—连通器　3—浮子　4—磁翻板

二、人孔和手孔

为了检修和检查设备内部空间，以及安装和拆卸设备内部装置，常在设备上开设人孔、手孔。

1. 容器开设人孔、手孔的规定

（1）最少数量与最小尺寸的规定见表 1－4。

表 1－4　　人孔、手孔最少数量与最小尺寸的规定

<table>
<tr><th rowspan="2">内径 D_i/mm</th><th rowspan="2">检查孔最少数量</th><th colspan="2">检查孔最小尺寸/mm</th><th rowspan="2">备注</th></tr>
<tr><th>人孔</th><th>手孔</th></tr>
<tr><td>$300 < D_i \leqslant 500$</td><td>手孔 2 个</td><td>—</td><td>ϕ75 或长圆孔 75×50</td><td>—</td></tr>
<tr><td>$500 < D_i \leqslant 1\ 000$</td><td rowspan="2">人孔 1 个或手孔 2 个（当容器无法开人孔时）</td><td rowspan="2">ϕ400 或长圆孔 400×250、380×280</td><td>ϕ100 或长圆孔 100×80</td><td>—</td></tr>
<tr><td>$D_i > 1\ 000$</td><td>ϕ150 或长圆孔 150×100</td><td>球罐人孔最小尺寸为 500 mm</td></tr>
</table>

（2）符合下列条件之一的压力容器可不开设检查孔：

1）筒体 $D_i \leqslant 300$ mm 的压力容器。

2）容器上设有可以拆卸的封头、盖板或其他能够开关的盖子。

3）无腐蚀或轻微腐蚀，无须进行内部检查和清理的压力容器。

4）制冷装置用压力容器。

5）换热器。

如不属于上述 5 种情况，但由于某种特殊原因而不能开设检查孔时，应该采取以下措施：

1）对容器的全部纵向与环向焊缝进行 100% 无损检测。

2）在设计图样上注明计算厚度，且在压力容器使用期间或检测时重点进行测厚检查。

3）相应缩短检验周期。

2. 碳素钢与低合金钢人孔、手孔

当设备的直径超过 900 mm 时，应开设人孔。人孔的形状有圆形和椭圆形两种。椭圆形人孔的短轴应与受压容器的筒身轴线平行，圆形人孔的直径一般为 400 mm。容器压力不高或有特殊需要时，直径可以大一些，圆形标准人孔的公称直径有 400 mm、450 mm、500 mm 和 600 mm 4 种。

根据是否承压，人孔可分为常压和承压两种。根据法兰类型，承压人孔可分为板式平焊法兰人孔、带颈平焊法兰人孔和带颈对焊法兰人孔。

由人孔的开启方式及开启后人孔盖所处位置，人孔又分为回转盖人孔、垂直吊盖人孔（见图 1－22）和水平吊盖人孔。容器在使用过程中，人孔需要经常打开时，可选用快开式人孔，如图 1－23 所示。

图 1－22　垂直吊盖人孔

图 1－23　快开式人孔

手孔即缩小的人孔，其作用是便于安装、拆卸、清洗和检修设备内部装置，手孔的直径一般为 150 mm 或 250 mm。

三、支座

容器和设备的支座主要起支承作用，并固定其位置。在某些场合下，支座还要承受操作时的振动，甚至地震载荷、风载荷。容器的支座已经标准化，工作中用到详细数据时可以查阅《容器支座》（NB/T 47065. 1 ~47065. 5）。

根据容器与设备自身的形式，支座可以分成两大类，即卧式容器支座、立式容器支座。

1. 卧式容器的支座

卧式容器的常用支座有 3 种：鞍式支座、圈座、腿式支座。

（1）鞍式支座（NB/T 47065. 1—2018）。常见的大型卧式储罐、换热器等多采用鞍式支座，它是应用最为广泛的一种卧式容器支座，如图 1－24 所示。鞍式支座由横向筋板、若干轴向筋板和底板焊接而成，如图 1－25 所示，在与设备连接处，有带加强垫板和不带加强垫板两种结构。

鞍式支座包角为120°或150°，安放稳定。高度有200 mm、300 mm、400 mm和500 mm，宽度根据容器公称直径确定。

图1－24　鞍式支座

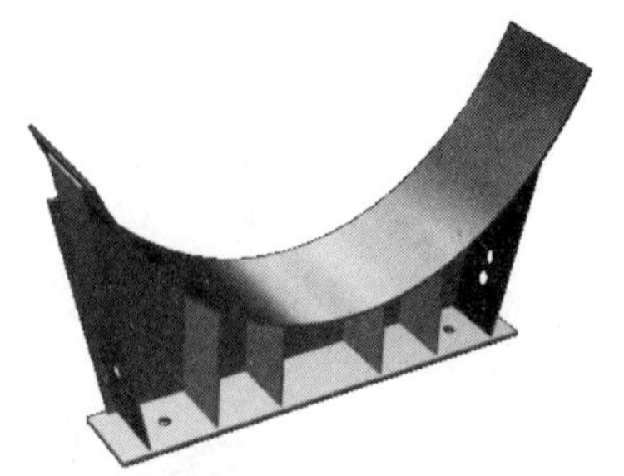

图1－25　鞍式支座的结构

鞍式支座分为固定式支座（代号F）和滑动式支座（代号S），如图1－26所示。

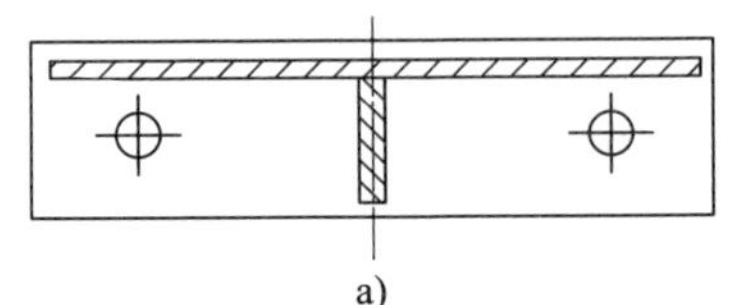

a)

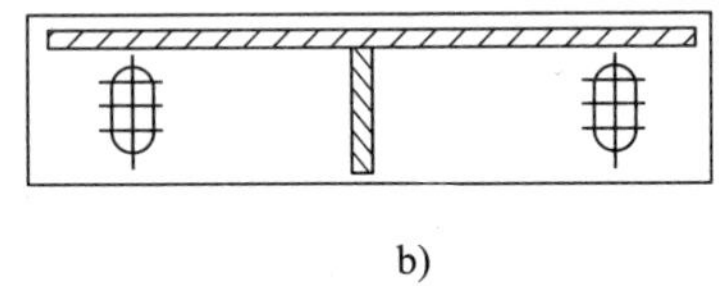

b)

图1－26　F型和S型鞍式支座

a）F型　b）S型

设备受热会伸长，如果容器与基础固定连接，则在器壁中将产生热应力。因此，将一个支座做成固定式的，另一个支座做成滑动式的，可使设备与支座间产生相对位移，以消除热应力。

鞍式支座与筒体端部距离A的确定：当L/D较大且无加强圈时，应尽量利用封头对支座处筒体的加强作用，取$A \leqslant 0.25D$；当筒体的L/D较小而d/D较大或有加强圈时，取$A \leqslant 0.2L$。

（2）圈座。圈座的结构如图1－27所示，对于大直径薄壁容器和真空容器，其自重可能造成严重挠曲，加圈座后强度明显加强。除常温常压下工作的容器外，至少应有一个圈座是滑动支承的。

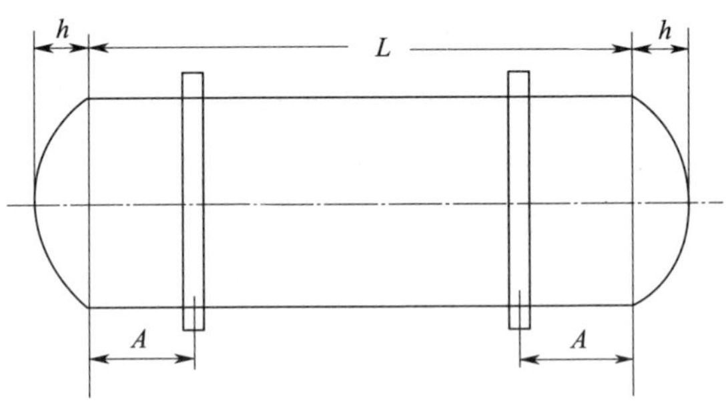

图1－27　圈座的结构

L—容器长度　h—封头高度　A—支座与容器两端的距离

（3）腿式支座。腿式支座（见图1－28）简称支腿，连接处局部应力集中严重，适用于小型设备（公称直径不大于1 600 mm，设备长度不大于5 m），其结构如图1－29所示。

图 1－28　腿式支座

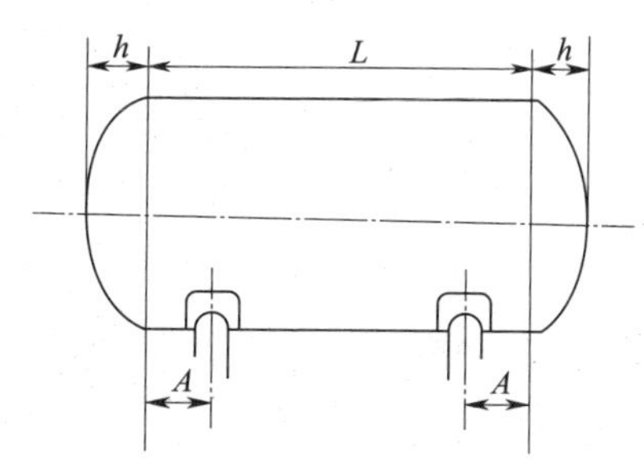

图 1－29　腿式支座的结构

L—容器长度　h—封头高度　A—支座与容器两端的距离

2. 立式容器的支座

立式容器的支座主要有耳式支座、支承式支座、腿式支座、裙式支座，中、小型直立容器常采用前两种，高大的塔设备则广泛采用裙式支座。

（1）耳式支座（NB/T 47065. 3—2018）。耳式支座简称耳座，由垫板、筋板和支脚板（底板）组成，如图 1－30 所示，广泛用在反应釜及立式换热器等直立设备上。耳座的优点是简单、轻便，缺点是对器壁易产生较大的局部应力。

耳座适用于公称直径不大于 4 000 mm 的立式圆筒形容器。耳座数量一般为 4 个，均匀分布，但容器直径小于或等于 700 mm 时，支座数量经常采用 2 个。

当设备较大或器壁较薄时应加垫板。不锈钢制设备，用碳钢作为支座，为防止合金元素流失，也需加一个不锈钢垫板，如图 1－31 所示。

耳式支座常用型式有 A 型（短臂）、B 型（长臂）、C 型（加长臂）3 种。当容器外表面有保温层或需悬挂在楼板上时，选用 B 型和 C 型。

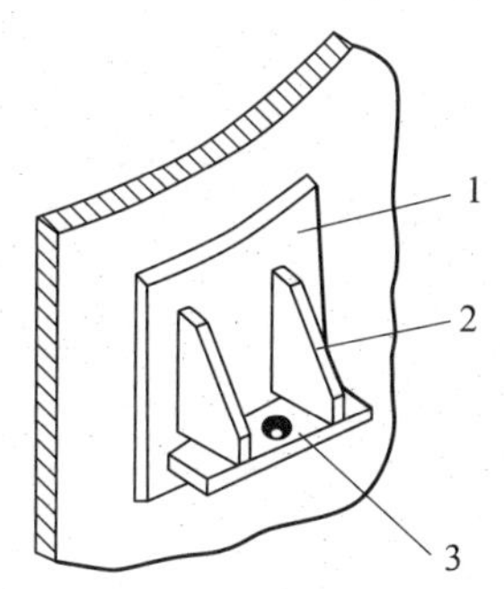

图 1－30　耳式支座的结构

1—垫板　2—筋板　3—支脚板

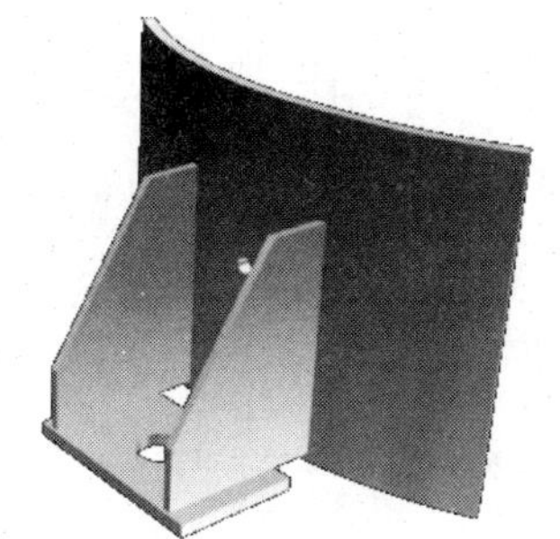

图 1－31　带垫板的耳式支座

（2）支承式支座（NB/T 47065. 4—2018）。支承式支座是在容器封头底部焊上数根支柱，直接支承在基础地面上。支承式支座简单、方便，但它对容器封头会产生较大的局部应力，因此，当容器较大或壳体较薄时，必须在支座和封头间加垫板，以改善壳体局部受力情况。支承式支座如图 1－32 所示。

支承式支座可用钢管、角钢、槽钢制造，或用数块钢板焊成。支承式支座分 A 型和 B 型，适用范围和结构特征见表 1－5。

图 1－32　支承式支座

表 1-5　　支承式支座适用范围和结构特征

型式	支座号	适用的公称直径/mm	结构特征
A 型	1~6	800~3 000	钢板焊制，带垫板
B 型	1~8	800~4 000	钢管焊制，带垫板

支承式支座应用于钢制立式圆筒形容器，高度小于 10 m，安装位置距基础面较近的场合。

(3) 腿式支座（NB/T 47065.2—2018）。腿式支座轻巧、简单，安装方便，底部空间大，便于维修，但刚性较差，支腿高度要控制好，多用于高度较小的中小型立式容器。其结构由一块底板、一块盖板和一个支柱焊接而成。底板上有螺栓孔，用螺栓固定设备于地基之上。一般在设备周围均匀分布 3 个腿式支座，大一点的设备可以用 4 个。腿式支座与支承式支座的区别：腿式支座支承在容器的圆柱体部分，支承式支座支承在底封头上。

(4) 裙式支座。裙式支座是高大塔设备最常用的一种支座，有圆筒形和圆锥形（裙座体为圆锥形，半锥角不超过 15°）两种，如图 1-33 所示。圆筒形裙式支座结构简单，制造方便，应用广泛。当承载较大的塔且需要配置较多的地脚螺栓和承载面积较大的基础环时，应采用圆锥形裙式支座。

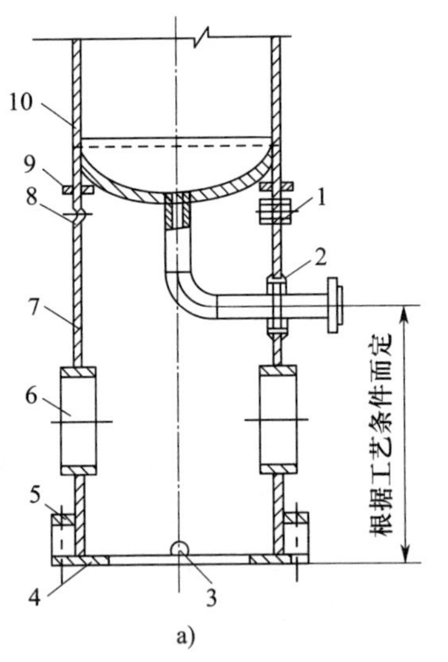

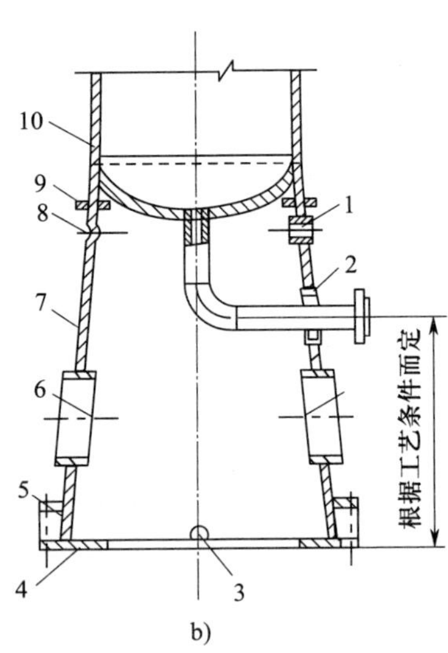

图 1-33　裙式支座

a) 圆筒形裙式支座　b) 圆锥形裙式支座

1—有保温时排气孔　2—引出管通道　3—排液孔　4—基础环　5—螺栓座
6—人孔　7—裙座筒体　8—无保温时排气孔　9—保温支承圈　10—塔体

裙式支座开孔如下：

1) 排气孔。裙式支座顶部须开设 $\phi80\sim\phi100$ mm 的排气孔，用以排放可能聚集在裙式支座与封头死区的有害气体。对于有人孔的矮裙式支座或者顶部在封头拼接焊缝处开有缺口的，可以不开设排气孔。

2）排液孔。裙式支座底部须开设排液孔，一般是孔径为 50 mm、中心高 50 mm 的长圆孔。

3）人孔。裙式支座上必须开设人孔，以方便检修。人孔一般为圆形，当截面削弱受到限制或为方便拆卸塔底附件（如接管等）时，可开长圆孔。

4）引出管通道。考虑管热膨胀，在支承筋与引出管之间应保留一定间隙。

四、安全阀

安全阀是保障压力容器安全运行的超压泄放装置，是压力容器的重要安全附件之一。当压力容器的压力超过某一规定值时，安全阀就迅速自动开启，排放压力容器内的工作介质，使压力降低，并发出响声，警告操作人员采取相应有效措施进行处理；当压力降到另一规定值时，安全阀自动关闭，使容器内压力始终低于允许范围的上限。

1. 安全阀的常用名词术语

（1）公称压力：表示安全阀在常温状态下的最高许用压力。

（2）开启压力：即整定压力，是安全阀阀瓣在运行条件下开始升起时的介质压力。

（3）排放压力：阀瓣达到规定开启高度时进口侧的压力。

（4）回座压力：安全阀排放后，阀瓣重新压紧阀座，介质停止排出时的进口压力。一般要求它至少为工作压力的 80%，上限以不产生阀瓣频繁跳动为宜。

（5）启闭压差：开启压力和回座压力之差。

2. 安全阀的结构类型

安全阀按结构分为杠杆式、弹簧式、脉冲式 3 种。压力容器通常采用弹簧式安全阀。

（1）杠杆式安全阀。杠杆式安全阀又称重锤式安全阀，由阀体、阀座、阀芯、杠杆组成，如图 1－34 所示。

杠杆式安全阀具有结构简单、调整方便、工作可靠等优点，但其体积、质量都较大，适用于中低压小型蒸汽锅炉，重锤质量不超过 60 kg。

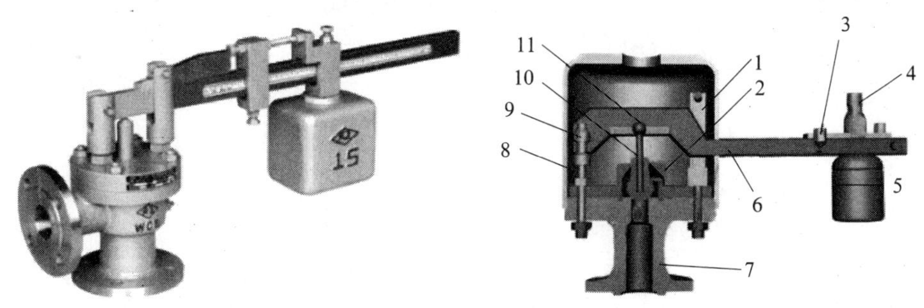

图 1－34　杠杆式安全阀

1—导架　2—阀芯　3—调整螺钉　4—固定螺钉　5—重锤

6—杠杆　7—阀体　8—阀罩　9—支点　10—阀杆　11—力点

（2）弹簧式安全阀。弹簧式安全阀是依靠弹簧的力量将阀芯压紧在阀座上，使安全阀处于关闭状态，阀芯的下面受工作介质向上顶起的力。正常运行时，弹簧向下的压紧力大于工作介质向上的推力，阀门处于关闭状态。当工作介质压力达到安全阀开启压力时，工作介质对阀芯的作用力大于弹簧的作用力，阀芯被顶起，安全阀排出工作介质。通过阀杆上部的调节螺栓改变弹簧的松紧程度，就可调整安全阀的开启压力。弹簧式安全阀如图 1－35 所示。

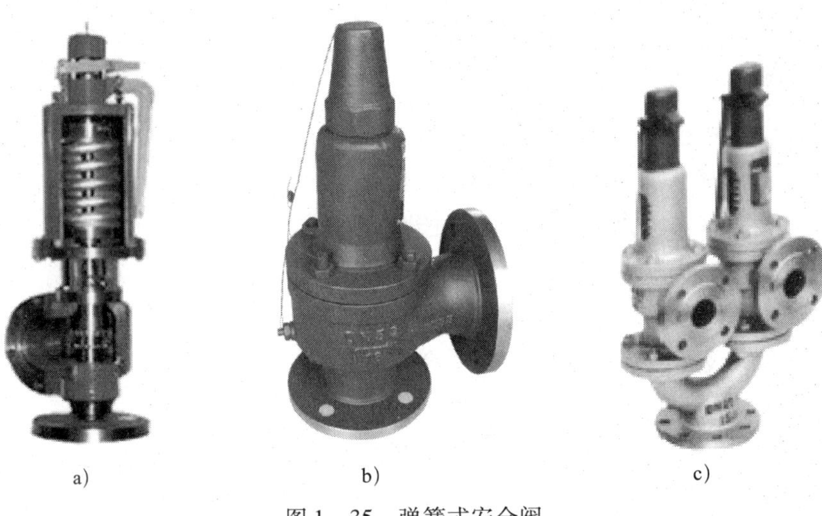

a) b) c)

图 1－35 弹簧式安全阀

a）带扳手弹簧式安全阀 b）带铅封弹簧式安全阀 c）双联弹簧式安全阀

（3）脉冲式安全阀。脉冲式安全阀由主阀和副阀两大部分组成，主阀在下半部，副阀在上半部，如图 1－36 所示。工作时介质同时通入主阀盘和副阀盘处，当介质压力超过规定数值时，副阀弹簧被压缩，使副阀盘上升，副阀开启，介质进入活塞缸的上方，从而推动活塞下移，驱使主阀盘向下移动，主阀开启，介质被排放出来。当介质压力下降到规定值时，副阀在上部弹簧的作用下开始关闭，活塞上方的压力降低，主阀在介质压力的作用下也开始关闭。脉冲式安全阀适用于大口径和高压的场合。

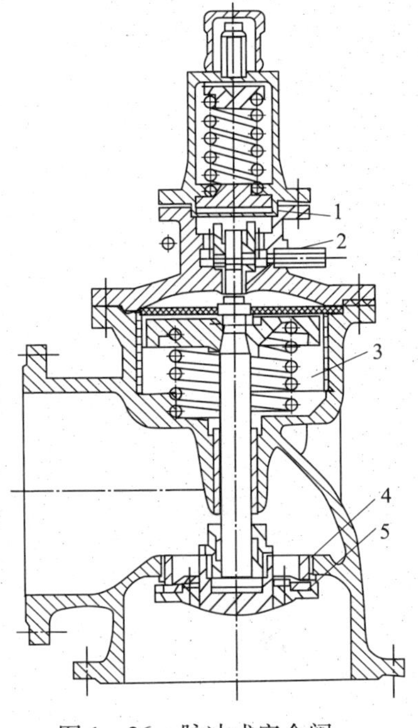

图 1－36 脉冲式安全阀

1—阀隔膜 2—副阀盘 3—活塞缸 4—主阀座 5—主阀盘

3. 安全阀的安装和维护

（1）压力容器安全阀安装的原则如下：

1）压力容器均应安装安全阀，若安装安全阀后不能可靠地工作，则应装设爆破片；若压力来源于压力容器外且得到可靠控制，则可以不直接安装在压力容器上，而安装在进口管道上，但排放量应满足要求。

2）压力容器最高工作压力低于压力源时，在通向压力容器进口的管道上必须装设减压阀；如因介质条件影响减压阀可靠地工作，可用调节阀代替减压阀，在减压阀或调节阀的低压侧，必须装设安全阀及压力表。

3）如采用系统的工作压力作为安全阀的开启压力，则系统中每个压力容器的工作压力应与其相适应。即在设计压力容器时，该系统中所有压力容器的设计压力应不低于系统上安全阀的开启压力；对在用压力容器，则该系统上安全阀的开启压力应不高于压力容器的设计压力。

4）容器间若采用足够大直径的管道连接，且中间无阀门隔断，则可视为一个容器系统，只需在危险性大的位置安装安全阀。

（2）压力容器安全阀的安装要求如下：

1）安全阀要铅直安装，并应装设在压力容器液面以上的气相空间，或与压力容器气相空间上的管道相连接。

2）压力容器与安全阀之间的连接管和管件的通孔，其截面积不得小于安全阀的进口面积；封闭式安全阀应装设排放管，排放管应有足够的流通截面积。

3）压力容器一个连接口上装设数个安全阀时，则该连接口入口的面积应至少等于数个安全阀的进口面积总和。

4）压力容器与安全阀之间不宜装设中间截止阀，并不得装设其他引出管。

5）安全阀装设位置应便于检查和维修。

6）新安全阀在安装前，应根据使用情况调试后，再安装使用。弹簧式安全阀应有防止随便拧动调整螺栓的铅封装置。

（3）安全阀的维护保养要求如下：

1）要保持安全阀清洁，采取有效措施，做好安全阀防锈、防粘、防堵、防冻等工作。

2）经常检查其铅封是否完好。对杠杆式安全阀，应检查重锤是否松动、移动及另挂重物。

3）一旦发现渗漏现象，应及时修理或更换。

4）应定期做手提排气试验，每周手动一次。

5）应每月自动排气一次。

4. 安全阀常见故障原因及排除方法

安全阀常见故障及排除方法见表 1－6。

表 1－6　　安全阀常见故障及排除方法

故障现象	故障原因	处理方法
安全阀泄漏	氧化物、水垢、杂物等落在密封面上	手动排气吹除或拆开清理
	密封面机械损伤或腐蚀	研磨或车削后研磨
	弹簧因受载过大而失效或弹簧因腐蚀弹力降低	更换弹簧
	阀杆弯曲变形或阀芯与阀座支座面偏斜	重新装配或更换阀杆等部件
	杠杆式安全阀的杠杆与支点发生偏斜	校正杠杆中心线

续表

故障现象	故障原因	处理方法
不在调定的整定压力下动作	安全阀调压不当	根据实际工作介质特性和工作温度的影响，重新调定压力
	密封面因介质污染或结晶产生粘连或生锈	吹洗安全阀，严重时则需研磨阀芯、阀座
	阀杆与衬套间的间隙过小，受热时膨胀卡住	适当加大阀杆与衬套的间隙
	弹簧式安全阀的弹簧收缩过紧或紧度不够	重新调定安全阀
	阀门通道被盲板等障碍物堵住	清除障碍物
	弹簧产生永久变形	更换弹簧
阀瓣不能及时回座	阀瓣在导向套中摩擦阻力大，间隙太小或不同轴	进行清洗、修磨或更换部件
	阀瓣的开启和回座机构未调整好	通过调整弹簧式安全阀下调节圈位置调整其回座压力

五、爆破片

爆破片又称防爆膜、防爆板，是一种断裂型的安全泄压装置。爆破片具有密封性能好、反应动作快以及不易受介质影响等优点。但它是通过膜片的断裂来泄压的，所以泄压后不能继续使用，容器也被迫停止运行。因此，爆破片只适用于不宜装设安全阀的压力容器，不能单独用于系统操作中的压力容器，常用于保护单个装置的安全。

1. 工作原理

爆破片是不能重复闭合的泄压装置，由入口处的静压力启动，通过受压膜片的破裂来泄放压力。在设定的爆破温度下，爆破片两侧压力差达到预定值时，爆破片即可动作（破裂或脱落），并泄放出流体。

2. 爆破片的特点

（1）适用于浆状、有黏性、腐蚀性工艺介质，这种情况下安全阀不起作用。

（2）惯性小，可对急剧升高的压力迅速作出反应。

（3）当发生火灾或其他意外时，在主泄压装置打开后，可用爆破片作为附加泄压装置。

（4）严密无泄漏，适用于盛装昂贵或有毒介质的压力容器。

（5）规格型号多，可用各种材料制造，适应性强。

（6）便于维护、更换。

3. 爆破片的适用场所

（1）压力容器或管道内的工作介质具有黏性或易于结晶、聚合，容易将安全阀阀瓣和底座粘住或堵塞安全阀的场所。

（2）压力容器内物料的化学反应可能使容器内压力瞬间急剧上升，安全阀不能及时打开泄压的场所。

（3）压力容器或管道内的工作介质为剧毒气体或昂贵气体，用安全阀可能存在泄漏导致环境污染和介质浪费的场所。

（4）压力容器和压力管道要求全部泄放或全部泄放时毫无阻碍的场所。

（5）其他不适用于安全阀而适用于爆破片的场所。

4. 爆破片的分类

（1）按照型式可分为 3 类。

1）正拱形爆破片：系统压力作用于爆破片的凹面，如图 1－37 所示。

2）反拱形爆破片：系统压力作用于爆破片的凸面，如图 1－38 所示。

3）平板型爆破片：系统压力作用于爆破片的平面，如图 1－39 所示。

（2）按照材料可分为 3 类。

1）金属爆破片。金属材料主要有不锈钢、纯镍、哈氏合金、蒙乃尔合金、因科镍合金、钛、钽、锆等。

2）非金属爆破片。非金属材料主要有石墨、氟塑料、有机玻璃。

3）金属复合非金属爆破片。该类材料有塑料-不锈钢等。

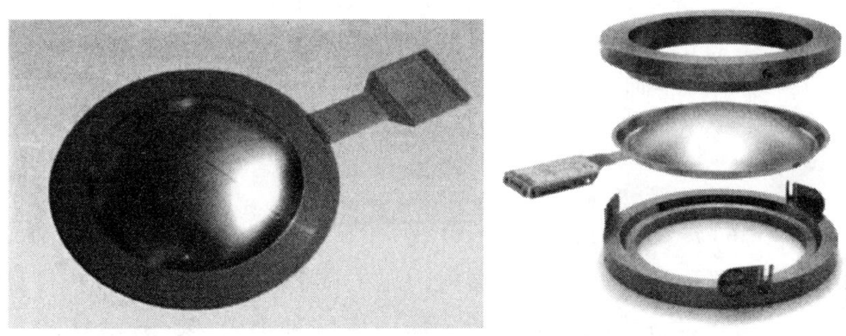

图 1－37　正拱型爆破片及夹持器

图 1－38　反拱型爆破片

图 1－39　平板型爆破片

5. 爆破片的使用

爆破片应定期更换，一般每 2～3 年更换一次；对超过爆破片最大爆破压力而未爆破的爆破片，应予更换；在苛刻条件下使用的爆破片，应每年更换一次。

生产常用的有弹簧式安全阀和爆破片的组合型安全泄压装置，如图 1－40 所示。

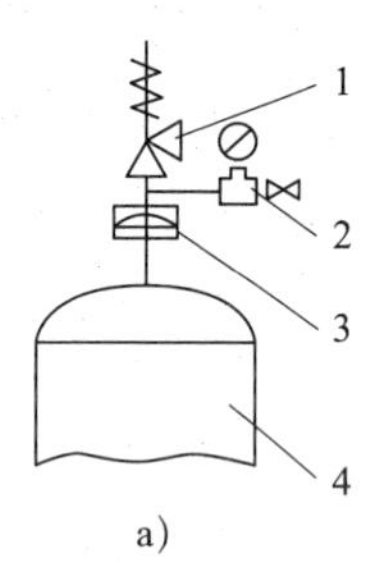

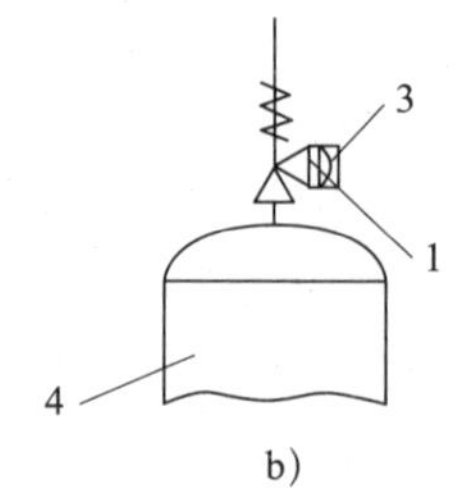

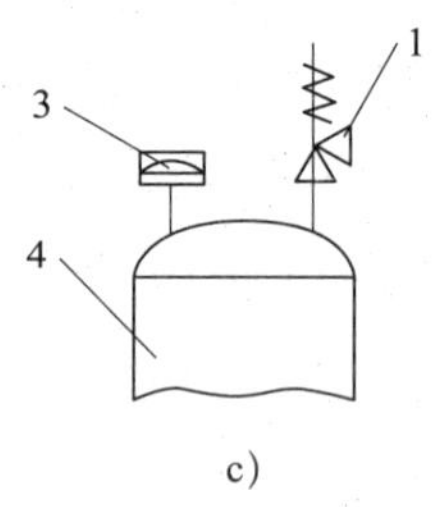

图 1－40　弹簧式安全阀和爆破片的组合型安全泄压装置

a）爆破片串联在安全阀入口侧　b）爆破片串联在安全阀出口侧　c）爆破片与安全阀并联

1—安全阀　2—指示装置　3—爆破片安全装置　4—承压设备

组合型安全泄压装置既克服了阀型安全泄压装置密闭性差的缺点，又可以在排放过高的压力以后使容器继续运行。其爆破片可以装在安全阀的入口侧，也可装在出口侧。前者主要利用爆破片把安全阀和气体隔离，以防安全阀受腐蚀和被污物堵塞等。当容器超压时，爆破片断裂，安全阀放开排气。待压力降至正常工作压力时，安全阀关闭，容器可以继续运行。这种结构要求爆破片断裂对安全阀正常工作无妨碍，并在中间设置检查孔，以便及时发现爆破片的异常现象。爆破片在安全阀的出口侧可使爆破片不受气体压力与温度的长期作用而产生疲劳，利用爆破片来防止安全阀的泄漏。这种结构要求及时把安全阀与爆破片之间的气体（由安全阀漏出的）排出，否则会使安全阀失效。

六、压力表

压力表（见图 1－41）是压力容器上不可缺少的安全附件。其作用是显示容器内介质的压力，使操作人员能够正确操作，并将容器内的压力调节在规定的范围内，以满足生产工艺和安全生产的需要，防止设备超压发生事故。压力表的种类较多，有液柱式、弹性元件式、活塞式等，压力容器大多使用弹性元件式的单弹簧管压力表。

图 1－41　压力表

1. 压力表的选用

（1）量程。装在锅炉、压力容器上的压力表，其最大量程（表盘上刻度极限值）应与设备的工作压力相适应，一般为额定压力的 2 倍。

（2）精度。压力表的精度是以允许误差占表盘刻度极限值的百分数来表示的。

（3）表盘直径。为了使操作人员能准确地识读压力值，压力表的表盘直径不应过小。

2. 压力表的安装

（1）应将压力表安装在醒目的位置，并有充足的照明。

（2）要注意避免受辐射热、低温及振动的影响。

（3）装在高处的压力表应稍微向下倾斜，但倾斜角不要超过 30°。

（4）压力表接管应直接与容器本体相接。

（5）压力表与容器之间一般装设三通旋塞，旋塞应装在垂直的管段上，并要有开启标志。

（6）对于蒸汽容器，在压力表与容器之间应装有存水弯管。

（7）对于盛装高温、强腐蚀及凝结性介质的容器，在压力表与容器之间应装有隔离缓冲装置。

3. 压力表的使用

应根据设备的最高工作压力，在压力表的刻度盘上标注警戒红线，但不要涂画在表盘玻璃上，以免使操作人员产生错觉，造成事故。未经检验合格和无铅封的压力表均不准安装和使用。

4. 压力表的维护

压力表应保持洁净，表盘上玻璃要明亮透明，确保表内指针指示的压力值清晰易见。压力表的接管要定期吹洗，一般每半年校验一次，校验后的压力表应加铅封，并注明下次校验日期或校验有效期。在容器运行期间，如发现压力表指示失灵、刻度不清、表盘玻璃破裂、泄压后指针不回零位、铅封损坏等情况，应立即校正或更换。

七、安全附件选用原则

1. 安全阀选用原则

（1）蒸汽锅炉一般选用全启式弹簧安全阀。

（2）液体介质用安全阀，一般选用微启式弹簧安全阀。

（3）空气或其他气体介质用安全阀，一般选用全启式弹簧安全阀。

（4）液化石油气槽车或液化石油气铁路罐车用安全阀，一般选用全启式内装安全阀。

（5）采油油井出口（采油树）用安全阀，一般选用先导式安全阀。

2. 压力表选用原则

（1）选用的压力表应当与罐体内的介质相适应。

（2）应当选用符合相应国家标准或者行业标准要求的抗震压力表。

（3）压力表精度不得低于 1.6 级。

（4）压力表表盘刻度极限值应当为工作压力的 1.5 ~ 3.0 倍。

思考与练习

1. 为设备选双鞍座时，应选（　　）。

A. 两个 S 型　　B. 一个 F 型，一个 S 型

C. 两个 F 型　　D. 以上 3 种均可

2. 容器上所开椭圆形人孔，其尺寸应不小于（　　）。

A. 400 mm × 300 mm　　B. 600 mm × 400 mm

C. 300 mm × 200 mm　　D. 200 mm × 150 mm

3. 可用于大型薄壁容器支座的是（　　）。

A. 鞍座　　B. 支承式支座

C. 裙座　　D. 圈座

4. 常用卧式容器支座有哪些？各适用于什么场合？

5. 安全阀的工作原理是什么？

6. 安全阀安装时有哪些注意事项？

7. 如何选用合适的压力表？

§1－5　耐压试验与泄漏试验

学习目标

1. 了解压力试验的目的。
2. 掌握液压试验的步骤。
3. 掌握耐压试验用压力表的选用原则。
4. 了解气密性试验方法。

根据《压力容器　第 4 部分：制造、检验和验收》（GB/T 150.4—2001），压力容器的压力试验包括耐压试验和泄漏试验，其中耐压试验包括液压试验、气压试验和气液组合试验。

一、压力试验的目的

压力试验的目的是验证超过工作压力条件下密封结构的严密性、焊缝的致密性以及容器

的宏观强度。容器经过压力试验合格以后才能交付使用。下列情况下的压力容器需要进行压力试验：

（1）新制造容器。

（2）改变使用条件，且超过原设计参数并经强度校核合格的容器。

（3）停止使用两年后重新启用的容器。

（4）用焊接方法修理改造、更换主要受压元件的容器。

（5）需要更换衬里的容器。

（6）使用单位对安全性能有怀疑的容器。

（7）使用单位从外单位拆来新安装的或本单位内部移装的容器。

二、液压试验的方法及要求

耐压试验一般采用液压试验，对不允许有微量残留液体及由于结构原因不能充满液体等不适宜做液压试验的容器，须进行气压试验。对需要进行热处理的容器，必须将所有的焊接工作全部完成并经过热处理以后，才能进行耐压试验。

1. 液压试验装置及过程

在进行液压试验前，容器各连接部位的紧固螺栓必须装配齐全、紧固妥当。应将两个经校正的、量程相同的压力表装在试验装置便于观察的部位，如图 1－42 所示。压力表的量程约为试验压力的 2 倍，但不得低于 1.5 倍或高于 4 倍。

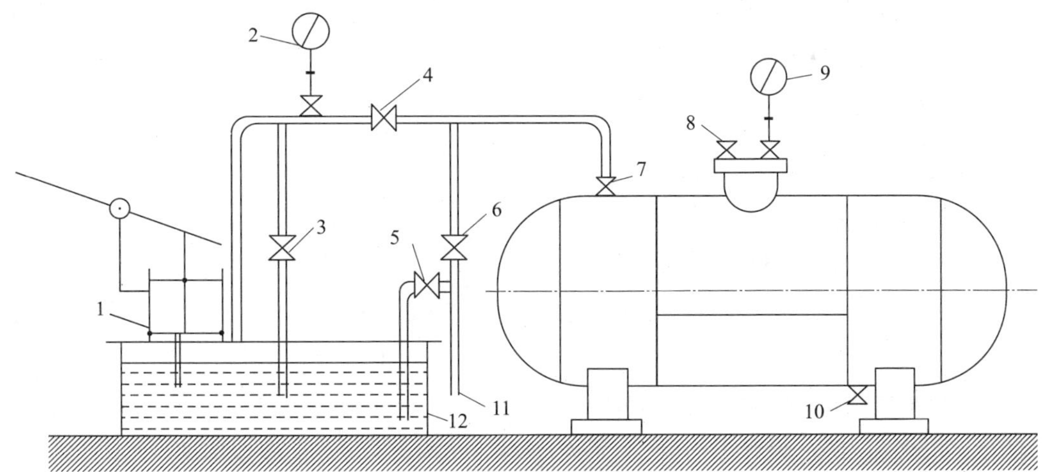

图 1－42　液压试验装置

1—水压泵　2、9—压力表　3、4、5、6—普通阀门　7—进水阀门
8—出气阀门　10—排水阀门　11—自来水管　12—水槽

液压试验时，应先打开放空口，充液至放空口有液体溢出，表明容器内空气已排尽。关闭放空口的排气阀门，待容器壁温与液体温度接近时缓慢升压至设计压力，确认无泄漏后继续升压至规定的试验压力，保压不少于 30 min。将压力降至规定试验压力的 80%，并保持足够长的时间（一般不少于 30 min，不得带压紧固螺栓）。检查所有焊接接头及连接部位，

如发现有渗漏，则需修补后重新试验。

压力容器液压试验时无渗漏及可见的异常变形，试验过程中无异常的响声，即认为合格。

2. 液压试验介质及要求

凡是在液压试验时不会导致发生危险的液体，在低于其沸点下都可作为液压试验的介质。液压试验的介质一般是水，水的可压缩性很小，若容器因缺陷扩展而发生泄漏，水压立即下降，因而用水做液压试验介质既安全又廉价，且操作也较为方便，故应用广泛。液压试验时应注意以下几点：

（1）一般采用清洁水进行试验，对奥氏体不锈钢制造的容器用水进行试验后，应采取措施除去水渍，防止氯离子腐蚀。无法满足这一要求时，应控制水中氯离子的质量浓度不超过 25 mg/L。

（2）若采用不会导致发生危险的其他液体做试验介质，液体的温度应低于其闪点或沸点。

（3）对碳素钢、正火 15MnVR 钢和 16MnR 钢制容器进行液压试验时，液体温度不得低于 5 ℃。对于其他低合金钢制容器，液体温度不得低于 15 ℃。

（4）液压试验后，应及时将试验介质排净，必要时可用压缩空气或其他稀有气体将容器内表面吹干。

3. 液压试验压力的确定

液压试验是在高于工作压力的情况下进行的，所以在进行试验前，应对容器在规定的试验压力下的强度进行理论校核，满足要求时才能进行实际操作。液压试验压力计算如下：

$$p_T = 1.25p\frac{[\sigma]}{[\sigma]^t} \tag{1-2}$$

式中 p_T——容器的试验压力，MPa；

p——容器的设计压力，MPa；

$[\sigma]$——容器元件材料在试验温度下的许用应力，MPa；

$[\sigma]^t$——容器元件材料在设计温度下的许用应力，MPa；

t——容器的设计温度，℃。

在确定试验压力时，应注意以下几点：

（1）$[\sigma]/[\sigma]^t$ 不超过 1.8。

（2）优先采用铭牌标定试验压力。

（3）结合元件材质不同时，取小的 $[\sigma]$。

（4）立式容器采用卧式检测时，要加上高度压差。

三、气压试验的过程、介质和要求

1. 试验过程

气压试验有一定的危险性，试验时应缓慢升压至规定试验压力的 10% 且不超过

0.05 MPa，保压 5 min 后对所有焊接接头和连接部位进行初步泄漏检查，如有泄漏，修补后重新试验。初次泄漏检查合格后，再继续缓慢升压至规定试验压力的 50%，然后以规定试验压力的 10% 为级差逐渐增至规定的试验压力，保压 10 min 后，将压力降至规定试验压力的 87%，并保持足够长的时间（一般不少于 30 min，不得在试验时紧固螺栓），再次进行泄漏检查，如有泄漏，则需修补后再按上述规定重新试验。

气压试验经肥皂液或其他检漏液检查无漏气和可见异常变形即为合格。

2. 试验介质及要求

气压试验所用气体应为干燥、洁净的空气、氮气或其他不活泼气体。对高压及超高压容器，不宜采用气压试验。气压试验应注意以下几点：

（1）有可靠的安全措施。该措施需经试验单位技术总负责人批准，并经本单位安全部门现场检查监督。

（2）对于碳素钢和低合金钢制容器，试验用气体温度不得低于 15 ℃；其他钢种的容器按图样规定确定。

（3）试验时若发现有不正常情况，应立即停止试验，待查明原因并采取相应措施后，方可继续进行试验。

气压试验压力如下：

$$p_T = 1.15p\frac{[\sigma]}{[\sigma]^t} \qquad (1-3)$$

四、耐压试验安全技术规定

（1）耐压试验具有一定的危险性，因此必须在规定的场地进行。对耐压试验用的机泵设备及一切零部件、器具及试验场地，须安排专人管理。保持设备、器具及防护设备完好，试验场地整洁。

（2）对紧固件、盲板、管塞、阀座等必须按压力级别分类、编号，按试验压力规定值正确选用。压力级别不同时，只能将高压力件用于低压力级试验，绝对不允许存在以低代高及紧固件装配不齐全的情况。

（3）耐压试验必须同时装两个量程相同的压力表，其中至少一个要装在试压容器上。压力表装设位置应便于观察，并避免受到直接辐射热和振动的影响。

（4）选用压力表的最大量程，取试验压力 p_T 的 1.5～3.0 倍，最好为 2.0 倍。压力表表盘直径不得小于 100 mm。

（5）选用压力表要有精度要求，低压容器（$p<1.6$ MPa）压力表精度不低于 2.5 级，中压及中压以上（$p\geqslant1.6$ MPa）容器压力表精度不低于 1.5 级。

（6）压力表必须定期校验，每年至少一次。校验、维护及使用压力表都应符合市场监管部门规定，校验合格的压力表应铅封。刻度不清、玻璃破裂、泄压后指针不回零位、未经校验合格及未铅封的压力表，均不准使用。在试验过程中，如发现两个压力表指针均失灵，必须立即停泵检查。更换压力表时，必须先卸压或者关闭压力表管路上的闸阀。

（7）耐压试验用的管路，因经常使用、变换位置造成无规则变形，其使用寿命难以估计，应经常检验。如发现裂痕或影响安全使用的其他现象，应及时更换。

（8）进行耐压试验时，与耐压试验无关的人员禁止进入场地。在升压过程和试验压力p_T值保压期间，严禁敲击容器，一切人员不得在可能出现螺栓断裂和密封垫被击穿的正前方向等不安全的地方停留。

（9）耐压试验过程中，如果发现泄漏、压力指示下降（注意并非都是泄漏所引起）、有异常响声以及出现其他影响耐压试验安全进行的现象或征兆，应立即停泵。

（10）耐压试验期间的任何一次检查，必须在压力稳定后（一般 3 ~ 10 min）进行。若需返修补焊、排除密封部位泄漏，以及在试压合格后进行拆卸工作，必须在完全卸掉压力、压力表指针回零位达 5 min 后进行，严禁在容器带压情况下补焊或进行其他作业。

（11）带夹套容器应先进行内筒耐压试验，合格后再焊夹套，然后再进行夹套内的耐压试验。

五、泄漏试验

介质毒性为极度或高度危害的压力容器，以及不允许有微量泄漏的压力容器，应在耐压试验合格后进行泄漏试验。泄漏试验的目的是检查容器可拆连接部位的密封性能及焊缝可能发生的泄漏，包括气密性试验、氨检漏试验、卤素检漏试验等。

气密性试验主要是检验容器各连接部位是否有泄漏现象。压力容器应按以下要求进行气密性试验：

（1）气密性试验应在液压试验合格后进行。对设计要求做气压试验的压力容器，气密性试验可与气压试验同时进行，试验压力应为气压试验的压力。

（2）碳素钢和低合金钢制成的压力容器，其试验用气体的温度应不低于 5 ℃，其他材料制成的压力容器按设计图样规定。

（3）气密性试验所用气体，应为干燥、清洁的空气、氮气或其他不活泼气体。

（4）进行气密性试验时，安全附件应安装齐全。

（5）试验时压力应缓慢上升，达到规定试验压力后保压 10 min，然后降至设计压力，对所有焊缝和连接部位涂刷肥皂液进行检查，以无泄漏为合格。如有泄漏，修补后重新进行液压试验和气密性试验。

气密性试验与气压试验是不一样的。首先，它们的目的不同。气密性试验的目的是检验压力容器的严密性，气压试验的目的是检验压力容器的耐压强度。其次，试验压力不同。气密性试验压力为容器的设计压力，气压试验压力为设计压力的 1.15 倍。

对常压容器或不便采用其他方法检查的容器，可采用煤油渗漏试验来检验其密封性，煤油渗漏试验有时也可作为大型设备的密封性初检手段。进行煤油渗漏试验时，先将待检面的焊缝清理干净，并涂刷白垩粉浆，待充分晾干后，在另一侧面涂刷 2 ~ 3 次煤油，使表面得到足够的浸润，经过 0.5 h 后在白垩粉侧的表面如果没有油渍出现，即为试验合格。若出现油渍，则说明有缺陷，待修补后重新试验。修补缺陷时，要注意防止煤油受热起火。

思考与练习

1. 强度试验通常采用（　　）。

A. 液压试验　　B. 气压试验

C. 水压试验　　D. 氨渗透试验

2. 常温压力容器做水压试验，设计压力为 2 MPa，其试验压力选（　　）MPa。

A. 1.6　　B. 2　　C. 2.5　　D. 3

3. 容器材料为碳素钢、Q345R 钢时，水压试验时水温应不低于（　　）℃。

A. 10　　B. 5　　C. 15　　D. 10

4. 写出液压试验的步骤及保压时间。

5. 什么情况下需要进行气密性试验？

§1－6　法兰连接与密封

学习目标

1. 熟悉法兰连接的组成。
2. 掌握法兰连接密封原理。
3. 掌握法兰密封面的型式及特点。
4. 熟悉影响法兰密封的主要因素。
5. 了解垫片的种类。

在过程工业，无论是成套设备，还是单套设备，由于工艺、制造安装、检修等原因，应采用可拆卸连接结构，如人孔盖、换热器的封头等部位。常用的可拆卸连接有法兰连接、螺纹连接、承插式连接。法兰连接以其特有的密封可靠、强度高、适应范围广等优点在化工、制药设备和管道上应用最广。

一、法兰连接的结构和工作原理

1. 结构

法兰连接（见图 1－43）由一对法兰、垫片和螺栓、螺母组成，借助螺栓把一对法兰连接在一起，并压紧垫片使连接处紧密不漏。

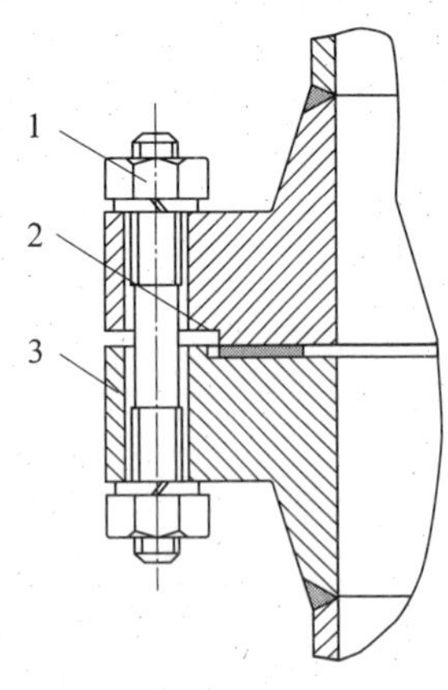

图 1－43　法兰连接

1—螺栓　2—垫片　3—法兰

2. 工作原理

通过预紧螺栓，法兰密封面间的垫片被压紧并填满法兰密封面上凹凸不平的间隙，这一方面阻止介质通过垫片内部毛细管渗漏，另一方面阻止介质通过垫片与密封面间的界面泄漏，从而实现预密封。

保障法兰连接密封不漏的条件：预紧时，作用在垫片上的预紧比压不低于预紧密封比压；工作时，作用在垫片上的剩余比压不低于工作密封比压。

二、法兰的分类

1. 按法兰与设备或管道连接的整体性分类

法兰可分为整体法兰、松式法兰、螺纹法兰。

（1）整体法兰。整体法兰可分为平焊法兰和对焊法兰。

1）平焊法兰：用于温度、压力不太高的场合，如图 1－44 所示。

2）对焊法兰：用于压力、温度较高及有毒、易燃、易爆的重要场合，造价高，如图 1－45 所示。

图 1－44　平焊法兰

图 1－45　对焊法兰

平焊法兰和对焊法兰的区别如下：

1）焊缝形式不同。平焊的焊缝不能采用射线探伤，而对焊的焊缝可以；平焊有两个角

接环焊缝，对焊只有一个对接环焊缝。

2）公称压力不同。带颈平焊法兰公称压力为 0.6 ~ 4.0 MPa，而带颈对焊法兰公称压力为 1 ~ 25 MPa，显然，带颈平焊法兰适应的压力等级较低。

3）连接方式不同。平焊法兰一般只能与管道连接，而不能直接与对焊管件连接；对焊法兰一般可以与所有对焊管件（包括弯头、三通、异径管等）和管道直接连接。

（2）松式法兰。松式法兰（见图 1 – 46）不与管道或容器直接连接在一起，适用于压力较低的场合，对有色金属、不锈钢设备和管道壳体不产生附加弯曲应力；用碳钢制造时，可减少贵重金属消耗；法兰刚性差。

（3）螺纹法兰。螺纹法兰广泛用于小直径高压管道上，对管壁产生的附加应力较小，如图 1 – 47 所示。

图 1 – 46　松式法兰

图 1 – 47　螺纹法兰

2. 按法兰的形状分类

一般来说，法兰的形状有圆盘形或带颈圆盘形、方形（见图 1 – 48）、椭圆形（腰形，见图 1 – 49），其中以圆形法兰最多。

图 1 – 48　方形法兰

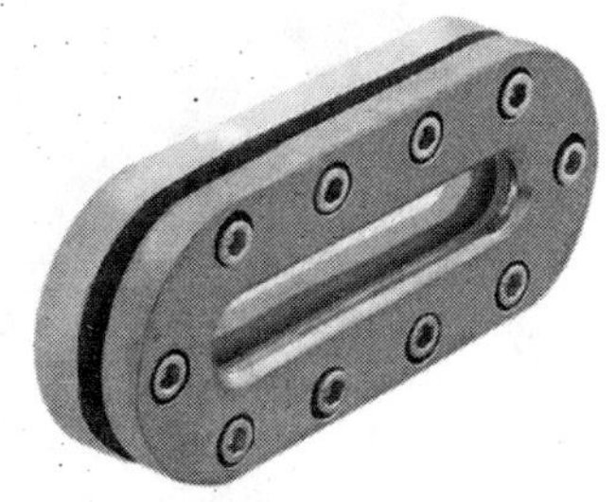

图 1 – 49　椭圆形法兰

三、法兰密封面型式

法兰密封性能与密封面型式有关，密封面型式选择主要考虑压力、温度、介质等因素。常用的密封面有平面、突面、凹凸面、榫槽面和环连接面 5 种型式。

1. 平面密封面

平面密封面主要用于宽面法兰及低压管道系统中。法兰与相配密封垫片接触面分布于法兰螺栓中心圆的内、外两侧，如图 1 – 50 所示。对应的垫片材质多为石棉橡胶等非金属软质材料，垫片预紧比压较低，可用于平焊法兰、对焊法兰、承插式法兰。

2. 突面密封面

突面密封面主要用于窄面法兰，即垫片的接触面位于长螺栓孔所包围的圆周范围内。突面密封面对应的垫片外径正好与法兰连接螺栓内切圆直径相当，安装时可借助螺栓使垫片位置固定在法兰面中央，如图 1－51 所示。这种密封面在法兰上应用最为广泛。

突面密封面对应的垫片有各种非金属平垫片、金属包覆垫片、金属缠绕垫片等。

图 1－50　平面密封面

图 1－51　突面密封面

3. 凹凸面密封面

凹凸面密封面的特点是垫片嵌在凹面的凹槽中，减少垫片被压力冲击的可能性，装配时便于对中，如图 1－52 所示。和突面密封面相比，这种密封面常常用在密封要求较严的场合，其缺点是一对法兰有两种密封面，密封面加工较复杂，因此不如突面密封面应用广泛。

凹凸面密封面对应的垫片有各种非金属平垫片、金属包覆垫片及基本型或带内环型缠绕垫片等。

图 1－52　凹凸面密封面

4. 榫槽面密封面

这种密封面具有与凹凸面密封面相似的优点，且优于凹凸面密封面。榫槽面密封面的垫片位于环状凹槽内，受两侧金属壁的限制，可免于受压变形而被挤入管道中，如图 1－53 所示。这种密封面的垫片不与管内流体介质直接接触，较少遭受流体介质的浸蚀或腐蚀，故可用于高压、易燃易爆、有毒介质等对密封要求较严的场合。这种密封面垫片安装对中性好，但密封面加工比较困难，更换垫片时易损伤密封面，而且安装和拆卸时必须在轴向将法兰分开，因此在管线设计时要考虑将法兰在轴向分开的可能。

榫槽面密封面适用的垫片有各种金属及非金属平垫片、金属包覆垫片及基本型缠绕垫片等。

图 1－53　榫槽密封面

5. 环连接面密封面

采用环连接面密封面的法兰属于窄面法兰，在法兰的凸面上开出一环状梯形槽作为法兰密封面，和榫槽面法兰一样，这种法兰在安装和拆卸时必须在轴向将法兰分开。

环连接面密封面与八角形或椭圆形的实体金属垫片配合，实现密封连接。这种密封面的密封性能好，对安装要求不太严格，适用于高温、高压工况，但密封面的加工精度较高。

四、垫片的种类和选择

密封可分为静密封和动密封两大类。静密封主要有垫密封、密封胶密封和直接接触密封三大类。根据工作压力，静密封又可分为中低压静密封和高压静密封。中低压静密封常用材质较软、接触宽度较宽的垫密封，高压静密封则用材质较硬、接触宽度很窄的金属垫片。垫片的种类多种多样，按其主要材料分为非金属、半金属和金属垫片三大类。

1. 非金属垫片

非金属垫片质地柔软，耐腐蚀，价格便宜，但耐温和耐压性能差，多用于常温和中等温度的中低压容器或管道的法兰密封。

非金属垫片包括橡胶垫、石棉垫、石棉橡胶垫、柔性石墨垫和聚四氟乙烯（PTFE）垫等。

（1）橡胶垫。橡胶垫分为天然橡胶垫、合成橡胶垫、硅橡胶垫，应用比较广泛。橡胶垫组织致密，质地柔软，回弹性好，容易剪切成各种形状，且便宜、易购，被广泛使用于容器和管道的密封中。但橡胶垫不耐高压，容易在矿物油中溶解和膨胀，且不耐腐蚀，在高温下容易老化而失去回弹性。

（2）石棉垫。石棉垫以石棉纤维、橡胶为主要原料，再辅以橡胶配合剂和填充料，经过混合搅拌、热辊成形、硫化等工序制成。它既保持了石棉的耐热性、柔软性，还增加了弹性，可用于水处理及蒸汽、空气、天然气、酸和油等介质，最高使用温度为 500 ℃。

（3）石棉橡胶垫。石棉橡胶垫是由石棉、橡胶和填料压制而成的。一般，石棉纤维占 60% ~85%。根据工艺、性能及用途不同，石棉橡胶垫主要有高压石棉橡胶垫、中低压石棉橡胶垫和耐油石棉橡胶垫。

石棉橡胶垫有适宜的强度、弹性，质地柔软，制作方便且便宜，在化工企业中得到迅速推广和应用。

（4）柔性石墨垫。柔性石墨垫是一种新型密封材料，具有良好的回弹性、耐温性，质地柔软，在化工企业得到迅速推广和应用。

（5）聚四氟乙烯垫。聚四氟乙烯是以四氟乙烯作为单体聚合制得的高分子聚合物，为白色蜡状，耐寒、耐热性优良，可在 –180 ~260 ℃下长期使用。它不易老化，不燃烧，吸水性近乎为零。聚四氟乙烯组织致密，分子结构无极性，用作垫片时接触面平整光滑，不会黏附在金属法兰上。除受熔融碱金属以及含氟元素气体侵蚀外，它能耐多种酸、碱、盐、油脂类溶液介质的腐蚀。

2. 半金属垫片（金属复合垫片）

非金属材料虽质地柔软，具有压缩性好和螺栓载荷低等优点，但其强度不高，回弹性差，不适用于高压、高温场合。结合金属材料强度高、回弹性好、经受得起高温的特点，将金属材料与非金属材料组合起来，即形成半金属垫片。

半金属垫片主要有金属包覆垫片、金属缠绕垫片、金属波纹复合垫片、金属齿形复合垫片等。

金属包覆垫片是在软的石棉板、聚四氟乙烯等外面包一层软钢、铜、不锈钢、钛镍等薄金属板（0.2 ~0.3 mm），总厚度为 3 mm。

金属缠绕垫片是由薄金属波形带与石棉或柔性石墨等非金属材料交替绕成螺旋状，将金属带的始末端点焊接而成的，国外也称为螺旋垫片，适用于高温、高压、条件急剧变化的场合。

3. 金属垫片

在高温、高压以及载荷循环频繁等苛刻操作条件下，金属材料仍是密封垫片的首选。常用的材料有铜、铝、低碳钢、不锈钢、铬镍合金钢、蒙乃尔合金等。为了减少螺栓载荷和保证结构紧凑，除了金属平垫尽量采用窄宽度外，各种具有线接触特征的环垫结构是其优选的形式。

（1）平垫。平垫由软钢（10 钢、20 钢）、纯铁、铜、铝、铅等金属板加工而成，用于高温、高压的阀门法兰、往复压缩机、泵等部位。

（2）锯齿形（波形）垫片。为了提高密封性能，在金属表面加工出很多同心圆，减小有效接触面积，即形成锯齿形（波形）垫片。其密封性能比平垫好，压紧力也比平垫小。

常用垫片如图 1 –54 所示。

五、影响法兰密封的主要因素

影响法兰密封的因素主要有螺栓预紧力、垫片性能、密封面型式、法兰刚度和操作条件等。

1. 螺栓预紧力

螺栓预紧力是压紧垫片、实现初始密封的重要载荷。螺栓预紧力应满足以下要求：

（1）大小合理。适当提高螺栓预紧力可在操作工况下获得较大的密封比压，但螺栓预紧力太大会使垫片整体屈服，丧失回弹能力，甚至将垫片挤出或压坏。使用数字扳手，可以控制预紧力大小。

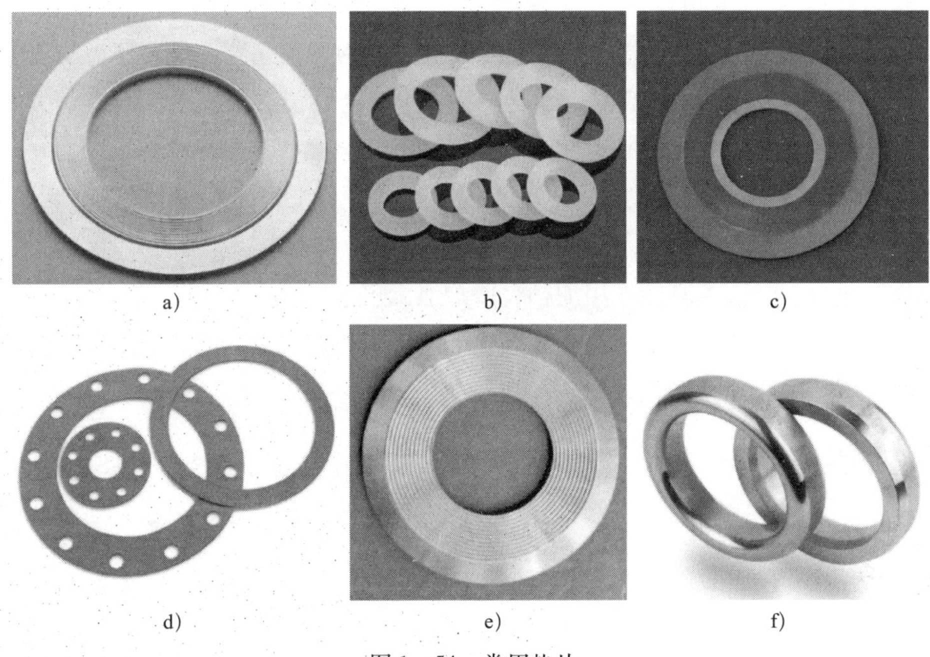

图 1－54　常用垫片

a）金属包覆垫片　b）氟橡胶垫片　c）金属缠绕垫片　d）石棉垫片
e）齿形金属垫片　f）八角形金属环垫片

（2）施加均匀。应对称预紧，使螺栓预紧力均匀作用到垫片上；也可采取减小螺栓直径、增加螺栓个数等措施来提高施加均匀性。

2. 垫片性能

垫片变形能力和回弹能力是形成密封的必要条件。对垫片性能的基本要求：垫片变形能力大，易于填满压紧面上的间隙，并使预紧力不致太大；回弹能力大，能适应操作压力和温度的波动。垫片还应具有适应介质温度、压力和腐蚀性等特点。

3. 密封面型式

法兰密封面型式和质量直接影响密封性能。法兰密封面的形状和表面粗糙度应与垫片相匹配。使用金属垫片时其压紧面的质量应比使用非金属垫片时高。例如，高压管道密封常用八角形金属垫等，以实现线密封。

压紧面表面质量要求：不允许有刀痕和划痕，应能均匀地压紧垫片，保证平面度和垂直度。

4. 法兰刚度

法兰应有足够的刚度，确保法兰不变形，并将螺栓预紧力均匀传递到垫片，从而保障装置密封性。在工程实际中，法兰刚度不足产生过大的翘曲变形，是密封失效的主要原因之一。增大法兰环的厚度、缩小螺栓中心圆直径、增大法兰环外径可以提高法兰刚度，或者采用带颈法兰或增大锥颈部分尺寸，以提高法兰抗弯能力。

5. 操作条件

影响密封性能的操作条件包括压力、温度及介质的物理化学性质等。压力与温度或介质与温度联合作用，尤其是在波动高温下，会严重影响密封性能，甚至使密封完全失效。单纯的压力及介质对密封性能影响并不显著。

高温环境对密封性能的影响如下：

（1）介质黏度变小，渗透性增大，易泄漏。

（2）介质对垫片、法兰腐蚀作用加剧，增加泄漏可能。

（3）法兰、螺栓和垫片均产生较大高温蠕变与应力松弛，使密封失效。

（4）非金属垫片会加速老化、变质，甚至烧毁。

六、管法兰

因为容器筒体的公称直径和管的公称直径所代表的具体尺寸不同，所以同样公称直径的容器法兰和管法兰，它们的尺寸亦不相同，二者不能互相代用。管法兰除平焊、对焊法兰外，还有铸钢法兰、铸铁法兰、活套法兰、螺纹法兰等。常用管法兰的标准为《钢制管法兰　第2部分：Class系列》（GB/T 9124.2—2019）。

1. 结构类型

管法兰包括7种类型，涉及5种密封面，如图1－55和图1－56所示。

（1）带颈平焊法兰由于增加了与法兰盘为一整体的短颈，法兰的刚度提高，改善了法兰的承载能力。

（2）对焊法兰颈部较长，又称为高颈法兰，是承载能力最好的一种管法兰。

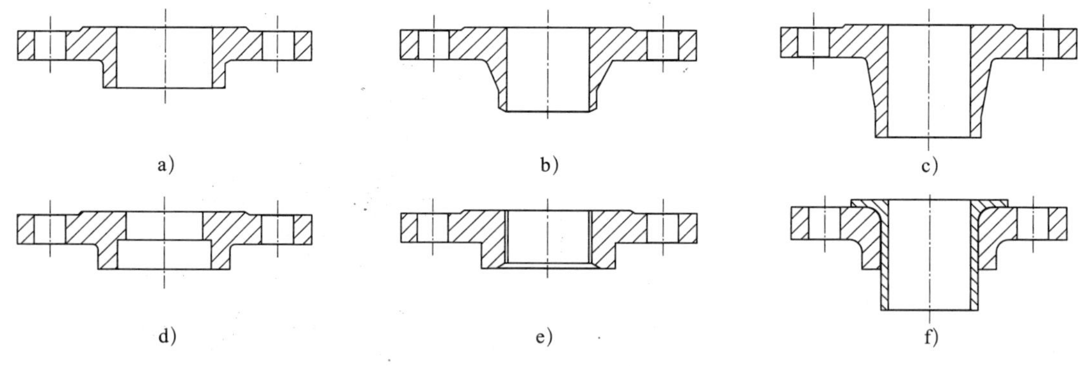

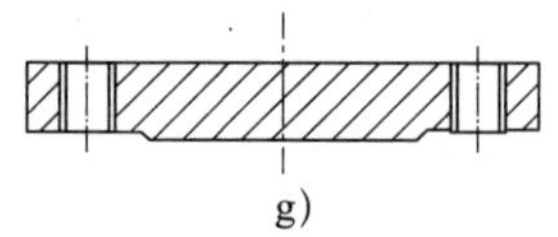

图1－55　管法兰类型

a）带颈平焊法兰　b）对焊法兰　c）整体法兰　d）带颈承插焊法兰

e）带颈螺纹法兰　f）对焊环带颈松式法兰　g）法兰盖

（3）整体法兰属于带颈对焊钢制管法兰的一种，材质有碳钢、不锈钢、合金钢等，多用于压力较高的管道，生产工艺一般为铸造。

（4）带颈承插焊法兰与接管之间为单面填角焊，故只用于公称直径在 50 mm 以下的小口径管道。

（5）带颈螺纹法兰属于非焊接法兰，安装、维修方便，可在现场不允许焊接的管道上使用。

（6）对焊环带颈松式法兰的法兰盘为板式结构，适用的压力较低，但松式法兰变形不会引起密封面产生转角，所以公称压力的上限较板式平焊法兰略高。这种法兰主要用于具有腐蚀性介质及有色金属管道系统，法兰盘可以用碳钢制造，节省不锈钢或有色金属的用量，降低法兰成本。

（7）法兰盖装在管端外螺纹上，可以封住管道，具有防尘、防水、防腐的作用。

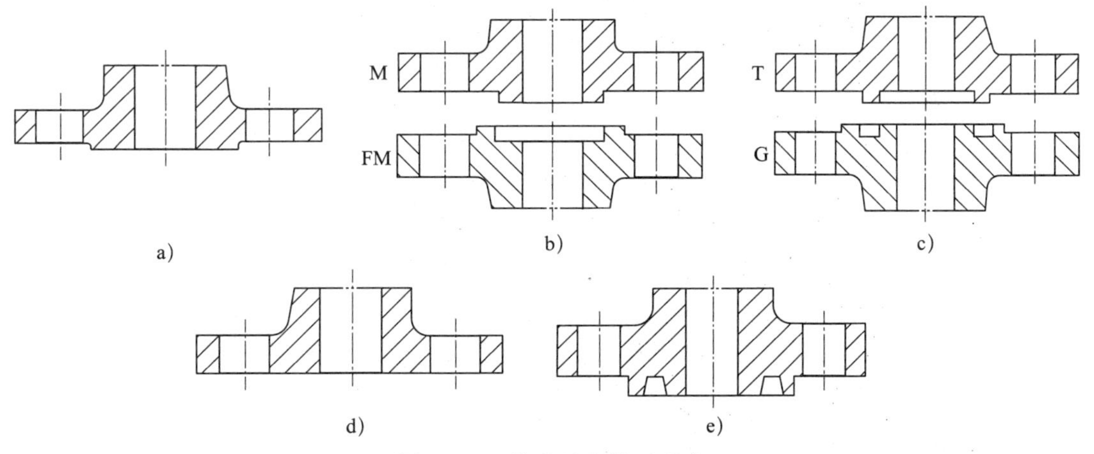

图 1－56　管法兰密封面型式

a）突面（RF）　b）凹凸面（MFM）　c）榫槽面（TG）　d）全平面（FF）　e）环连接面（RJ）

2. 公称直径、公称压力和密封垫片

（1）管法兰的公称直径。管法兰的公称直径指的是与其相连接的管件的名义直径，即管件的公称直径，是接近管件内、外径的某一整数，用“DN”表示。例如，公称直径为 100 mm 的无缝钢管，其外径为 108 mm，而内径则视管壁厚度而定。

（2）管法兰的公称压力。管法兰公称压力与容器法兰类似，也用“PN”表示，但其含义与容器法兰不同。当公称压力不大于 4.0 MPa 时，公称压力是指 20 钢制造的法兰在 100 ℃时所允许的最高无冲击工作压力；当公称压力大于或等于 6.3 MPa 时，公称压力是指 Q345B 钢制造的法兰在 100 ℃时所允许的最高无冲击工作压力。无论选用何种材料，管法兰最高无冲击工作压力均不得超过公称压力，这一点与压力容器法兰不同。不同类型管法兰的适用范围见表 1－7。

表 1-7　不同类型管法兰的适用范围

<table>
<tr><td rowspan="3">法兰类型</td><td rowspan="3">密封面型式</td><td colspan="6">公称压力/MPa</td></tr>
<tr><td>150</td><td>300</td><td>600</td><td>900</td><td>1 500</td><td>2 500</td></tr>
<tr><td colspan="6">公称直径/mm</td></tr>
<tr><td rowspan="9">整体法兰</td><td>平面</td><td>15 ~ 600</td><td colspan="5">—</td></tr>
<tr><td rowspan="2">突面</td><td colspan="6">15 ~ 300</td></tr>
<tr><td colspan="5">350 ~ 600</td><td>—</td></tr>
<tr><td rowspan="2">凹凸面</td><td>—</td><td colspan="5">15 ~ 300</td></tr>
<tr><td>—</td><td colspan="4">350 ~ 600</td><td>—</td></tr>
<tr><td rowspan="2">榫槽面</td><td>—</td><td colspan="5">15 ~ 300</td></tr>
<tr><td>—</td><td colspan="4">350 ~ 600</td><td>—</td></tr>
<tr><td rowspan="2">环连接面</td><td colspan="6">15 ~ 300</td></tr>
<tr><td colspan="5">350 ~ 600</td><td>—</td></tr>
<tr><td rowspan="2">带颈螺纹法兰</td><td rowspan="2">突面</td><td colspan="6">15 ~ 65</td></tr>
<tr><td colspan="4">80 ~ 600</td><td colspan="2">—</td></tr>
<tr><td rowspan="10">对焊法兰</td><td rowspan="2">平面</td><td colspan="6">15 ~ 300</td></tr>
<tr><td colspan="5">350 ~ 600</td><td>—</td></tr>
<tr><td rowspan="2">突面</td><td colspan="6">15 ~ 300</td></tr>
<tr><td colspan="5">350 ~ 600</td><td>—</td></tr>
<tr><td rowspan="2">凹凸面</td><td colspan="6">15 ~ 300</td></tr>
<tr><td colspan="5">350 ~ 600</td><td>—</td></tr>
<tr><td rowspan="2">榫槽面</td><td colspan="6">15 ~ 300</td></tr>
<tr><td colspan="5">350 ~ 600</td><td>—</td></tr>
<tr><td rowspan="2">环连接面</td><td colspan="6">15 ~ 300</td></tr>
<tr><td colspan="5">350 ~ 600</td><td>—</td></tr>
<tr><td rowspan="9">带颈平焊法兰</td><td>平面</td><td>15 ~ 600</td><td colspan="5">—</td></tr>
<tr><td rowspan="2">突面</td><td colspan="5">15 ~ 65</td><td>—</td></tr>
<tr><td colspan="4">80 ~ 600</td><td colspan="2">—</td></tr>
<tr><td rowspan="2">凹凸面</td><td>—</td><td colspan="4">15 ~ 65</td><td>—</td></tr>
<tr><td>—</td><td colspan="3">80 ~ 600</td><td colspan="2">—</td></tr>
<tr><td rowspan="2">榫槽面</td><td>—</td><td colspan="4">15 ~ 65</td><td>—</td></tr>
<tr><td>—</td><td colspan="3">80 ~ 600</td><td colspan="2">—</td></tr>
<tr><td rowspan="2">环连接面</td><td colspan="5">15 ~ 65</td><td>—</td></tr>
<tr><td colspan="4">80 ~ 600</td><td colspan="2">—</td></tr>
</table>

续表

<table>
<tr><th rowspan="3">法兰类型</th><th rowspan="3">密封面型式</th><th colspan="6">公称压力/MPa</th></tr>
<tr><th>150</th><th>300</th><th>600</th><th>900</th><th>1 500</th><th>2 500</th></tr>
<tr><th colspan="6">公称直径/mm</th></tr>
<tr><td rowspan="9">带颈承插焊法兰</td><td>平面</td><td>15～80</td><td colspan="5">—</td></tr>
<tr><td rowspan="2">突面</td><td colspan="4">15～65</td><td colspan="2">—</td></tr>
<tr><td colspan="3">80</td><td colspan="3">—</td></tr>
<tr><td rowspan="2">凹凸面</td><td>—</td><td colspan="4">15～65</td><td>—</td></tr>
<tr><td>—</td><td colspan="2">80</td><td colspan="3"></td></tr>
<tr><td rowspan="2">榫槽面</td><td>—</td><td colspan="4">15～65</td><td>—</td></tr>
<tr><td>—</td><td colspan="2">80</td><td colspan="3"></td></tr>
<tr><td rowspan="2">环连接面</td><td>—</td><td colspan="4">15～65</td><td>—</td></tr>
<tr><td>—</td><td colspan="2">80</td><td colspan="3">—</td></tr>
<tr><td rowspan="4">对焊环带颈松式法兰</td><td rowspan="2">突面</td><td colspan="6">15～300</td></tr>
<tr><td colspan="5">350～600</td><td>—</td></tr>
<tr><td rowspan="2">环连接面</td><td colspan="6">15～300</td></tr>
<tr><td colspan="5">350～600</td><td>—</td></tr>
<tr><td rowspan="9">法兰盖</td><td>平面</td><td>15～600</td><td colspan="5">—</td></tr>
<tr><td rowspan="2">突面</td><td colspan="6">15～300</td></tr>
<tr><td colspan="5">350～600</td><td>—</td></tr>
<tr><td rowspan="2">凹凸面</td><td>—</td><td colspan="5">15～300</td></tr>
<tr><td>—</td><td colspan="4">350～600</td><td>—</td></tr>
<tr><td rowspan="2">榫槽面</td><td>—</td><td colspan="5">15～300</td></tr>
<tr><td>—</td><td colspan="4">350～600</td><td>—</td></tr>
<tr><td rowspan="2">环连接面</td><td colspan="6">15～300</td></tr>
<tr><td colspan="5">350～600</td><td>—</td></tr>
</table>

（3）管法兰密封垫片。管法兰密封垫片有石棉橡胶垫、石墨复合垫、聚四氟乙烯包覆垫、金属缠绕垫、齿形组合垫及金属环垫共 6 种。各垫片的适用条件见表 1－8。

表 1－8　　各垫片的适用条件

<table>
<tr><th colspan="2">垫片形式及密封面</th><th>公称压力/MPa</th><th>使用温度（上限）/℃</th><th>公称直径/mm</th></tr>
<tr><td rowspan="4">石棉橡胶垫</td><td>全平面</td><td>0.25～1.0</td><td rowspan="4">350</td><td>80～1 200</td></tr>
<tr><td>突面</td><td>0.25～2.5</td><td>10～2 000（600*）</td></tr>
<tr><td>凹凸面</td><td>1.0～4.0</td><td>10～500</td></tr>
<tr><td>榫槽面</td><td>1.6～4.0</td><td>10～500</td></tr>
<tr><td rowspan="3">石墨复合垫</td><td>突面</td><td>0.25～4.0</td><td rowspan="3">650</td><td>10～2 000（600*）</td></tr>
<tr><td>凹凸面</td><td>1.0～6.3</td><td>10～500（400*）</td></tr>
<tr><td>榫槽面</td><td>1.6～6.3</td><td>10～500（400*）</td></tr>
</table>

续表

垫片形式及密封面		公称压力/MPa	使用温度（上限）/℃	公称直径/mm
聚四氟乙烯包覆垫	突面	0.6～4.0	150～200	10～350（机加工翅形、矩形） 20～600（折包型）
金属缠绕垫填充特殊石棉纸		2.5～10.0	500	10～500（凹凸、榫槽） 10～600（突面）
金属缠绕垫填充柔性石墨带			650	
金属缠绕垫填充聚四氟乙烯带（突面、凹凸面、榫槽面）			200	
金属齿形复合垫覆柔性石墨		6.3～16.0	650	10～400
金属环垫		2.5～16.0	600	15～450（300*）

注：带＊的表示优先选用值。

思考与练习

1. 按整体性程度来分，法兰分为__________、__________和__________3种。
2. 常用法兰密封面的型式有哪几种？
3. 常用的非金属垫片有哪几种？
4. 金属垫片主要用于哪些场合？
5. 影响法兰密封的主要因素有哪几种？

§1－7 压力容器维护与检修基础知识

学习目标

1. 熟悉压力容器的使用方法。
2. 熟悉压力容器日常检查的主要内容。
3. 了解压力容器的泄漏原因及处理方法。
4. 熟悉无损检测裂纹的方法。
5. 掌握不同裂纹的修补方法。

除设计因素、制造因素外，导致压力容器发生事故的因素主要有安装因素、使用因素、维修改造因素和安全附件失效。这就要求操作人员能正确使用压力容器，在日常维护和检修中遵守《压力容器维护检修规程》，保障压力容器正常工作，避免事故发生。

一、压力容器的正确使用与科学管理

1. 压力容器的正确使用

（1）启用压力容器前，应检查各阀门的开关状态、压力表的数值、安全阀和报警装置的灵敏性。

（2）在开关进、出口阀门时，应核实无误后才能操作。操作要平稳，阀门的开启与关闭应缓慢进行，使温度、压力平稳升降，严防容器因骤冷、骤热而产生较大的温差应力。

（3）压力容器不得超压、超温、超负荷运行，应定时查看压力表、流量表、温度计的读数，注意设备内工艺参数变化，发现异常应及时调整至工艺控制指标范围以内。

（4）当容器的主要受压元件发生裂纹、鼓包、变形，容器进、出口发生火灾或相邻设备管道发生故障，安全附件失效，接管管件断裂，紧固件损坏时，应立即采取安全防护措施并及时向有关领导报告。

2. 压力容器的科学管理

化工生产是连续性生产，为使设备长周期运转，关键要对压力容器做好科学管理。管理内容主要有以下两个方面：

（1）建立、健全压力容器技术档案。压力容器技术档案包括原始技术资料，使用及检修记录，技术改造、拆迁和事故记录，操作条件变更日期及变更后的实际运行情况。

（2）建立、健全技术管理制度。技术管理制度包括厂、车间、班组人员的岗位责任制，安全操作规程，事故报告制度，定期检验制度等。

二、检修周期和内容

按照相关标准要求安排压力容器的外部检查及内、外部检验，根据检验结果，结合装置实际情况，确定检修周期，一般为 3 ~6 年。

1. 检修内容

（1）定期检验时确定返修的项目。

（2）筒体、封头与对接焊缝。

（3）接管与角焊缝。

（4）内构件。

（5）防腐层、保温层。

（6）衬里层、堆焊层。

（7）密封面、密封元件及紧固螺栓。

（8）基础及地脚螺栓。

（9）支承、支座及附属结构。

（10）安全附件。

（11）检修期间检查发现需要检修的其他项目。

2. 检修前准备

（1）备齐图样和技术资料，必要时编写施工方案。

（2）备齐机具、量具、材料和劳动防护用品。

（3）施工现场符合有关安全规定。

3. 检查内容

（1）检查以宏观检查、壁厚测定、内表面检测为主，必要时可采用其他无损检测方法。

（2）根据腐蚀机理和使用状况检查压力容器本体、对接焊缝、接管角焊缝有无裂纹、变形、鼓包及泄漏等。对应力集中部位、气液相交界处、变形部位、异钢种焊接部位、补焊区、工卡具焊迹、电弧损伤处应重点检查。

（3）检查内、外表面的腐蚀和机械损伤。

（4）检查结构及几何尺寸是否符合要求。

（5）检查壁厚是否减薄。厚度测定点的位置，一般选择下列部位：液位经常波动部位、易腐蚀及冲蚀部位、制造成形时壁厚减薄部位和使用中易产生变形的部位、表面缺陷检查时发现的可疑部位、接管部位。

（6）检查焊缝有无埋藏缺陷。

（7）检查材质是否符合要求。

（8）检查法兰密封面有无裂纹。

（9）检查紧固螺栓的完好情况，对重复使用的螺栓应逐个清洗，检查其损伤情况，必要时进行表面无损检测。应重点检查螺纹及过渡部位有无环向裂纹。

（10）检查支承或支座的损坏，对大型容器应检查有无基础下沉、倾斜及开裂。

（11）检查保温层、隔热层、衬里有无破损，堆焊层有无剥离。

（12）检查安全附件是否灵敏、可靠。

三、压力容器的检测方法

压力容器的检测方法包括有损检测法、无损检测法和密封性检验。对于使用中的设备，一般采用无损检测法查找缺陷。

无损检测法是指在不对被检测对象造成结构或性能损坏的条件下，利用声、磁、电、光等对被检测对象内部进行检测，得出其内部缺陷的性质、数量、位置等信息，进而判断被检测对象是否合格。在生产过程中，压力容器的接管和封头等结构往往存在残余应力和材料的不连续问题，这些应力集中的部位在温度、压力的作用下，会逐渐出现损伤疲劳、开裂、诱发裂纹等现象，给压力容器造成巨大的安全隐患。因此，需要通过一定的手段对压力容器进行微观缺陷的检测，以保障压力容器的使用安全。

1. 射线检测

射线检测的原理在于射线在穿过传统工件材料时会发生衰减，减弱的程度会因材料的厚薄和材料的不同而不同。当工件存在缺陷时，其缺陷会在射线穿透工件后的衰减程度上有所反映，据此即可判断缺陷的大小、位置。射线检测是压力容器制造过程中最常用的检测

方法。

2. 超声检测

超声检测是指使用频率为 0.5 ~ 5 MHz 的超声波对压力容器内部进行探测，这种声波在材料内部遇到异质界面（如被检测件的内部缺陷）时会发生反射，根据反射的情况判断被检测件的缺陷。这种检测方法常用于检测焊缝缺陷（如气孔、未熔合、未焊透、裂纹和夹渣等）。超声检测具有穿透力强，灵敏度高，能精确测量缺陷的相对大小和深度，设备自动化程度高，操作简单等优点；但也具备不能检测形状复杂工件，对工件表面粗糙度要求高，对检验人员要求高等缺点。超声波检测仪如图 1 – 57 所示，手持方便。

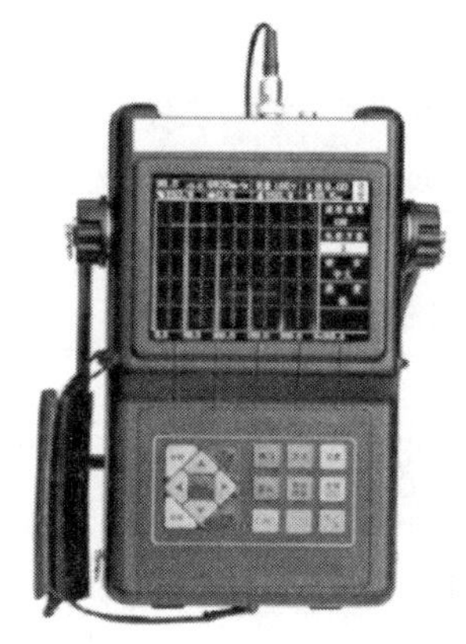

图 1 – 57　超声波检测仪

3. 磁粉检测

磁粉检测主要是针对铁磁性材料工件表面的不连续性检测，其原理是不连续表面磁化后的畸变磁力线会产生漏磁场，而漏磁场吸附磁粉显示出可见的磁粉痕迹，反映出缺陷的位置、大小、形状和严重程度，如图 1 – 58 所示。

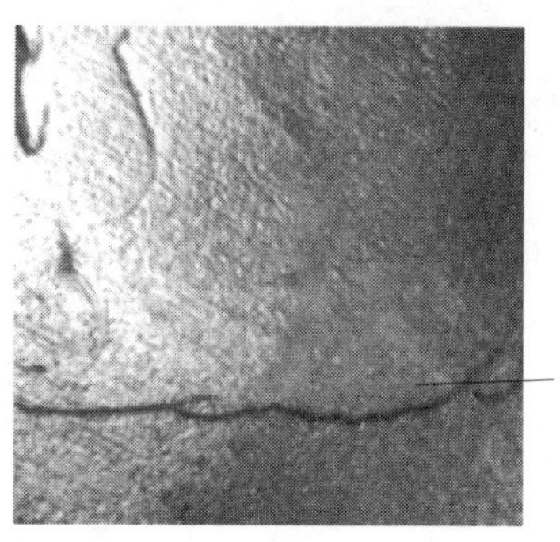

图 1 – 58　磁粉检测

磁粉检测常用于压力容器制造过程中焊缝质量、焊接坡口以及锻件质量的检测和长时间使用后的疲劳裂纹和应力腐蚀缺陷检测。它的优点在于检测清晰直观，检测灵敏度高，应用范围广，操作简单，价格便宜；缺点在于只能检测铁磁性材料的表面缺陷，不能检测非铁磁性材料，也不能检测内部缺陷。

4. 渗透检测

渗透检测是指通过特定渗透液的渗透作用，对被检测工件表面的不可见缺陷（肉眼不可见的裂纹、凹坑等）进行检测，即将渗透液涂于工件表面，利用显示器显示工件表面的缺陷。通常用渗透检测法检测压力容器制造过程的焊缝缺陷（如热裂纹、延迟裂纹、冷裂纹等）或压力容器长时间使用后出现的缺陷（疲劳裂纹、应力腐蚀等）。渗透检测法的优点是设备简单，费用低，对工件形状及表面要求低，可在设备现场检测，适用性强。而它的缺点在于只能检测被检测件的表面缺陷，无法检测内部的缺陷。

四、压力容器常见故障及处理方法

压力容器常见故障及处理方法见表 1－9。

表 1－9　压力容器常见故障及处理方法

故障现象	故障原因	处理方法
法兰密封泄漏	法兰密封面损坏	修复密封面或更换法兰
	垫圈承压不足、腐蚀、变质	紧固螺栓，更换垫圈
	螺栓刚度不足、松动或腐蚀	重新研究螺栓材质，紧固或更换螺栓
	法兰面不平行、中心偏差	切开重新对中或更换法兰
	高温、高压的结构选择不当	重新研究法兰、垫圈、螺栓等的结构和材质
	升温、升压或降温、降压过快	严格执行操作规程
裂纹	应力腐蚀	消除裂纹，补焊修复
	疲劳	消除裂纹，补焊修复
	制造时遗留裂纹	定期检验，及时发现，消除裂纹，补焊修复
壳体减薄	腐蚀	内壁涂耐腐蚀涂料，加强检测，严重时更换
	冲刷、磨损	补焊或加防冲板，加强检测
反应器超温、超压	误操作或产生剧烈反应	紧急放空或终止反应
积垢	水垢、晶体积附、杂质或有机物积附、产品分解、容器材料的腐蚀	机械清理、化学清洗、高压水冲洗
局部变形	结构问题或使用不合理	压模矫正器矫正，敷焊钢板

五、裂纹修补方法

裂纹是指设备壳体发生开裂现象，导致设备出现泄漏。有诸多原因可使设备产生裂纹，如局部变形、应力集中、应力腐蚀、氢损害、载荷以及材料缺陷等。裂纹可分为以下 3 类：

1. 未穿透裂纹

若裂纹深度小于壁厚的 10% 且不大于 1 mm，可以用砂轮把裂纹磨掉，并与金属表面圆滑过渡。裂纹深度不超过壁厚的 40% 时，可在裂纹深度范围内铲出 50°～60°的坡口后补焊。

若裂纹深度已超过壁厚的 40%（又称窄裂缝），可在整个壁厚内开出坡口并进行补焊。

2. 穿透的窄裂缝

裂纹宽度在 15 mm 以下的称为窄裂缝，补焊时根据设备壁厚而定。壁厚小于 12 mm 时可采用单面坡口，壁厚大于 12 mm 时应采用双面坡口。设备上的各部位（除应力集中的部位外）可以采用补焊方法修理。

3. 穿透的宽裂缝

裂纹宽度在 15 mm 以上的称为宽裂缝，应采用挖补修理的方法，即将缺陷部位挖除并补焊上新板。

思考与练习

1. 无损检测方法有________、________、________、________。
2. 压力容器常见故障有哪些？
3. 造成压力容器泄漏的原因有哪些？
4. 写出容器上裂纹的修复步骤。

实训 1　旧压力容器的启用

一、实训目的

1. 对压力容器进行外观检查。
2. 对压力容器附件进行检查。
3. 运用仪器对容器进行裂纹检查。
4. 按正确步骤进行液压试验。
5. 根据检查结果判断容器能否重新使用。

二、器材准备

压力容器、液压试验装置、扳手、旋具、铜棒、备用垫片、钢板尺、放大镜、手锤、超声波检测仪等，其他器材根据压力容器情况选用。

三、实训内容与步骤

（1）检查压力容器本体有无鼓包、变形、裂纹情况。

（2）检查接管、紧固件、密封部位有无损坏。

（3）检查各焊缝、密封部位有无泄漏情况。

（4）试验结束后填写压力容器检查记录（见表 1－10）。

表 1－10　　压力容器检查记录

项目	检查部位	检查方法	检查结果
容器本体	容器本体有无变形、腐蚀		
	焊缝有无腐蚀及裂纹		
	防锈油漆有无脱落		
盖板螺栓、连接部位	各部分螺栓有无松动或减少		
	各部分螺栓有无损耗、腐蚀		
	盖板、凸缘有无腐蚀或变形		
	各接头及连接部位有无泄漏		
安全附件	安全阀性能是否正常		
	压力表性能是否正常		
	液位计是否正常		

四、实训测评

按表 1－11 所列实训评分标准进行测评，并做好记录。

表 1－11　　实训评分标准

项目	考核内容	配分	得分
试验前的准备	着装是否符合要求，工具准备是否齐全	10	
宏观检查	是否全部位检查，记录是否齐全	10	
几何尺寸测量	工具使用是否合理，测量是否齐全	5	
裂纹检查	放大镜、检测仪使用是否正确，是否检测所有部位	10	
焊缝检查	超声波检测仪使用是否正确，记录是否完整	10	
安全阀检查	铅封、开启压力、回座压力检查是否齐全	8	
压力表检查	压力表表盘、指针、刻度、灵敏度检查是否齐全	7	
液位计检查	是否检查液位计灵敏度	5	
液压试验	试验压力是否正确，试验步骤是否合理，是否检查到所有焊缝、密封处	25	
文明安全操作	是否伤害别人或自己，有无物件掉落等不安全操作	10	
合计		100	

第2章

高压容器及其检修

高压容器是指设计压力在10～100 MPa的压力容器。随着化学工业的发展，高压技术得到了越来越广泛的应用。例如，15～60 MPa压力下N_2、H_2合成氨，20 MPa压力下NH_3与CO_2合成尿素，15～30 MPa压力下CO与H_2合成甲醇，30 MPa压力下重油加氢、烃类聚合等。同时，高压技术也大量用于其他领域，如水压机的蓄压器、压缩机的汽缸及深海探测等。

§2－1　高压容器的结构及特点

学习目标

1. 熟悉高压容器的基本构造。
2. 熟悉高压容器的特点。
3. 掌握高压容器常见筒体的结构类型。

一、高压容器的总体结构和特点

高压容器的总体结构一般由筒体、筒体端部、平盖或封头、密封结构及一些附件组成，如图2－1所示。高压容器一般属于第三类压力容器，壳体壁厚通常较大，也称为厚壁容器。高压容器对结构性能要求非常高，一旦发生危害，破坏性极大，应引起足够的重视。

高压容器不同于中低压容器，在筒体结构、材料选用、制造工艺、端盖与法兰、密封结构等方面有很多特殊之处。

高压容器在结构方面有如下特点：

（1）高压容器多为轴对称结构。高压容器由于承受高压作用，应力水平较高，考虑轴对称受力情况好，以及制造方便和操作时容易密封，一般用圆筒形容器。高压容器的直径不宜太大。

（2）高压容器筒体结构复杂。由于受加工条件、钢板资源等的限制，从改善受力状况、充分利用材料和避免深厚焊缝等方面考虑，高压容器筒体大多采用较复杂的结构，如多层包扎式、多层热套式、绕板式、绕带式等。高压容器的端盖通常采用平端盖或半球形端盖。

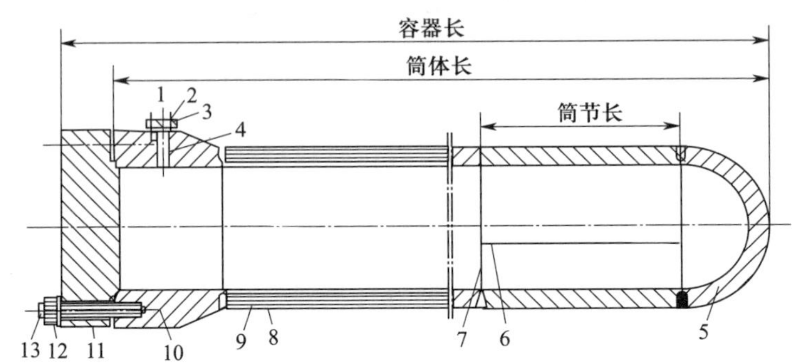

图 2-1　高压容器的总体结构

1—管道螺栓　2—管道螺母　3—管法兰　4—孔口　5—球形封头　6—纵焊接接头　7—环焊接接头　8—层板层（或扁平钢带层）　9—内筒　10—筒体端部（筒体顶部或筒体底部）　11—平盖（顶盖或底盖）　12—主螺母　13—主螺栓

（3）高压容器的开孔受限制。厚壁容器由于筒壁的应力水平比较高，如果在筒壁开孔，则开口附近的应力必然很高。为了不削弱筒壁的强度，工艺性或其他必要的开孔应尽可能开在端盖上，一般不用法兰接管或凸出接口，而是用平座或凹座钻孔，用螺塞密封并连接工艺管，尽量减小孔径。

（4）高压容器密封结构较特殊。高压容器密封结构比较复杂，对密封面加工的要求比较高。多一个密封面，即多一个泄漏的机会，因此，厚壁容器如没有必要两端开口，一般设计成一端不可拆、另一端可拆。

二、高压容器选材要求

（1）选择具有较高屈服极限的材料来制作筒体。

（2）选择材料时必须考虑使用温度的影响。

（3）材料的冲击韧性应较高。

（4）选材要考虑高温、高压下的氢脆、应力腐蚀和硫化氢等介质腐蚀。

（5）钢材应具有良好的塑性和韧性。

（6）选择适合厚壁容器使用的低合金高强度钢。

三、高压容器筒体的结构类型

1. 整体式筒体

（1）单层卷焊式。这种筒体是用卷板机将钢板卷成圆筒，然后焊上纵焊缝制成筒节，再将若干个筒节组焊形成的。筒体与封头或端盖组成容器。这是应用最广泛的一种容器结构，具有以下优点：

1）结构成熟，使用经验丰富，理论较完善。

2）制造工艺成熟，工艺流程简单，材料利用率高。

3）便于利用调质处理等热处理方法，改善和提高材料的性能。

4）开孔、接管及内件装设比较容易。

但是，单层卷焊式筒体也存在某些缺陷：一是其壁厚往往受到钢材轧制和卷制能力的限制，我国单层卷焊式筒体的壁厚一般小于或等于 120 mm；二是规格相同的压力容器产品，单层卷焊式筒体所用钢板厚度最大，综合性能不如薄板和中厚板，因此产生脆性破坏的危险性增大；三是在壁厚方向上应力分布不均匀，材料利用不够合理。

（2）整体锻造式。这种筒体是最早采用且沿用至今的一种压力容器筒体结构。在钢坯上采用钻孔或热冲方法先开一个孔，加热后在孔中穿一心轴，然后在压机上进行锻压成形，最后再经过切削加工制成。筒体的顶、底部可和筒体一起锻出，也可分别锻出后用螺纹连接，是没有焊缝的全锻结构。如果容器较长，也可将筒体分几节锻出，中间用法兰连接。整体锻造式结构一般用于内径在 300 ~ 500 mm 的小型容器。

（3）锻焊式。这种筒体是在整体锻造式筒体的基础上，随着焊接技术的进步而发展起来的。锻焊式筒体由若干个锻制的筒节和端部法兰组焊而成，所以只有环焊缝而没有纵焊缝。与整体锻造式相比，这种筒体无须大型锻造设备，故容器规格可以增大，同时保持了整体锻造式筒体材质密实、质量好、使用温度没有限制等主要优点，因而常用于直径较大的化工高压容器，且在核容器上也有广泛的应用。

2. 组合式筒体

（1）多层板式。多层板式筒体结构包括多层包扎、多层热套、多层绕板等数种。这种筒体由数层或数十层紧密贴合的薄金属板构成，具有以下优点：一是可以通过制造工艺过程在层板间产生预应力，使壳壁上的应力沿壁厚分布比较均匀，壳体材料可以得到比较充分的利用，所以壁厚可以稍薄；二是当容器介质具有腐蚀性时，可以采用耐腐蚀的合金钢作为内筒，而用碳钢或其他强度较高的低合金钢作为层板，能充分发挥不同材料的长处，节省贵重金属；三是当壳壁材料中存在裂纹等严重缺陷时，缺陷一般不易扩散到其他各层；四是使用的薄板具有较好的抗裂性能，所以筒体发生脆性破坏的可能性较小；五是在制造过程上无须大型锻压设备。其缺点是多层板厚壁筒体与锻制的端部法兰或封头的连接焊缝，常因两连接件的热传导情况差别较大而产生焊接缺陷，有时还会因此而发生脆断。由于多层板式筒体在结构上和制造上都具有较多的优点，近年来制造的高压容器特别是大型高压容器，多采用这种结构。

1）多层包扎式。多层包扎式是美国斯密思公司于1931年首创的一种筒体结构类型，现已为许多国家采用，是目前使用最广泛、制造和使用经验最成熟的组合式筒体结构。其制造工艺是先用15～25 mm的钢板卷焊成内筒，然后再将6～12 mm厚的层板压卷成2块半圆形或3块瓦片形，用钢丝绳或其他装置扎紧并点焊固定在内筒上，焊好纵焊缝并把其外表面修磨光滑，依此继续，直至达到设计厚度为止。层板间的纵焊缝要相互错开一定角度，使其分布在筒节圆周的不同方位上。此外，筒节上开有穿透各层层板（不包括内筒）的小孔（称为信号孔、泄漏孔），用以及时发现内筒破裂泄漏，防止缺陷扩大，如图2－2所示。

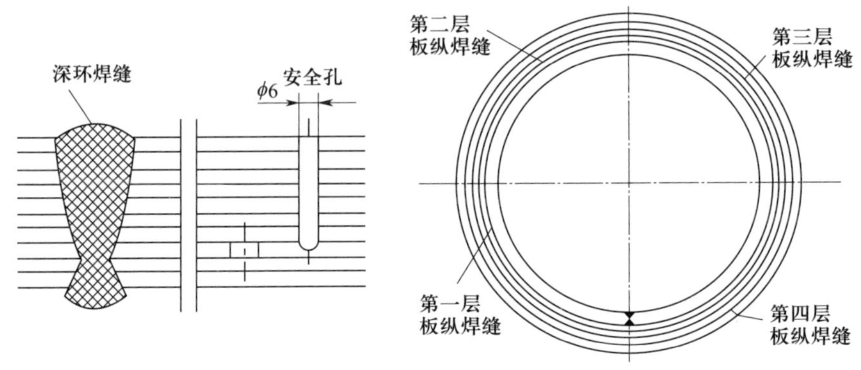

图2－2　多层包扎式

2）多层热套式。多层热套式最早用于制造超高压反应容器和炮筒，它由几个中等厚度（一般为20～50 mm）的钢板卷焊成的圆筒体套装而成，每个外层筒的内径均略小于套入的内层筒的外径，外层筒加热膨胀后把内层筒套入，这样将各层筒依次套入，直至达到设计厚度为止。多层热套式筒体兼有整体式和组合式筒体两者的优点，材料利用率高，制造方便，无须其他专门工艺装备，发展应用较快。但因其层数较少，使用的是中厚板，其防脆断能力要比多层包扎式差。

3）多层绕板式。多层绕板式是在多层包扎式的基础上发展而来的。它由内筒、绕板层、楔形板和外筒4个部分组成。内筒一般用10～40 mm厚的钢板卷焊而成，绕板层则用厚3～5 mm的成卷钢板结构。首先将成卷钢板的端部焊在内筒上，然后用专用的绕板机床将绕板连续地缠绕在内筒上，直至达到所需要的厚度为止。起保护作用的外筒厚度一般为10～12 mm，是2块半圆形壳体，用机械方法紧包在绕板层外面，然后纵向焊接。绕板层是螺旋状的，所以没有纵焊缝。受绕板机床能力和卷板宽度的制约，目前只能绕制外径为400～1 000 mm的筒节，且最大长度仅为1 600 mm。

（2）绕制式。这种结构包括型槽绕带式和扁平钢带式两种。这种筒体由一个用钢板卷焊而成的内筒和在其外面缠绕的多层钢带构成。它具有多层板式筒体的一些优点，

而且可以直接缠绕成所需长度的筒体，因而可以避免多层板式筒体那样深而窄的环焊缝。

1）型槽绕带式。制造时先用 18 ~ 50 mm 厚的钢板卷焊成一个内筒，并将内筒的外表面加工成可以与型钢带相互啮合的沟槽，然后缠绕数层型钢带至所需厚度。型钢带的始端和末端用焊接固定。由于型钢带的两面都带有凸凹槽，缠绕时钢带层之间及其和内筒之间均能互相啮合，使筒体能承受一定的轴向力。此外，在缠绕时，一面用电加热钢带，一面拉紧钢带，并用辊子压紧和定向，缠绕后用空气和水冷却，使钢带收缩而对内层产生预应力。该类筒体适用于大型高压容器，一般用于直径在 600 mm 以上、温度在 350 ℃以下、压力在 19.6 MPa 以上的工况。

2）扁平钢带式。扁平钢带式筒体属我国首创，由内筒、绕带层和筒体端部 3 部分组成，如图 2 - 3 所示。内筒为单层卷焊，其厚度一般为筒体总厚度的 20% ~25% 。筒体端部一般为锻件，其上有 30°锥面，以便与钢带的末端相焊。扁平钢带以倾角错绕的方向缠绕于内筒上，这样不仅加强了筒体的周向强度，同时也加强了轴向强度，克服了型槽绕带式筒体轴向强度不足的弱点。相邻层钢带交替采用左、右旋螺纹方向缠绕，使筒体中产生附加扭矩的问题得以消除，改善了受力状态。该结构适用于直径小于 1 000 mm、压力小于31 MPa、温度低于 200 ℃的工况条件。

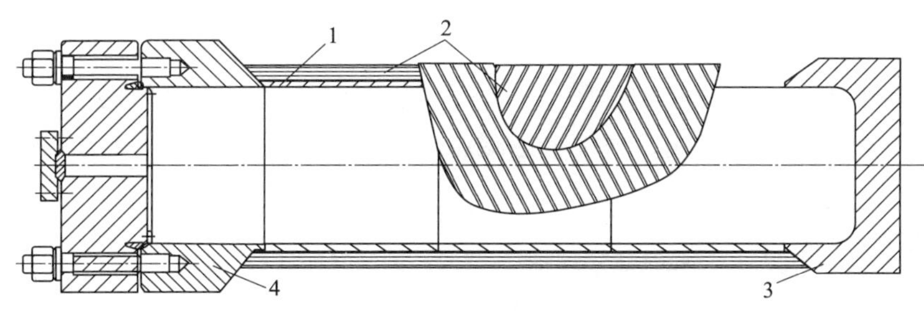

图 2 - 3　扁平钢带式筒体

1—内筒　2—钢带层　3—底封头　4—端部法兰

思考与练习

1. 高压容器的压力范围是＿＿＿＿＿。按安全等级分，高压容器属于第＿＿＿＿＿类容器；按壁厚分，高压容器属于＿＿＿＿＿容器。

2. 高压容器封头多采用＿＿＿＿＿或＿＿＿＿＿。

3. 组合式筒体分为＿＿＿＿＿和＿＿＿＿＿两大类。

4. 扁平钢带绕制式筒体有哪些优点？

§2-2 高压容器零部件

学习目标

1. 熟悉高压容器的端盖形式。
2. 熟悉高压容器常用连接件。
3. 掌握高压容器的开孔补强要求。

高压容器的零部件是高压容器的重要组成部分，包括筒体端盖、筒体端部、连接件及开孔补强。

一、筒体端盖

使用较广泛的有平端盖和半球形端盖两种形式。较小型高压容器目前多采用半球形端盖；大直径厚壁容器的球型端盖冲压制作困难，仍多采用平端盖。

按照平端盖与筒体连接结构不同，一般可将平端盖分为不可拆与可拆两种。

不可拆连接平端盖有两种结构，图2-4所示扁平钢带绕制式筒体的底封头为平封头，这种平端盖由于边缘应力的影响，通常采用减小内径或增大外径的办法来加强筒体端部。

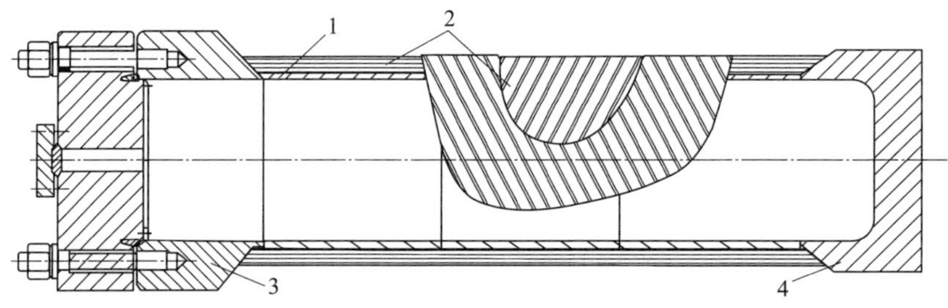

图2-4 平封头

1—内筒 2—钢带层 3—端部法兰 4—底封头

半球形端盖与薄壁容器的封头相似，当容器的直径较大时，采用“冲压—拼焊”的方法成形或采用层板冲压端盖。

二、筒体端部

筒体端部的结构与筒体结构、密封形式和制造方法有关。筒体端部有的用层板式与筒体锻制或焊接成一体，有的用锻件与筒体焊接在一起或用螺纹套合在一起。筒体端部的结构如图2-5所示。

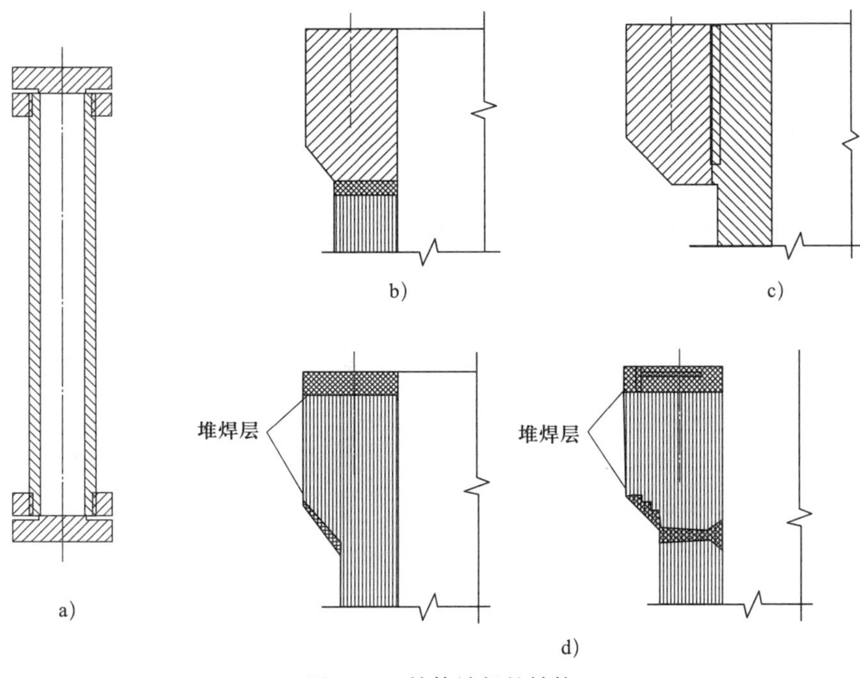

图 2－5　筒体端部的结构

a）整锻式　b）锻焊式　c）螺纹式　d）层板式

三、连接件

高压容器的紧固连接件有螺栓、卡箍、法兰盲板等。高压螺栓的直径大，加工精度高，热处理要求严格，而且装拆过程既费事又繁重，因此目前普遍采用无螺栓连接即卡箍连接。由于螺栓连接应用较为广泛且技术较为成熟，目前很多企业仍在应用螺栓连接。

1. 螺栓

高压螺栓一般采用中部较细的双头细牙螺栓，如图 2－6 所示。这种螺栓结构可降低螺栓的刚度，使之不易断裂。将高压双头螺栓中间部分车光到小径大小，并与螺纹部分通过较大的圆角半径 r 过渡，从而提高疲劳强度。

图 2－6　双头细牙螺栓

2. 卡箍

卡箍通常用于O形环、C形环和B形环等自紧式密封。其纵向断面呈凹形，分为2块拼合式和3块拼合式两种，卡箍之间用螺栓连接，如图2－7所示。卡箍纵向断面在内侧的上、下两面是斜面，当拧紧紧固螺栓时，卡箍的每一块都向中心靠拢，通过卡箍的这两个斜面与平端盖及筒体端部上的斜面相互作用，迫使密封件受压，以获得密封预紧力。为了自锁，卡箍的斜面与水平面之间的夹角应小于摩擦角，一般取5°～7°。为了减少应力集中，在卡箍的转角处有过渡圆角。卡箍的结构紧凑轻便，加工制造和安装比较方便。

图2－7　卡箍

3. 法兰盲板

高压容器上的人孔、手孔或检修用孔及高压管道的密封，在正常操作时都要安装盲板。由于用途的不同，盲板的结构型式不同，技术要求也不相同。用作透镜垫密封的盲板如图2－8a所示，用作平垫密封的盲板如图2－8b所示。盲板是一个圆平板，板上开数个与法兰连接的螺栓孔。

在制造安装时，要注意盲板密封面上不得有划痕、刮伤和凹陷等影响密封的缺陷。

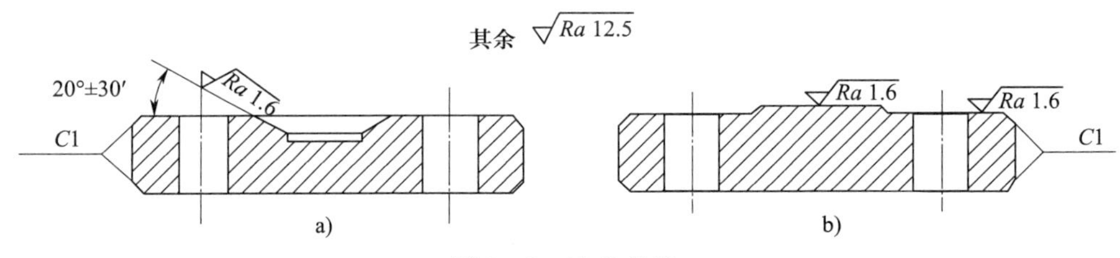

图2－8　法兰盲板

a）用作透镜垫密封的盲板　b）用作平垫密封的盲板

四、开孔补强

由于容器上开孔总会引起应力集中，应尽量避免在高压容器筒体上开孔，而把必须开的孔放在平端盖或端部法兰等处，如图2－9所示。筒体部分开孔直径限制在壁厚的3/4以内。

高压容器开孔与补强的特殊性在于：不采用补强圈形式而采用接管补强或整锻件补强，使补强更有效。

（1）接管补强。接管补强结构简单，只需一段厚壁管即可，制造与检验方便，但必须保证全焊透，常用于低合金钢制容器或某些高压容器。

（2）整锻件补强。整锻件补强能有效地降低应力集中系数，而且全部焊接接头容易成为对接焊，易探伤，质量有保障。这种补强件的抗疲劳性能好，疲劳寿命降低10%～15%。缺点是锻件供应困难，成本较高，只在重要设备中使用，如高压容器、核容器及材料屈服强度在500 MPa以上的容器等。

图 2－9　高压容器的开孔补强

思考与练习

1. 高压容器常用的紧固连接件有__________和__________两种形式。
2. 高压螺栓常用____________螺栓。
3. 高压容器的补强方法有__________和__________。
4. 高压容器开孔有哪些限制？

§2－3　高压容器密封

学习目标

1. 了解高压容器密封的特点。
2. 掌握强制式密封的主要形式。
3. 熟悉自紧式密封的原理。
4. 掌握自紧式密封的几种形式。

高压容器内压高，其与配件的连接一般采用可拆卸连接，因而密封问题必须引起重视。高压容器的密封原理与中低压容器的密封原理基本相似，防止流体在密封面处泄漏的基本途径是在密封面处增大流体流动的阻力。

高压容器密封特点如下：

（1）一般采用金属垫圈。

（2）采用窄面密封，提高密封比压，减小密封预紧力。

（3）尽可能利用介质压力达到自紧密封。

高压容器的密封结构，根据工作原理可分为强制式密封、自紧式密封、半自紧式密封三大类。

一、强制式密封

强制式密封是通过连接件强制挤压密封元件使之变形而达到的密封，即依靠螺栓的预紧力使顶盖、密封件和筒体端部之间有一定的接触压力，挤压密封垫来达到密封。

1. 平垫密封

平垫密封是最常见的强制式高压密封结构，如图 2－10 所示，顶盖和筒体端部的密封面上有 3 条三角环形沟槽。平垫密封结构简单，加工方便，使用成熟，在直径小、压力不太高的场合密封可靠，但当结构尺寸大、压力高时，螺栓尺寸较大，结构笨重，装拆不便，每次检修都得更换垫圈。

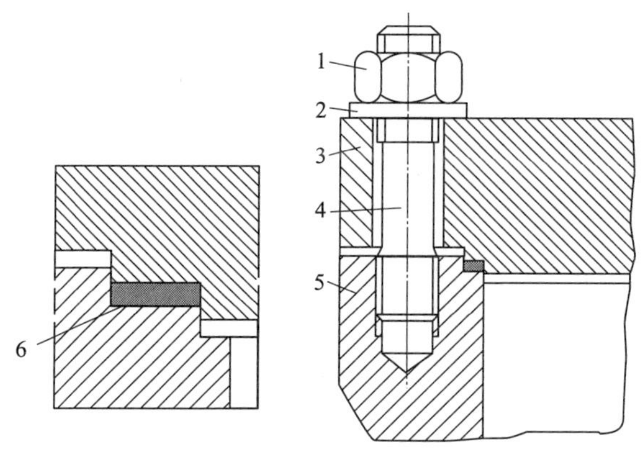

图 2－10　平垫密封

1—主螺母　2—垫圈　3—顶盖

4—主螺栓　5—筒体端部　6—平垫圈

平垫密封一般适用于压力低于 32 MPa，温度低于 800 ℃，直径小于 800 mm，压力和温度波动不大的中、小型高压设备。

2. 卡扎里密封

卡扎里密封利用螺栓套筒代替主螺栓预紧，螺栓直径比平垫密封主螺栓的直径小得多。

卡扎里密封有 3 种形式：外螺纹卡扎里密封（结构见图 2－11）、内螺纹卡扎里密封和改良型卡扎里密封。它们的共同特点：用压环和预紧螺栓将三角形垫圈压紧来保障密封，密封所需的载荷由预紧螺栓承担。

外螺纹卡扎里密封用得最多，它的垫圈是一个横断面呈三角形的软金属垫，由铜或铝制成。这种结构的优点是省去了筒体端部与端盖的连接螺栓，拆卸方便，属于快拆结构；垫圈的面积较小，因而所需压紧力及预紧螺栓的直径也较小；密封可靠，适宜于温度波动较大的容器。但外螺纹卡扎里密封结构复杂，密封零件多，且精度要求高，加工困难。这种密封结

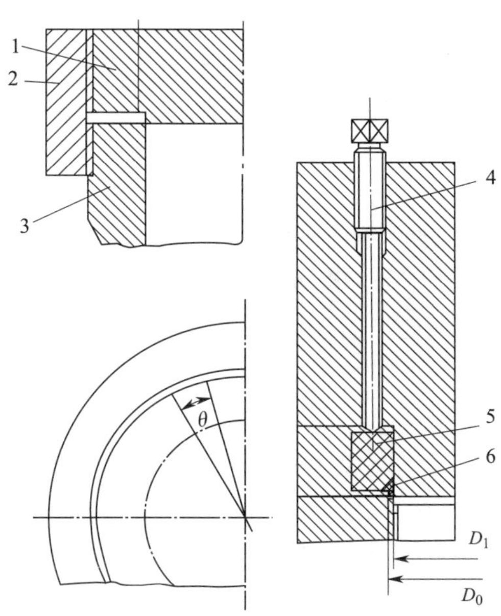

图2-11　外螺纹卡扎里密封的结构

1—平盖　2—螺纹套筒　3—筒体端部　4—预紧螺栓　5—压环　6—密封垫

构常用于大直径、高压且需经常装拆和要求快开的压力容器。

内螺纹卡扎里密封的作用原理与外螺纹的基本相同，只是将带螺纹的端盖直接旋入带有内螺纹的筒体端部内。密封垫圈置于端盖与筒体端部连接交界处，其上有压环，通过预紧螺栓使密封垫圈的内侧面和底面分别与端盖侧面和筒体端面贴合，实现密封。它比外螺纹卡扎里密封省略一个较难加工的螺纹套筒，结构较简单，但端盖较厚，占据了较多的空间，且螺纹易受介质腐蚀，装拆也不方便，工作条件差。内螺纹卡扎里密封一般只用于小直径的高压容器。

为改善套筒螺纹锈蚀给拆卸带来困难的情况，改良型卡扎里密封采用主螺栓结构，并依靠预紧螺栓预紧，主螺栓无须拧得很紧，可使装拆较为省力，其结构如图2-12所示。

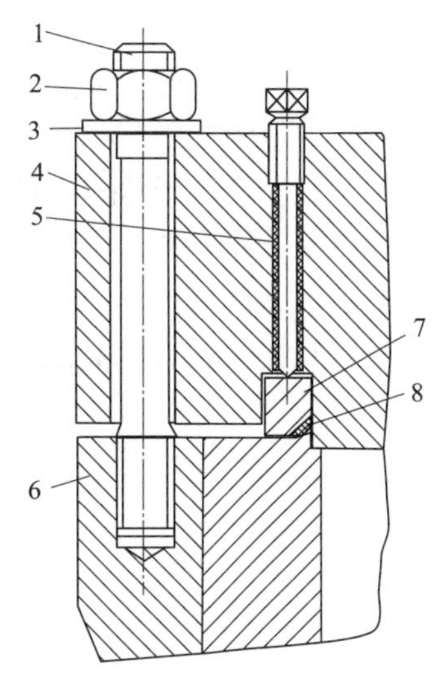

图2-12　改良型卡扎里密封的结构

1—主螺栓　2—主螺母　3—垫圈　4—平盖　5—预紧螺栓　6—筒体端部法兰　7—压环　8—密封垫圈

二、自紧式密封

自紧式密封主要依靠容器内介质的操作压力压紧密封元件，使连接处达到密封。预紧螺栓仅须保证初始密封即可，因此，自紧式密封所需的连接件比强制式密封所需的连接件小。

1. 楔形密封

这是一种塑性垫的轴向自紧密封。密封垫置于浮动端盖和筒体顶部之间，用主螺栓通过压环压紧，密封预紧力靠拧紧主螺栓来达到，其结构如图 2－13 所示。工作时，介质压力作用于浮动端盖，挤紧密封垫，从而达到自紧密封。压力越大，密封力越大，密封性能也就越好。

优点：螺栓预紧力小，不怕压力、温度的波动。

缺点：采用软金属垫，塑性变形后端盖打开困难，结构笨重。

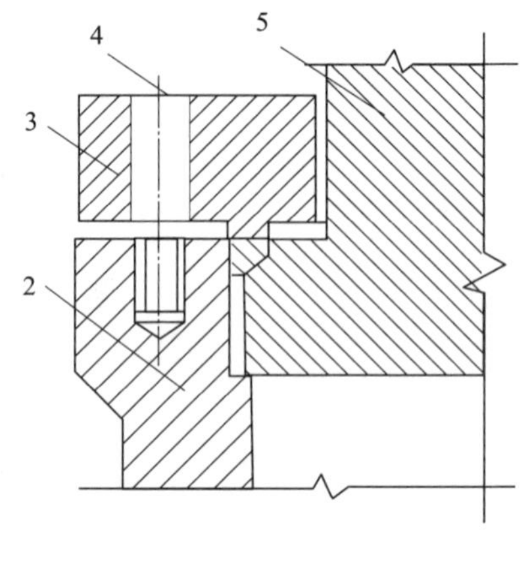

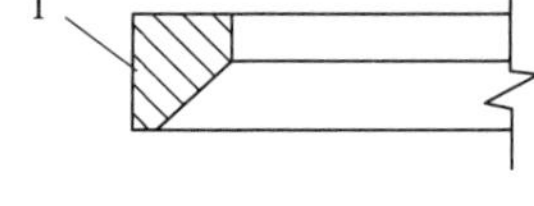

图 2－13 楔形密封的结构

1—塑性楔形垫 2—筒体端部 3—法兰 4—主螺栓 5—浮动端盖

2. 伍德密封

这是一种组合式密封，由浮动端盖、四合环、压垫和筒体端部组成。密封时，拧紧牵制螺栓，靠牵制环的支承使浮动端盖上移，同时调整拉紧螺栓将压垫预紧而形成预密封。随着容器内介质压力的上升，浮动端盖逐渐向上移动，端盖与压垫之间以及压垫与筒体端部之间的压紧力逐渐增大，从而达到密封目的。压垫的外侧开有 1～2 道环形沟槽，使压垫具有弹性，能随着浮动端盖的上下移动而伸缩，使密封更加可靠。为便于从筒体内取出，四合环是由 4 块元件组成的圆环，又称压紧环。

这种密封结构的密封性能良好，不受温度与压力波动的影响，且装卸方便，适用于要求快开的压力容器。端盖与筒体端部不用螺栓连接，所以用料较少，质量较轻。但这种密封结构复杂，零件较多且加工精度及组装要求很高，浮动端盖所占高压空间多等，以往多用于氮肥工业，现已逐渐被其他密封所取代。一些直径不大，对密封有特殊要求（如压力、温度波动大）且要求快开的高压容器仍采用这种密封结构，其结构如图 2－14 所示。

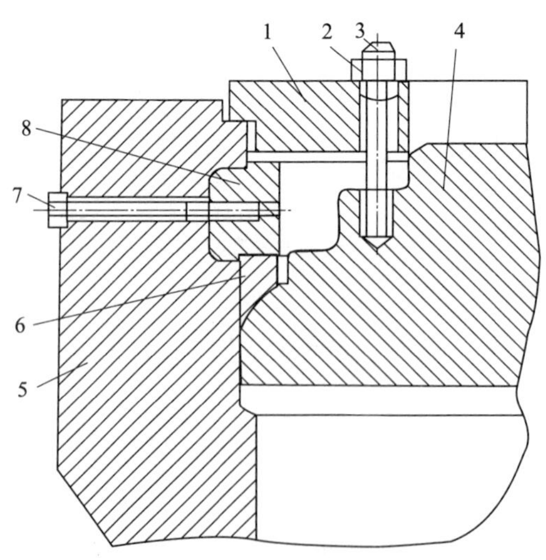

图 2－14 伍德密封的结构

1—牵制环 2—螺母 3—牵制螺栓 4—顶盖 5—筒体端部 6—压垫 7—拉紧螺栓 8—四合环

3. C形环密封

C形环的顶部和底部有一圈凸出的圆弧，是线接触密封的一部分。紧固件预紧时，C形环轴向弹性压缩；当顶盖在运行中上浮时，一方面密封圈反弹打开，另一方面在内部压力的作用下，线接触越来越紧，如图2－15所示。

通过选择合适的C形环并保证其具有合适的预紧力，可以确保C形环的接触压力大于被密封介质的压力，从而实现密封。这里隐含的边界条件：当密封接触压力大于被密封介质的压力时，保持密封效果；当密封接触压力小于被密封介质压力时，C形环被推开，介质泄漏。C形环的优点是结构简单，无主螺栓，特别适用于快开连接。但由于在大型设备上使用经验有限，C形环密封一般只在内径不大于1 000 mm、压力不大于32 MPa、温度不超过350 ℃的情况下使用。

4. O形环密封

O形环密封因密封垫圈的横断面呈O形而得名，如图2－16所示。O形环密封是高压容器中工艺新、效果好的一种轴向自紧式密封，可用于高温、高压、低温和低真空设备。

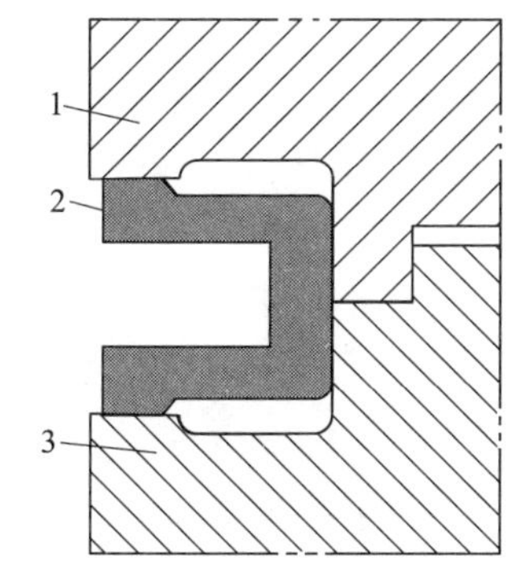

图2－15　C形环密封

1—平盖或封头　2—C形环　3—筒体端部

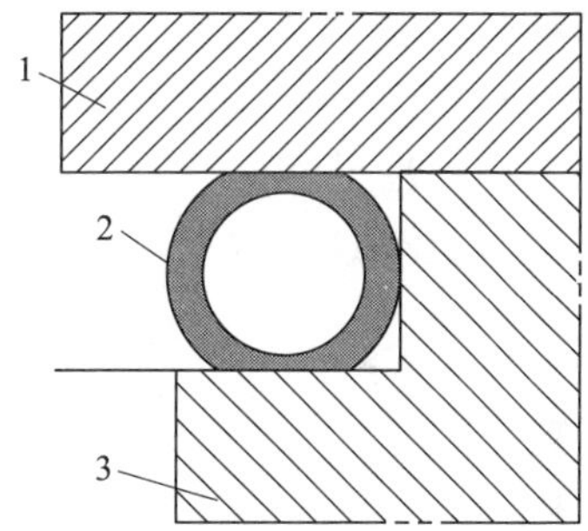

图2－16　O形环密封

1—平盖或封头　2—O形环　3—筒体端部

金属O形环密封有3种结构。

（1）非自紧式金属O形环密封。非自紧式金属O形环由金属管直接对焊而成，如图2－17 a所示。其密封为线接触密封，在较小的螺栓预紧力作用下，即可达到预紧密封要求。操作时，依靠O形环自身的回弹，以及在工作条件下介质压力对管侧面的作用，O形环张开，紧贴密封面，实现密封。非自紧式金属O形环密封可用于真空、压力较低及有腐蚀性液体或气体的场合，一般用于压力小于7 MPa的压力容器。

（2）充气式金属O形环密封。充气式金属O形环密封在环腔内充入一定压力的稀有气体，如图2－17 b所示。在工作时，随着温度的升高，O形环张开，贴紧法兰密封面，再依靠螺栓拉紧实现密封。管内稀有气体压力一般为3.5 MPa、7.4 MPa、10.5 MPa，并根据实际情况予以增减。在高温下，充气式金属O形环的强度和弹性会降低，但由于高温下环内气体受热膨胀获得一定的自紧效果，补偿了高温下材料强度和弹性下降带来的损失，从而使密封更加可靠。该类密封常用于高压、高温（400～600 ℃）的场合。

（3）自紧式金属O形环密封。自紧式金属O形环密封在环内侧钻有若干个小孔，如图2－17 c所示，压力介质可以通入（环内的压力和容器的操作压力相等，因而具有很高的回弹能力，形成良好的轴向自紧密封），操作时依靠介质压力的作用，O形环扩张，再依靠拉紧螺栓使O形环紧贴法兰密封面达到密封。这种轴向自紧式密封，是金属O形环中承压能力最高的一种结构。它适用于高压及超高压场合，最高使用压力甚至达700 MPa，有时也用于高真空、低温及高温等设备上。

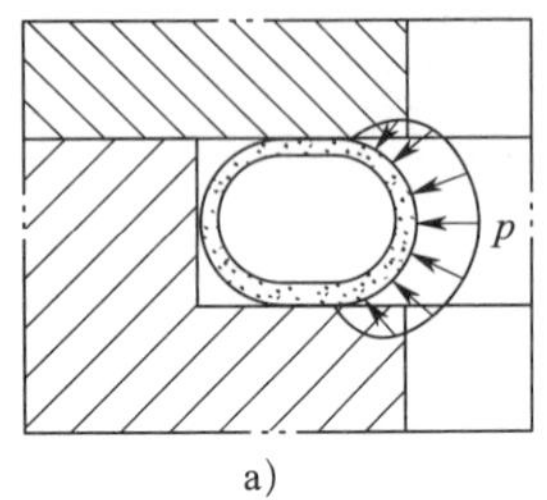

a)

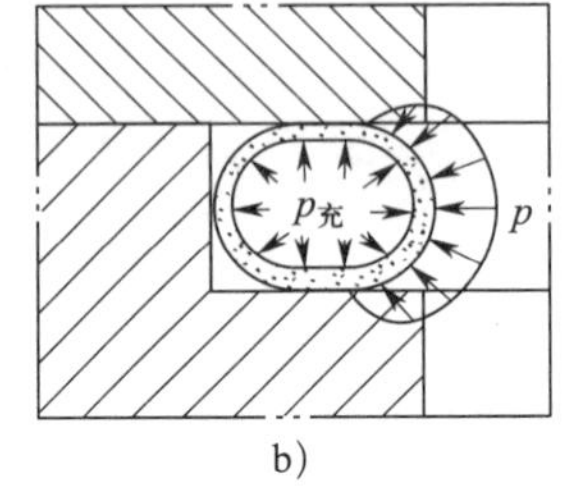

b)

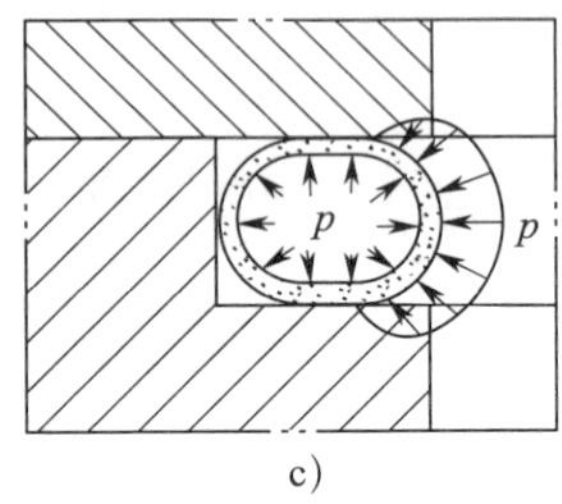

c)

图2－17　3种O形环密封的局部结构

a）非自紧式金属O形环　b）充气式金属O形环　c）自紧式金属O形环

为了提高金属O形环的密封能力及抗腐蚀能力，可在其金属表面电镀或喷涂一层厚度为0.03～0.04 mm的金、银、铂、铜或聚四氟乙烯等高延性补偿材料。因为这些材料可补偿密封表面的缺陷，甚至可用于活性介质或腐蚀性介质的密封。

O形环常用1Cr18Ni9Ti钢小管（直径不超过12 mm，壁厚小于1 mm）弯制，并在管端焊接而成。

图2－18　八角垫

金属O形环密封结构简单，密封比较可靠，能适应温度和压力的较大变化，螺栓预紧力小，能减小紧固件质量，拆卸方便。但是O形环管端的对接焊缝质量要求较高，环表面的表面粗糙度数值要求尽可能小。

5. 八角垫密封

八角垫是用金属材料经锻造及热处理和机械加工成截面形状为八角形或椭圆形的实体金属垫圈，如图2－18所示。八角垫安装在法兰面的梯形环槽内，当拧紧连接螺栓时，受轴向压缩与上下梯形环槽贴紧的作用，八角垫产生塑性变形，形成一环状密封带，建立初始密封。升压后，在介质压力的作用下，八角垫径向扩张，与梯形环槽的斜面更加贴紧，产生自紧作用。

三、半自紧式密封

半自紧式密封利用螺栓预紧载荷使密封元件产生变形并提供建立初始密封的比压，当压力升高后，由于密封结构的自紧作用，密封面上的密封比压也随之上升，从而保障连接的密封性能。常见的半自紧式密封是双锥面密封。

双锥面密封在端盖的突台上，双锥面和端盖、筒体端部的密封面之间放置有软金属垫。为了改善密封性能，在双锥面上还加工了2~3道半圆形沟槽。此外，端盖突台的侧面（与双锥面的套合面）铣有几条较宽的轴向槽，以便容器内介质的压力通过这些槽作用于双锥环的内侧表面，如图2-19所示。其密封的实现一是通过拧紧主螺栓产生压紧力，压紧双锥面与筒体法兰和端盖的密封面；二是容器内介质的压力（自紧力）通过端盖突台侧面的轴向槽作用于双锥环的内侧，也使双锥面与筒体法兰和端盖的密封面压紧。半自紧式密封结构简单，加工容易，密封性能良好，拆装较方便，在我国高压容器上获得了广泛的应用，是国内最成熟的高压密封结构。缺点是端盖和连接螺栓尺寸较大。

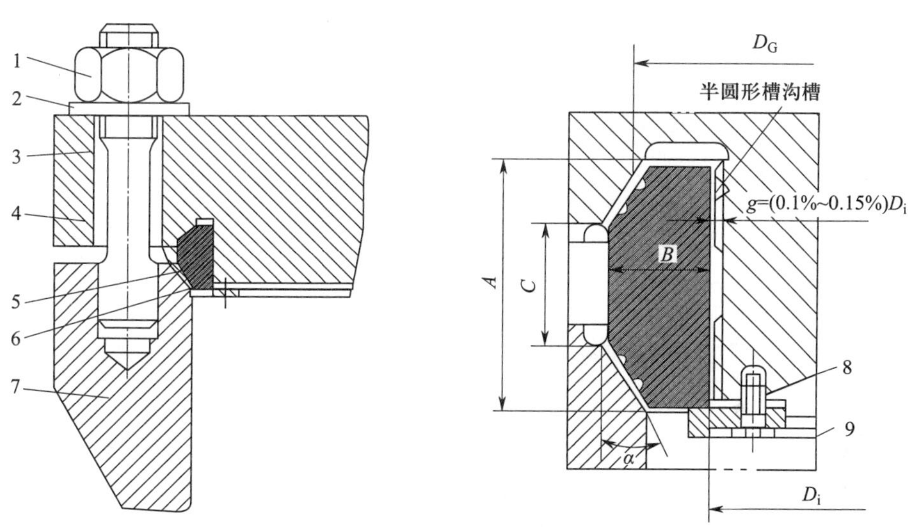

图2-19　双锥面密封

1—主螺母　2—垫圈　3—主螺栓　4—顶盖　5—双锥环
6—软金属垫　7—筒体端部　8—螺栓　9——托环
A—双锥环的高度　B—双锥环的宽度　C—双锥环顶面高度　α—锥角
g—双锥环与平盖之间的径向间隙　D_i—筒体内径　D_G—密封载荷集中点直径

思考与练习

1. 高压容器的密封根据工作原理分为__________和__________两大类。

2. 强制式密封主要有__________和__________两种。

3. 自紧式密封有__________、__________、__________、__________和__________5种。

4. 平垫密封的优缺点分别是什么，适用于哪些场合？

5. 自紧式密封的原理是什么?

§2－4　高压容器的维护与检修

学习目标

1. 熟悉高压容器定期检查的内容。
2. 掌握高压容器裂纹的检测方法。
3. 掌握高压容器常见故障及处理方法。
4. 能根据尿素合成塔的检修方案总结高压容器的检修步骤。

高压容器由于密封、承压及介质等原因，容易发生爆炸、燃烧事故而危及人员、设备和财产的安全，还可能对环境造成污染。所以，为确保安全生产，高压容器的日常维护和检修尤为重要。

一、高压容器的维护要点

高压容器维护的主要原则是保障高压容器在不超温、不超压的情况下运转。高压容器的主要维护要点如下:

（1）保持完好的防腐层。工作介质对材料有腐蚀作用时，常采用防腐层来防止介质对器壁的腐蚀，如涂漆、喷镀或电镀、加衬里等。如果防腐层损坏，工作介质将直接接触器壁而产生腐蚀，所以要经常检查，保持防腐层完好无损。若发现防腐层损坏，即使是局部的，也应修补等妥善处理以后再继续使用。

（2）消除容器的跑、冒、滴、漏以及密封不良情况。

（3）经常检查安全阀，至少每年校验一次。

（4）校验压力表，至少每6个月一次。压力表保持清洁，表盘上的玻璃明亮清晰，指针所指示的压力值清晰易见。

（5）严禁容器超温、超压、超负荷运行，不准带压修理。

（6）更换承压部分结构或提高操作压力后，须经有关部门同意并经检验合格，方能使用。

二、高压容器的定期检查

定期检查重点如下:

（1）压力容器本体、接口（阀门、管路）部位、焊接接头等的裂纹、过热、变形、泄漏及损伤等。

（2）外表面的腐蚀。

（3）保温层破损、脱落、潮湿。

（4）压力容器与相邻管道或构件的异常振动、响声及相互摩擦。

（5）支承或支座的损坏，基础下沉、倾斜和开裂，紧固螺栓的完好情况，排放（疏水、排污）装置完好情况。

（6）运行的稳定情况，是否有超温、超压和超负荷运行的现象，压力容器接地设施是否完好。

（7）内部检查在计划停车检修时进行，应拆除保温层，重点检查内外壁、焊缝及连接处的情况。检查内容：先进行外部检查，然后清洗内外壁锈污露出金属底色，检查并测量腐蚀深度及分布密度；用放大镜检查筒体焊缝；测量筒壁硬度，刮取金属屑进行化学组成分析，检查有无脱碳现象。

对高压容器进行定期检查维护后填写维护保养记录，见表2-1。

表2-1　高压容器检查维护保养记录

检查项目	检查内容	维护保养记录
基础资料	在用压力容器有编号、登记证	
	在用压力容器必须定期检验	
	管理制度、操作规程、运行记录齐全	
	作业人员持证上岗	
设备本体状况	设备的本体没有明显的损坏	
	人孔、手孔、封头（端盖）等处无泄漏	
	疏水器、排污阀及其管道无泄漏，布局合理	
	外表面无严重腐蚀现象，无跑、冒、滴、漏现象	
与外部连接	容器与相邻管道、构件间无异常振动、响声、摩擦	
	连接管道有防静电跨接，安全色正确	
	与外部管道连接处无松动、错位现象	
安全附件	安全阀安装在容器的最高位置，处于常开状态	
	安全阀每年检验一次，铅封完好，记录齐全，有安全阀台账	
	按规定装设的温度计完好、灵敏可靠	
	压力表玻璃完好，刻度清晰，有上限标志，精度符合规定，经校验并在有效期内	
设备运行	设备的运行参数包括压力、温度等在允许范围内，不存在超压、超温运行	
	所运行仪器仪表参数正常，运行记录上的各项参数记录与实际一致，在允许的参数范围内	
安全警示标志	危险区域有醒目的安全警示标牌	

三、高压容器的检修要点

1. 筒体内部缺陷

裂纹是高压容器的致命缺陷，因此在对高压容器主螺栓及筒体各开孔处的过渡圆弧进行裂纹检查时，要特别注意隐蔽的微小裂纹缺陷，并采取有效的方法仔细检查。例如，采用渗透探伤法，用荧光粉与煤油调和，涂抹在被检查的部位，一段时间后用干布揩干净，在暗室内用紫外线照射，形成黄绿色荧光火，有荧光火的地方即表示可能存在裂纹；或者用煤油清洗被检查的部位，5 min 后用干布揩净，刷涂石灰粉，轻轻敲击，如有裂纹即可发现。对于微裂纹、微划伤，若不影响筒体强度，可不必补焊，打磨圆滑即可；反之，应进行补焊，补焊返修次数不能超过 2 次。

2. 衬里缺陷

筒体衬里有裂纹、气孔、夹渣等缺陷时，可进行补焊。如衬里内鼓，可用机械或其他方法修复。凡是经过修复的衬里，必须用氨渗透试验和着色法检查质量。将溶有彩色染料（如红色染料）的渗透剂渗入工件表面的微小裂纹中，清洗后涂吸附剂，使缺陷内的彩色油液渗至表面，根据彩色斑点和条纹发现和判断缺陷。

3. 主连接件缺陷

主螺栓、主螺母的受力螺纹若产生毛刺、伤痕，应进行修磨。主螺栓、主螺母不允许有变形、裂纹或影响强度的缺陷，否则应进行更换。高压容器全部螺栓在装配时应涂润滑机油与石墨的调和物。

4. 密封面缺陷

容器密封面如有划痕等缺陷，应修整到符合质量要求。在拆卸中，要特别注意保护密封面，已拆卸的密封面应涂上润滑脂。

四、尿素合成塔 201 – D 检修方案

设备概况见表 2 – 2。

表 2 – 2　设备概况

设备名称及规格	压力/MPa	介质	材质	容积/m^3	检修周期/年
合成塔（三类）	15.7	甲胺、氨、二氧化碳、尿素、水	15MnV 钢	183	1 ~ 2

1. 检修内容

（1）拆上封头、塔板，全面检查内件、衬里，酌情修复。

（2）检查、疏通检漏孔。

（3）全面检查封头衬里及密封面，酌情修复，更换齿形垫。

（4）用涂料对吊耳进行保温，加铝皮壳。

（5）检查各层塔板、支耳，酌情修复。

（6）对衬里及焊缝腐蚀处打磨补焊。

（7）检查、更换塔板螺栓。

（8）清理密封面，设备回装。

2. 检修步骤

（1）检修前准备如下：

1）备齐必要的图样、技术资料，熟悉其技术要求和注意事项。

2）在施工前，参加检修人员应对使用机具、备用配件、材料的型号、规格、数量、质量进行检查、核对，确保符合技术要求。

3）施工技术人员与甲方设备管理人员、现场工艺操作人员进行现场工艺设备确认和技术交底。

4）确认检修部位，搭架，施工人员同时进行作业票签字和工具准备。

5）技术人员与检修人员进行技术交底。

6）拆保温层。

7）根据工艺要求添加盲板隔离，塔内部必须经过置换使其符合有关安全规定。

（2）拆卸与检查步骤如下：

1）拆除封头及液位计。

2）拆除筛板和漏斗及与设备相连接的管线。

3）进入塔内检查，拆卸内件，必须符合有关安全要求。

4）检查罐体的附件完好情况。

5）罐内件的检查。检查罐的接管及封头的密封面是否有缺陷；人孔拆开后，应采用适当方法保护好密封面；拆下的螺栓、螺母应在走道平台上靠边摆放整齐。

6）对支承梁、漏斗的变形部位，用机械方法平整、校正，不得强烈锤击。对开裂焊口及断裂钢板用手工电弧焊补焊时，应注意防止钢板变形。当存在的缺陷不易修补或调整时，应考虑整体更新。

7）法兰密封面、密封件检修。法兰密封面有划痕、沟槽、腐蚀、裂纹等影响密封效果的缺陷时，应进行修理，可用研磨或补焊磨平的方法。当法兰密封面存在的缺陷不易通过上述方法处理时，可根据缺陷深度确定车削减薄量。先进行强度校核，按校核结果决定是车削加工，还是判废重新更换法兰。检修后的法兰密封面应和轴线垂直，其垂直度应小于0.2%，表面粗糙度为 Ra 6.3 μm。密封垫片均应更换。

8）筛板的检修。筛板拆装要细心，组装时，相互间连接要牢靠。若筛板发生变形，应予矫正。筛板的端面腐蚀一般可不处理，若筛板腐蚀扩大较严重，可更换筛板。拆除时要做好编号，便于回装。

（3）回装要求如下：

1）罐内件经检查合格后，甲方技术人员签字，方可回装。

2）仔细清理罐内施工作业时遗留下的垫片、破布、残渣碎片等杂物。

3）拆下各法兰的保护物，更换密封垫，回装人孔盖。

4）螺栓的紧固应对称均匀进行，使法兰面间隙一致，紧固后螺栓的外露长度以 2 ~3 扣为宜。

5）设备回装完毕后，拆除吊装机具等。

6）对设备外表面进行防腐、保温。

7）清理现场。

思考与练习

1. 高压容器上的安全附件有哪些？校验周期是多长时间？
2. 高压容器内部检查内容有哪些？
3. 简述渗透探伤法的操作步骤。
4. 高压容器上主螺栓缺陷应如何处理？
5. 写出高压容器法兰密封面的检修要求。

§2－5 压力容器相关焊接知识

学习目标

1. 熟悉焊接接头的主要类型。
2. 掌握常见的坡口形式。
3. 了解焊缝常见缺陷。
4. 掌握焊缝的分类。

随着工业现代化进程的推进，压力容器已在石油、化工等国民经济领域中得到广泛应用。压力容器的焊接质量与压力容器的强度、气密性、使用寿命密切相关。同时，压力容器焊接缺陷对压力容器的稳定性也会造成巨大的影响。此外，设备维修过程中也要用到焊接知识和技能。

一、焊接接头的类型

焊接中，焊件的厚度、结构及使用条件不同，其接头类型也不同。焊接接头有对接接头、角接接头、T 字接接头及搭接接头等类型。

1. 对接接头

两焊件表面构成 $135° \leqslant \alpha \leqslant 180°$ 夹角的接头称为对接接头。在各种焊接结构中，对接接头是应用最多的一种接头类型。钢板厚度在6 mm以下，除重要结构外，一般不开坡口。

2. 角接接头

两焊件端面间构成$30° < \alpha < 135°$夹角的接头称为角接接头。这种接头受力状况不太好，常用于不重要的结构中。

3. T字接接头

焊件端面与另一焊件表面构成直角或近似直角的接头称为T字接接头。

4. 搭接接头

两焊件部分重叠构成的接头称为搭接接头。

几种焊接接头如图2－20所示。

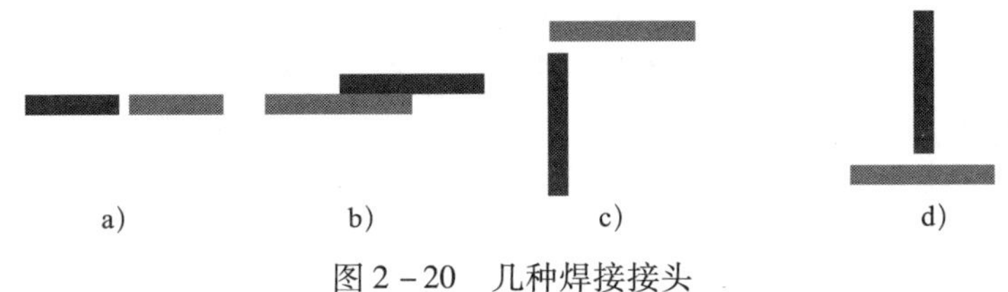

图2－20 几种焊接接头

a）对接接头 b）搭接接头 c）角接接头 d）T字接接头

二、焊缝坡口基础知识

1. 坡口的定义及作用

根据设计或工艺要求，在焊件的待焊部位加工的具有一定几何形状和尺寸的沟槽，称为坡口。

坡口的作用如下：

（1）使热源（电弧或火焰）能到达焊缝根部，保证根部焊透。

（2）便于操作和清理焊渣。

（3）调整焊缝成形系数，获得较好的焊缝成形。

（4）调节基本金属与填充金属的比例。

2. 选择坡口的原则

为获得高质量的焊接接头，应选择适当的坡口形状。坡口的选择，主要取决于母材厚度、焊接方法和工艺要求。选择时，应注意以下问题：

（1）尽量减少填充金属量。

（2）坡口形状容易加工。

（3）便于焊工操作和清渣。

（4）焊后应力和变形尽可能小。

3. 坡口制备

应根据焊件的尺寸、形状及加工条件确定坡口制备方法。坡口制备主要有以下方法：

（1）剪边：以剪板机剪切加工，常用于I形坡口。

（2）刨边：用刨床或刨边机加工，常用于板件加工。

（3）车削：用车床或车管机加工，适用于管加工。

（4）切割：用氧—乙炔火焰手工切割或自动切割机切割加工成 I 形、V 形、X 形和 K 形坡口。

（5）碳弧气刨：主要用于清理焊根的开槽，效率较高，劳动条件较差。

（6）铲削或磨削：用手工或风动、电动工具铲削或使用砂轮机（或角向磨光机）磨削加工，效率较低，多用于焊接缺陷返修部位的开槽。

坡口加工质量对焊接过程有很大影响，应符合图样或技术条件要求。

4. 坡口形状

为了保障焊接质量，应在焊接前对工件焊接处进行加工，可以气割，也可以切削而成，一般为斜面，有时也为曲面。例如，2 块厚 10 mm 的钢板要对焊到一起，为了焊缝牢固，会在板边缘铣出倒角，称为开坡口。由于材料厚度和焊接质量要求不同，其焊接接头形式与坡口形状也不尽相同，一般坡口形状分为 Y 形、U 形、V 形、K 形等，也有不开坡口的情况，如图 2－21 所示。

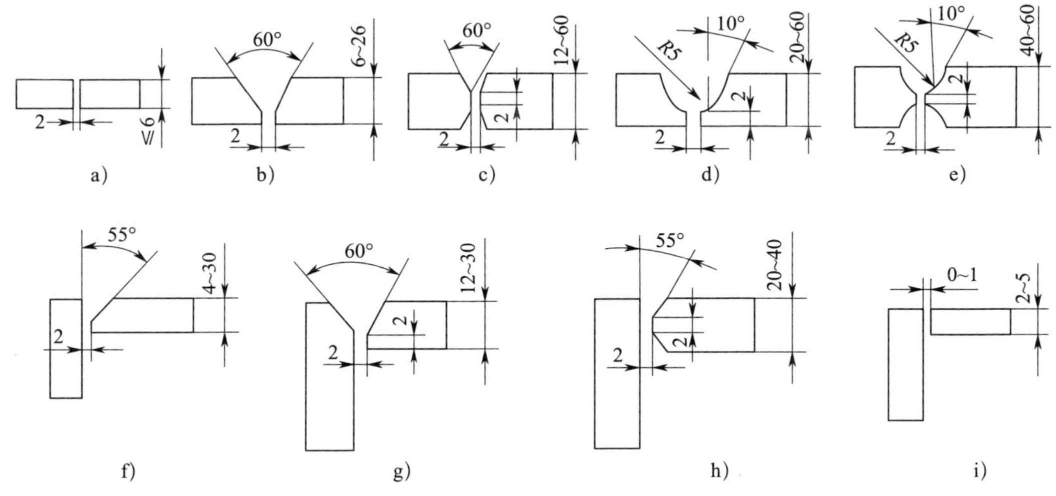

图 2－21　坡口形状

a）对接焊缝不开坡口　b）对接焊缝 Y 形坡口　c）对接焊缝 Y 双形坡口　d）对接焊缝 U 形坡口
e）对接焊缝双 U 形坡口　f）角接焊缝单边 V 形坡口　g）角接焊缝 Y 形坡口
h）角接焊缝 K 形坡口　i）角接焊缝不开坡口

5. 坡口尺寸含义

对接 Y 形坡口如图 2－22 所示。

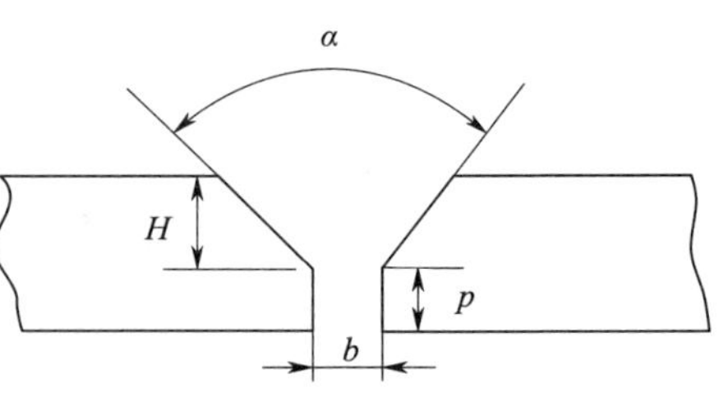

图 2－22　对接 Y 形坡口

坡口角度 α：35°～60°，α 太大将增加加工余量、焊接成本和变形。

钝边高度 p：需要熔透时一般为 1～3 mm。

根部间隙 b：保证钝边熔透，一般为 2～4 mm，过大容易形成虚焊。

坡口深度 H：根据需要的焊缝厚度来设定。

三、压力容器常见焊接缺陷及产生原因

根据缺陷分布的位置不同，压力容器的焊接缺陷可分为外部缺陷和内部缺陷，其中外部缺陷通常可以通过肉眼发现。常见的焊接外部缺陷有弧坑、焊瘤、焊缝形状和尺寸不符合要求、表面飞溅、咬边等。内部缺陷包括裂纹、夹渣、气孔、未焊透、未熔合等，其中裂纹是压力容器最致命的缺陷，是检测的重点项目。

1. 咬边

咬边是指焊缝边缘的凹陷，如图 2－23 所示。产生咬边的主要原因：操作方法不当，焊接工艺参数选择不对，比如电弧过长、运条方式和角度不当、电流过大、坡口两侧的停留时间不合适等。

图 2－23　咬边

2. 气孔

气孔主要是指熔池当中的气泡在凝固之前没有及时散发出去，而是在焊接的缝隙处残留，最后形成空穴，如图 2－24 所示。气孔的产生会使焊缝金属的致密性受到影响。气孔产生的根本原因是外界气体或者焊接过程中产生的气体进入熔池，在熔池凝固前未及时逸出。

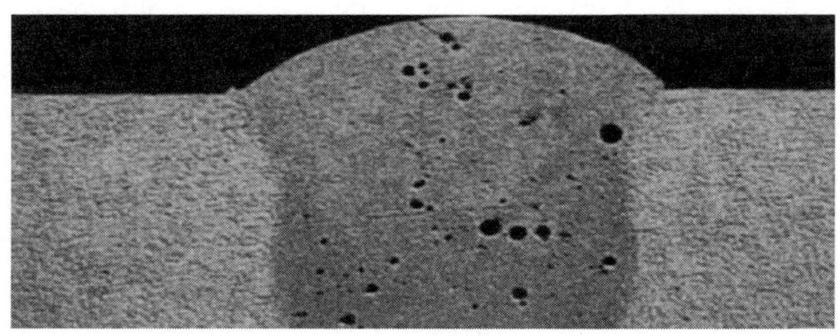

图 2－24　气孔

3. 夹渣

夹渣主要是指在焊缝处残留了一些熔渣，如图 2－25 所示。夹渣的存在具有较大危害，会极大地降低焊缝的强度和致密性。夹渣产生的主要原因：焊缝的边缘有氧割或碳弧气刨残留的熔渣，焊接时速度太快，焊接时坡口角度选择不合理，焊接时电流不够。

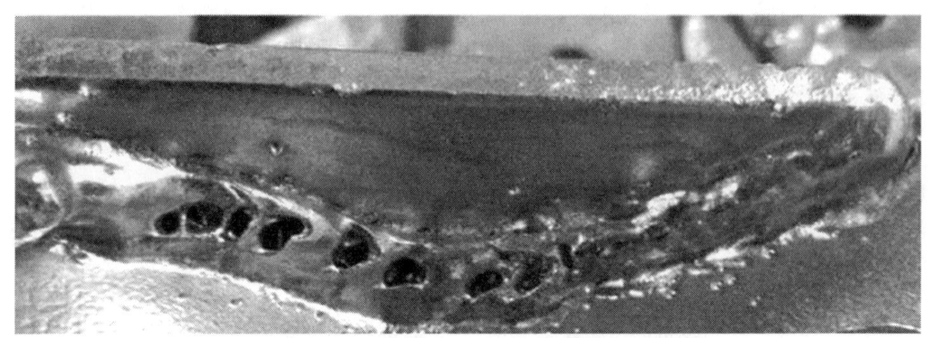

图 2－25　夹渣

4. 未熔合、未焊透

未熔合、未焊透都是比较严重的焊接缺陷，会使焊缝的强度降低，甚至导致裂纹产生，从而发生事故。其中，在焊接时，接头根部未完全熔透便会出现未焊透的现象，而当焊缝与焊件之间或者焊件与焊缝金属之间有一些部位没有熔透时便会出现未熔合的现象，如图 2－26 所示。通常，造成这些问题的原因是电弧过长，焊条的直径太大，电流过小，坡口表面被氧化和有油污，焊件装配间隙或者坡口角度过小，封底焊清洁不彻底等。

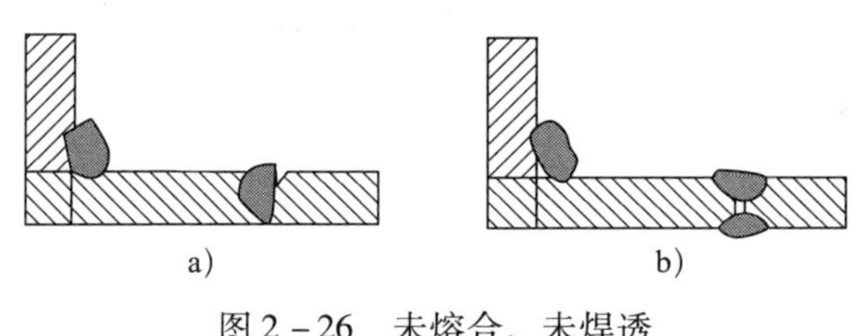

图 2－26　未熔合、未焊透

a）未熔合　b）未焊透

5. 焊瘤

在焊接过程中，金属溢流到加热不足的母材或前道焊缝上，金属凝固时，在自身重力作用下形成的微小疙瘩即焊瘤，如图 2－27 所示。焊瘤不能和母材或者前道焊缝熔合。如果焊瘤位于内部，会降低强度，减小有效截面积，影响美观。焊瘤产生的主要原因是运条不均而造成熔池温度过高，液态金属凝固后缓慢下坠。

6. 裂纹

裂纹是指在焊接应力及其他致脆因素共同作用下，金属材料的原子结构被破坏而形成新的界面，从而产生缝隙，如图 2－28 所示。压力容器的焊接裂纹是一种危害性极强的缺陷。压力容器结构的破坏大多从裂纹处开始。裂纹分为热裂纹和冷裂纹。

焊缝金属从液态到固态的结晶过程中产生的裂纹称为热裂纹。热裂纹多出现于焊缝。热

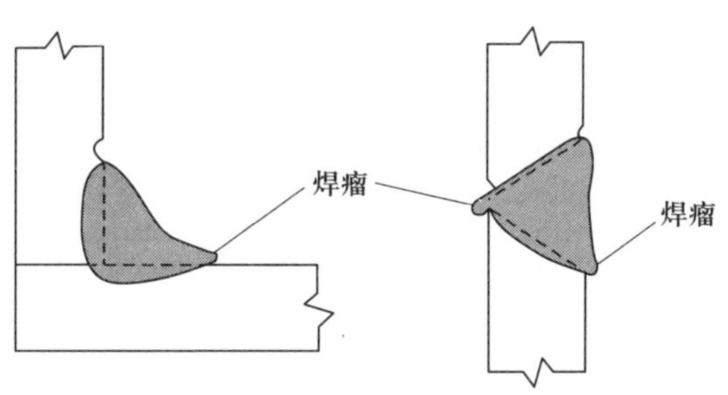

图2－27　焊瘤

图2－28　裂纹

裂纹的特点是焊接后立即可见，且多位于焊缝中心位置。在焊接金属冷却过程中或者冷却之后，焊缝与母材的熔合线外产生的裂纹，或在母材的熔合线处产生的裂纹，称为冷裂纹。冷裂纹发生的位置大多集中在应力较为集中的位置，如咬边、焊根处。冷裂纹的危害极大，一般在焊接后几小时或更长时间后出现。

四、压力容器上的焊缝

压力容器一般由筒体、封头、法兰、密封元件、开孔和接管、支座等构成，根据焊缝的压力强度要求，可将焊缝分为A、B、C、D、E 5类，如图2－29所示。

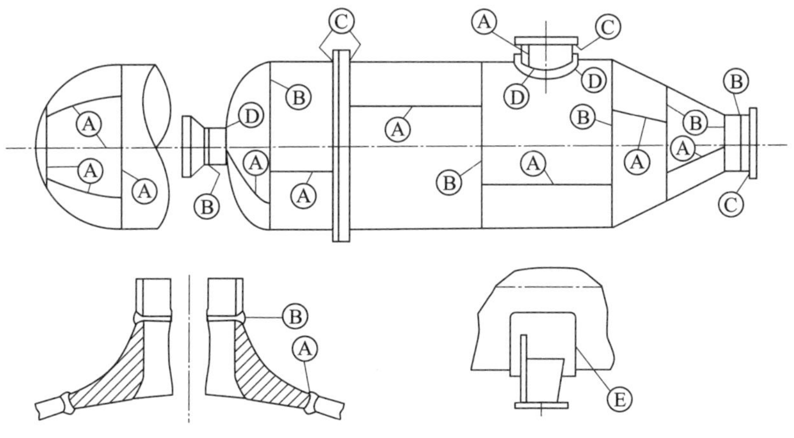

图2－29　压力容器上的各种焊缝

A、B 类焊缝推荐采用埋弧焊、焊条电弧焊、氩弧焊或其组合焊接工艺。接管与法兰的对接焊缝可以使用 CO_2 气体保护电弧焊。A、B 类多采用对接接头，C、D 类采用搭接和角接接头。E 类指容器上受压件与非受压件之间的焊缝。

压力容器主要受压部分焊接接头种类见表 2－3。

表 2－3　　压力容器主要受压部分焊接接头种类

适用范围	容器主要受压部分焊接接头种类			
	A	B	C	D
设计温度大于－20 ℃的钢制焊接单层容器、多层包扎容器、热套及锻焊容器。 设计温度不大于－20 ℃的容器，还应符合相关标准的规定	圆筒部分的纵向接头（多层包扎容器层板纵向接头除外）、球形封头与圆筒连接的环向接头、各类凸形封头中的所有拼接接头，以及嵌入式接管与壳体对接连接的接头	壳体部分的环向接头、锥形封头小端与接管连接的接头、长颈法兰与接管连接的接头，但已规定为 A、C、D 类的接头除外	平盖、管板与圆筒非对接连接的接头，法兰与壳体、接管连接的接头，内封头与圆筒的搭接接头以及多层包扎容器层板纵向接头	接管、人孔、凸缘、补强圈等与壳体连接的接头，但已规定为 A、B 类的接头除外

思考与练习

1. 焊接接头形式有__________、__________、__________、__________4 类。
2. 焊接常见的内部缺陷有________、________、________、________、________等。
3. 冷裂纹与热裂纹有哪些区别？
4. 造成冷裂纹的原因有哪些？

第3章

换热器及其检修

热量是化工生产中重要的生产条件，生产中热量由高温到低温转移的过程称为热量转移，也称为热量交换。最常见的热量交换设备即换热器。在石油、化工、轻工、制药、能源等工业生产中，换热器常常用于加热低温流体或者冷却高温流体，或者把液体汽化成蒸气、把蒸气冷凝成液体。换热器既是一种单元设备，如加热器、冷却器等，也可作为某一工艺设备的组成部分，如氨合成塔内的换热器。换热器是化工生产中重要的单元设备，据统计，换热器的质量约占整个工艺设备的20%，有的甚至高达30%，其重要性不言而喻。

§3-1　认识换热器

学习目标

1. 了解传热的基本方式及其区别。
2. 掌握换热器的分类。
3. 了解换热器的发展历程。
4. 熟悉换热器应满足的基本要求。

一、传热基础知识

有温差的地方就会有热量传递，热量总是自动地由高温物体传向低温物体。热传递有3种基本方式，即热传导、热对流和热辐射。

1. 热传导

依靠物体内分子的相互碰撞进行的热量传递过程称为热传导或传导传热。

各种物质的导热能力并不相同。导热能力不仅因物质的性质、结构不同而有区别，而且随温度、压力的变化而变化。固体的导热系数一般随温度的升高而增大。一般，金属的导热系数最大，固态非金属次之，液体的导热系数较小，气体的导热系数最小。

2. 热对流

由于流体内部质点的相对位移而将热量从流体中某一处传递至另一处的传热过程称为热对流，简称对流。热对流是液体、气体传热的主要方式。

热对流可分为自然对流和强制对流。热对流过程的阻力主要在层流内层，如果要强化热对流，就要设法降低阻力，加大湍流程度，减小层流内层的厚度。

3. 热辐射

借助电磁波以发射和吸收辐射线的形式进行的热传递称为热辐射或辐射传热。不论物体的冷热程度和周围的情况如何，只要其热力学温度存在，物体就会不断地向外界发射热射线。物体的温度越高，其热辐射的能力越强。热传导和热对流必须通过冷、热物体的直接接触来传递热量，而热辐射依靠物体表面发射可见和不可见的射线来传递热量。

二、换热器的分类

介质、工况、温度、压力不同，换热器的结构型式也不同。

1. 按传热原理分类

（1）间壁式换热器。在间壁式换热器（见图3－1）内，温度不同的两种流体在被壁面分开的空间里流动，通过壁面的导热和流体在壁表面对流，两种流体之间进行换热。间壁式换热器应用广泛，分为管壳式、套管式等。

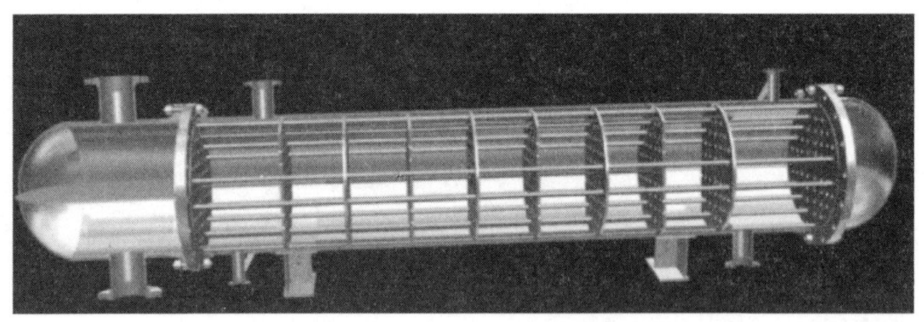

图3－1　间壁式换热器

（2）蓄热式换热器。蓄热式换热器（见图3－2）通过固体物质构成的蓄热体，把热量从高温流体传递给低温流体。热介质先通过加热固体物质使之达到一定温度，冷介质再通过固体物质被加热，从而达到热量传递的目的。蓄热体一般用耐火砖等砌成火格子（有时用金属波形带等）。换热分两个阶段进行：第一阶段，热气体通过火格子，将热量传给火格子而储蓄起来；第二阶段，冷气体通过火格子，接受火格子所储蓄的热量而被

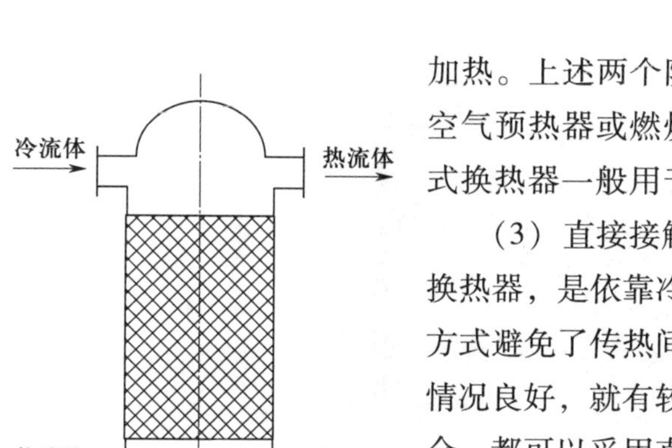

图3－2　蓄热式换热器

加热。上述两个阶段交替进行。蓄热式换热器如煤气炉中的空气预热器或燃烧室、人造石油厂中的蓄热式裂化炉。蓄热式换热器一般用于对介质混合要求比较低的场合。

（3）直接接触式换热器。直接接触式换热器又称为混合式换热器，是依靠冷、热流体直接接触而进行传热的。这种传热方式避免了传热间壁及其两侧的污垢热阻，只要流体间的接触情况良好，就有较大的传热速率。故凡允许流体相互混合的场合，都可以采用直接接触式换热器，如气体的洗涤与冷却、循环水的冷却、汽－水之间的混合加热、蒸汽的冷凝等。直接接触式换热器的应用遍及化工和冶金企业、动力工程、空气调节工程以及其他许多生产部门中，如凉水塔（见图3－3）、气体冷凝器等。

2. 按工艺用途分类

（1）冷却器。冷却器是冷却工艺物料流的设备，冷却剂多采用水，若冷却温度较低，可采用氨或氟利昂为冷却剂。

图3－3　凉水塔

（2）加热器。加热器是加热工艺物料流的设备，多采用水蒸气作为加热介质，当温度要求高时，可采用导热油、熔盐等作为加热介质。

（3）再沸器。再沸器是用于蒸馏塔塔底蒸发物料的设备。其中，热虹式再沸器中物料依靠液头压差自然循环蒸发，动力循环式再沸器用泵进行循环蒸发。

（4）冷凝器。冷凝器是用于蒸馏塔顶部物料流的冷凝或者反应器内冷凝循环的设备。冷凝器可用于多组分的冷凝，当最终冷凝温度高于混合组分的泡点时，仍有一部分组分未冷凝，采用冷凝器可达到再一次分离的目的。当多组分中含有不活泼气体时，冷凝器排出的气体含有不活泼气体和未冷凝的组分。

（5）蒸发器。蒸发器是专门用于蒸发溶液中的水分或者溶剂的设备。

（6）过热器。过热器是对饱和蒸汽进行加热升温的设备。

（7）废热锅炉。从工艺的高温物料流或者废气中回收热量而产生蒸汽的设备称为废热锅炉。

3. 按结构类型分类

按结构类型，换热器可分为管式换热器、板式换热器及其他类型的换热器，如图3－4所示。

a)

b)

图 3-4 换热器

a）管式换热器 b）板式换热器

三、换热器的发展

由于制造工艺和科学水平的限制，早期的换热器只能采用简单的结构，而且传热面积小，体积大，如蛇管式换热器等。随着制造工艺的发展，逐步形成管壳式换热器，它不仅具有较大的传热面积，而且传热效果也较好，长期以来在工业生产中应用广泛。

20 世纪 20 年代出现板式换热器，并应用于食品工业。以板代管制成的换热器结构紧凑，传热效果好，因此陆续发展为多种形式。20 世纪 30 年代初，瑞典首次制成螺旋板换热器。英国用钎焊法制造出一种由铜及其合金材料制成的板翅式换热器，用于飞机发动机的散热。20 世纪 30 年代末，瑞典又制造出第一台板壳式换热器，用于纸浆工厂。在此期间，为了解决强腐蚀性介质的换热问题，人们开始关注由新型材料制成的换热器。

20 世纪 60 年代左右，由于空间技术和尖端科学的迅速发展，各种高效能、紧凑型的换热器需求迫切，再加上冲压、钎焊和密封等技术的发展，换热器制造工艺得到进一步完善，从而推动了紧凑型板面式换热器的蓬勃发展和广泛应用。此外，自 20 世纪 60 年代开始，为了满足高温和高压条件下换热和节能的需要，典型的管壳式换热器也得到了进一步的发展。20 世纪 70 年代中期，为了强化传热，人们在研究和发展热管的基础上又创制出热管式换热器。

我国换热器产业起步较晚。1963 年，抚顺机械设备制造有限公司按照美国 TEMA（列管式换热器制造商协会）标准制造出我国第一台管壳式换热器。1965 年，兰州石油机械研究所研制出我国第一台板式换热器。苏州化工机械厂在 20 世纪 60 年代研制出我国第一台螺旋板式换热器。

20 世纪 80 年代，我国出现了自主开发传热技术的新趋势，大量的强化传热元件被推向市场。国内传热技术高潮时期的代表作有折流杆换热器、新结构高效换热器、高效重沸器、高效冷凝器、双壳程换热器、板壳式换热器、表面蒸发式空冷器等。

此外，我国还在大型管壳式换热器、大直径螺纹锁紧环高压换热器、高效节能板壳式换

热器、大型板式空气预热器方面获得了重大突破。近年来，随着下游应用场景的日趋复杂，我国换热器行业的发展速度进一步加快，技术水平日益增强，大型化、高效化、节能化成为换热器产品发展的主要趋势。

四、换热器的基本要求

为了使换热器高效经济地运行，更好地服务于生产，一台完善的换热器应该满足以下基本要求。

1. 合理地实现所规定的工艺条件

传热量、流体的热力学参数与物理化学性质是工艺过程所规定的条件。换热器应根据这些条件在单位时间内用尽可能小的传热面积，传递尽可能多的热量。

2. 安全可靠

换热器属于压力容器的范畴，必须进行强度、刚度、温差应力以及疲劳寿命计算，在设计、制造、检验、维护和检修时，遵照我国相关规定和标准。

3. 便于安装、操作与维修

设备与部件应便于运输与装拆，并根据工艺的需要合理布置，如气、液排放口，以及节能等的外部保温或保冷部件、检修用人孔或手孔等。操作场地应留有足够的空间，以便设备在检修时将其内件抽出，实施现场焊接、堵漏与修理，或在报废后对设备进行整体更换。

4. 经济合理

评定换热器是否先进，要看能否用低的费用获得高的传热效率。动力消耗与流速的平方成正比，而流速的提高又有利于传热，因此存在一个最适宜的流速。传热面上垢层的产生与增厚，使传热系数不断降低，传热量随之而减少，故有必要停车检修。

换热器的基本发展方向：提高设备整体紧凑性，强化传热效果，便于制造、安装、操作和维修，经济合理，保证互换性和扩大容量的灵活性，结构安全可靠，减少操作事故。

思考与练习

1. 热传递的基本方式有____________、____________和____________3 种。
2. 按传热原理分类，换热器分为____________、____________和____________。
3. 按结构类型分类，换热器分为____________、____________和____________。
4. 根据换热器的发展史，按先后顺序写出换热器的种类。
5. 写出换热器应满足的基本要求。

§3－2 管壳式换热器的类型及结构

学习目标

1. 掌握管壳式换热器的类型。
2. 熟悉常用管壳式换热器的优缺点及应用场合。
3. 掌握管壳式换热器各部分结构。
4. 熟悉换热器主要结构的作用。

管壳式换热器是一种通用的标准换热设备，具有结构简单、坚固耐用、造价低廉、用材广泛、清洗方便、适应性强等优点，在各工业领域应用广泛。近年来，随着其他新型换热设备的不断出现，管壳式换热器也在不断发展。在换热器向高参数、大型化发展的今天，管壳式换热器仍占有十分明显的优势地位。

一、管壳式换热器的类型

管壳式换热器由管束、管板、折流板、壳体、管箱、各种接管、支座等主要部件组成，如图 3－5 所示。根据其结构特点，管壳式换热器可分为固定管板式、浮头式、填料函式、U 形管式、釜式重沸器等形式。

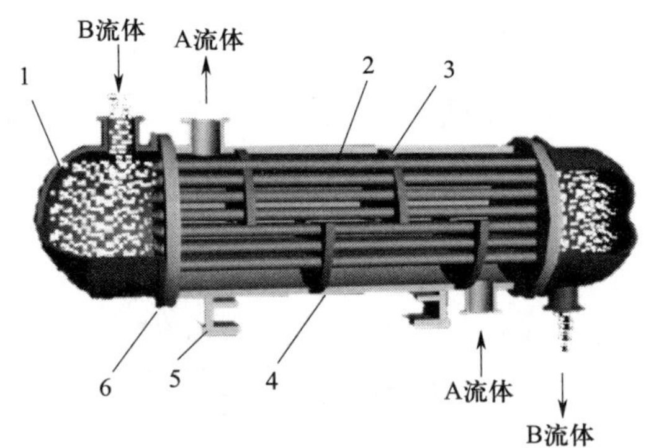

图 3－5 管壳式换热器

1—管箱 2—换热管 3—折流板 4—壳体 5—支座 6—管板

它们的共同特点是在圆筒形壳体中放置由许多换热管组成的管束，换热管的两端采用胀接或焊接或胀焊结合的方式固定在管板上，换热管轴线与壳体轴线平行，封头、壳体上装有流体的进、出口接管。实际操作时，一种流体在管束及与其相通的管箱内流动，其所经过的路程称为管程；另一种流体在管束与壳体之间的间隙中流动，其所经过的路程称为壳程。在

壳体内装设一定数目与管束相垂直的折流板，既可提高壳程流体的流速，又迫使壳程流体按规定的路径多次错流流过管束，有利于提高传热效果。

1. 固定管板式换热器

固定管板式换热器的主要零部件有壳体、接管、封头、管板、换热管、折流元件等，如图3－6所示。冷、热流体温差较大的固定管板式换热器，还应包括膨胀节。换热器的结构应该保障冷、热两种流体分别走管程和壳程，同时还应有承受一定温度和压力的能力。

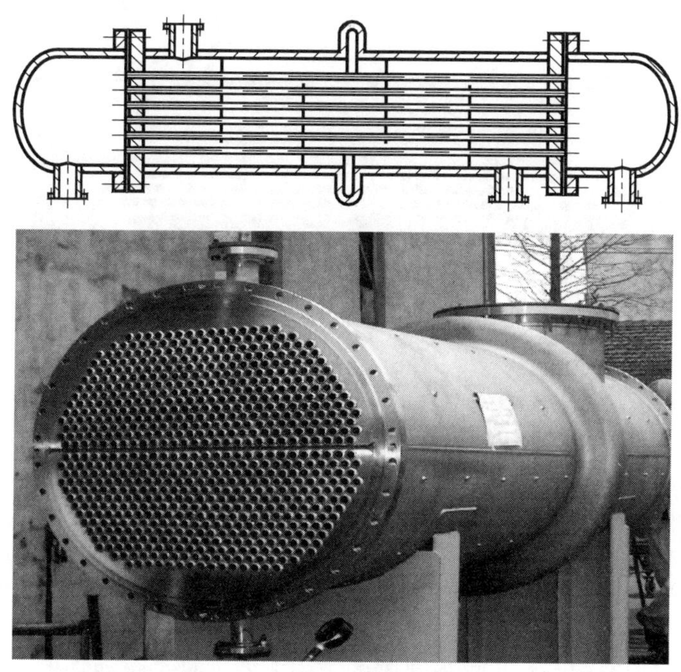

图3－6　固定管板式换热器

管板用于固定管束，同时将壳程和管程分隔，把管道中的流体均匀分布到换热管中，将换热管内的流体汇集在一起送出换热器。管束连接在管板上，管板与壳体采用焊接的方式连接。

固定管板式换热器的优点是结构简单、紧凑，能承受较高的压力，造价低，管程清洗方便，换热管损坏时易于维修或更换。缺点是当管束与壳体的壁温或材料的线胀系数相差较大时，壳体与管束将会产生较大的热应力。固定管板式换热器适用于壳程介质清洁、不易结垢且能进行清洗，管程与壳程两侧温差不大或温差较大但壳程压力不高的场合。

2. 浮头式换热器

浮头式换热器（见图3－7）的一端管板由螺栓固定，另一端管板能自由移动，当管束与壳体伸长时，两者互不牵制，因而不会产生温差应力。浮头部分由浮头管板、钩圈与浮头端盖相连，是可拆卸连接，容易抽出管束，管内、管外都能进行清洗，便于检修。

浮头管板的外径小于壳体内径，两直径之差应尽量小，但不能小于10 mm，这样既便于抽出管束，又不致造成过多的旁路间隙。钩圈一般采取对开的形式，以便于装拆，且结构紧

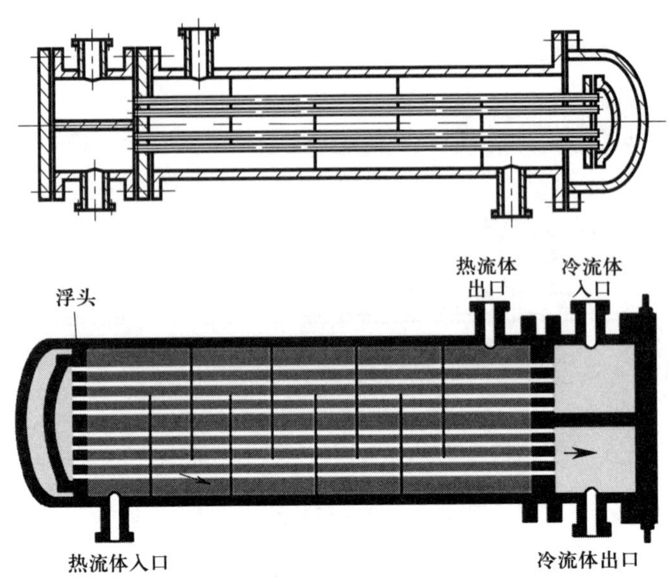

图 3－7　浮头式换热器

凑。管板外径与钩圈内径的间隙控制在 0.2～0.4 mm，当紧固螺栓后，间隙消失，管板对钩圈起到支撑和加固作用，保障密封的可靠性。

浮头式换热器的优点是管间和管内清洗方便，不会产生热应力。缺点是结构较固定管板式换热器复杂，造价高，设备笨重，若浮头处发生泄漏，则不易检查处理。浮头式换热器适用于温差较大或壳程介质易结垢的场合。

3. 填料函式换热器

填料函式换热器的结构与浮头式换热器的结构相似，只是浮动管板一端与壳体之间采取填料函式密封，管束可抽出，管板不兼作法兰，如图 3－8 所示。

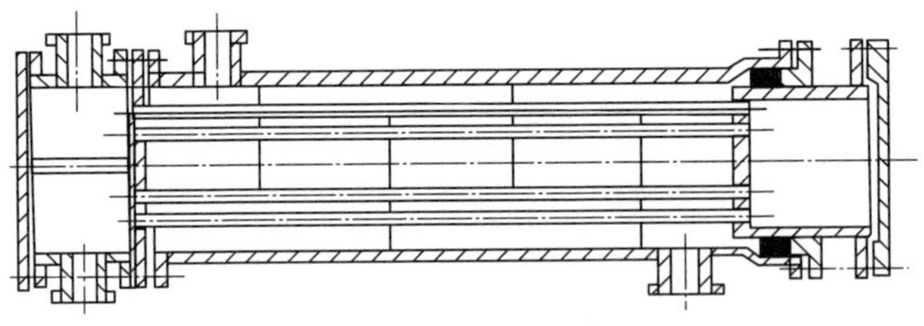

图 3－8　填料函式换热器

填料函式换热器结构简单，加工制造方便，造价低，管内和管间清洗方便。当管束与壳体之间的温差较大、腐蚀较严重且需经常更换管束时，采用这种结构比较合适。但填料函式换热器不耐压，填料处易泄漏，适用于 4 MPa 以下的场合。填料函式换热器不适用于易挥发、易燃、易爆、有毒及贵重介质的场合，使用温度受填料限制，在工业中已较少使用。

4. U 形管式换热器

U 形管式换热器的结构特点是换热管被弯制成 U 形，换热管的两端固定在同一管板上，管板与壳体采用法兰连接，省去了一块管板和一个管箱，如图3－9所示。因管束与壳体是分离的，在受热膨胀时，彼此间不受约束，因而消除了温差应力。

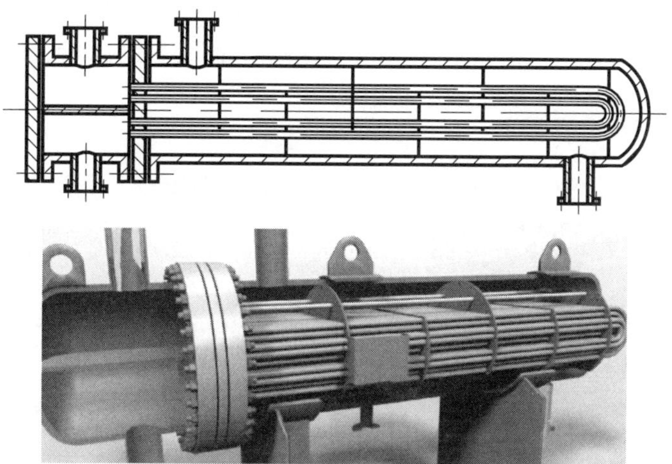

图3－9 U形管式换热器

U形管式换热器结构简单、紧凑，在同样直径下，其换热面积最大，价格便宜，密封性能好，管束可从壳体内抽出，便于检修和清洗。在高温、高压下，U形管式换热器金属耗量最小，造价最低。其缺点是当换热管泄漏损坏时，只有管束外围处的U形管便于更换，内层换热管不能更换，只能堵死，而且一根U形管损坏相当于损坏两根换热管。U形管式换热器适用于管、壳壁温差较大或壳程介质易结垢、需要清洗，又不适宜采用浮头式和固定管板式换热器的场合。U形管式换热器特别适合于管内走清洁而不易结垢、高温、高压、具有腐蚀性的物料。

5. 釜式重沸器

重沸器也属于管壳式换热器的一种，广泛应用于石油、化工、冶金等行业，目前常用的重沸器为釜式重沸器。釜式重沸器以导热油为加热介质，将热量传递给器内液体使其蒸发并实现气液分离。釜式重沸器主要由壳体、换热管束、配对法兰、垫片、就地及远传液位接口等部件组成，具有浮头式、U形管式换热器的特点，壳体上部设置蒸发空间，其大小由产气量和所要求的蒸气品质所决定，如图3－10所示。

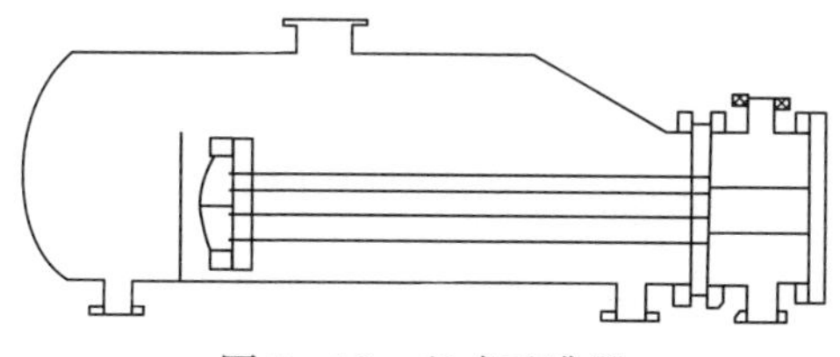

图3－10 釜式重沸器

和其他换热器一样，釜式重沸器分为管程和壳程，热介质走管程，冷介质走壳程，为了满足壳程介质蒸发的需要，提供蒸发空间。根据工艺流体的工作情况，重沸器的壳程直径往往比管程直径大一些，通常为管程直径的2倍。壳程后侧有一特定高度的堰板，用来保证壳程介质和管程介质有充分的接触时间，强化传热效果。

釜式重沸器的优点是维修和清洗方便，传热面积大，汽化率高，操作弹性大，可在真空下操作。缺点是传热系数小，壳体容积大，物料停留时间长，易结垢，外部所占空间较大。

二、流程的选择

在换热器中，哪一种流体流经管程，哪一种流体流经壳程，可根据以下原则选择：

（1）不洁净或易于分解结垢的物料应当流经易于清洗的一侧。对于直管管束，上述物料一般应走管内，但当管束可以拆出清洗时，也可以走管外。

（2）需要提高流速以增大其对流传热系数的流体应当走管内，因为管内截面积通常比管间的截面积小，而且易于采用多管程以增大流速。

（3）具有腐蚀性的物料应走管内，这样可以用普通材料制造壳体，仅换热管、管板和封头采用耐蚀材料。

（4）压力高的物料走管内，避免外壳承受高压。

（5）温度很高或很低的物料应走管内，以减少热量散失。如果为了更好地散热，也可以让高温物料走壳程。

（6）蒸汽一般通入壳程，以便于排出冷凝液，而且蒸汽较清洁，其对流传热系数与流速关系小。

（7）黏度大的流体一般在壳程空间流过，因在设有挡板的壳程中流动时，流道截面和流向都在不断改变，在低雷诺数（雷诺数大于100）下即可达到湍流，有利于提高管外流体的对流传热系数。

三、管壳式换热器的主要部件

1. 换热管

换热管构成管壳式换热器的传热面，其直径和形状对传热有很大影响。我国管壳式换热器所用碳素钢钢管的常用规格为 $\phi19$ mm×2 mm、$\phi25$ mm×2.5 mm 和 $\phi38$ mm×2.5 mm，所用不锈钢钢管的常用规格为 $\phi25$ mm×2 mm 和 $\phi38$ mm×2.5 mm，换热器的长度规格为1.5 m、2.0 m、3.0 m、4.5 m、6.0 m、9.0 m等。换热器多采用光管，结构简单，制造容易，但传热系数低。为强化传热，可采用强化传热管，如翅片管、螺旋槽管、螺纹管等。

2. 管板

管板的作用是固定管束，连接壳体和端盖，分割管程、壳程空间，避免冷、热流体混合。换热管与管板间的连接是一个比较重要的结构问题，它是换热器加工制造的关键，也是防止泄漏的重点。因此，必须保障换热管和管板连接牢固，密封可靠。在满足强度要求的前提下，应尽量减小管板的厚度。

3. 管箱

管箱（见图3－11）位于换热器的两端，作用是将进入管程的流体均匀分布到各换热管，把管内流体汇集在一起送出换热器。在多管程换热器中，管箱还可通过设置隔板起分隔作用。常见管箱结构有双程、三程和四程。

图 3－11　管箱

4. 折流板

折流板是设置在壳体内与管束垂直的弓形或圆盘－圆环形平板，可使壳程流体按照规定的路径多次横向穿过管束，既可提高流速，又可增加湍流程度，改善传热效果，在卧式换热器中还可起到支撑管束的作用。常用的折流板有单弓形、双弓形、三弓形（见图 3－12）和圆盘-圆环形（见图 3－13）。

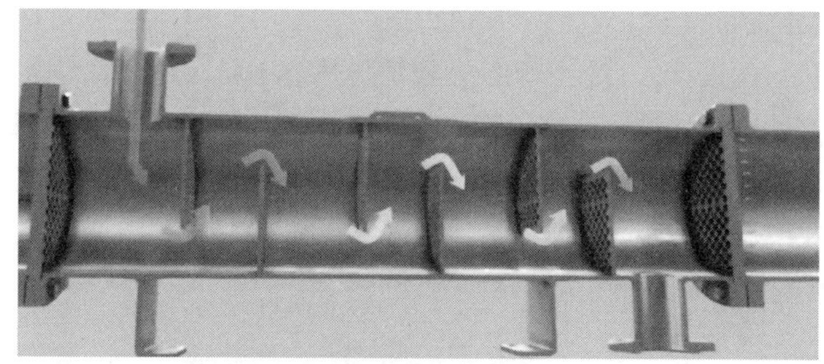

图 3－12　弓形折流板

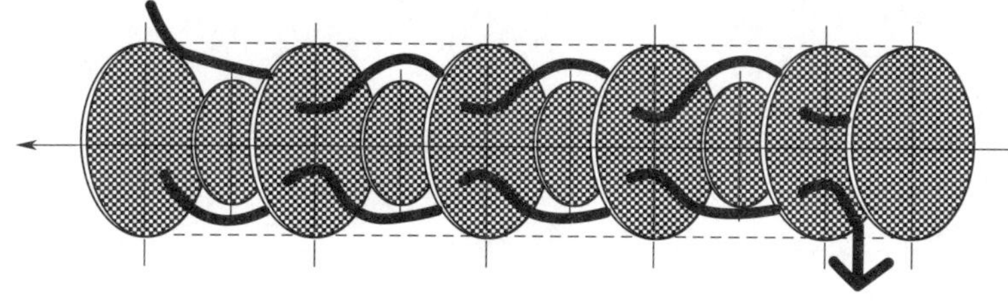

图 3－13　圆盘－圆环形折流板

折流板一般等间距布置，管束两端的折流板尽可能靠近壳程进、出口管。

（1）卧式换热器的壳程为单相清洁流体时，折流板缺口应水平上下布置；若为含有少量液体的气体时，则应在缺口朝上的折流板最低处开通液孔；若为含有少量气体的液体时，则应在缺口朝下的折流板最高处开通气孔。

（2）卧式换热器、冷凝器和重沸器的壳程介质为气、液相共存或液体中含有固体物料时，折流板缺口应垂直左右布置，并在折流板最低处开通液孔。

（3）折流板间距一般不小于圆筒内直径的1/5，且不小于50 mm，特殊情况下也可取较小的间距。

5. 拉杆和定距管

折流板的安装和固定是通过拉杆和定距管来实现的。拉杆应均匀布置在管束中的合适位置。拉杆是一根两端带有螺纹的长杆，一端拧入管板。折流板穿在拉杆上，各板之间则以套在拉杆上的定距管来保持板间距离，如图3－14所示。

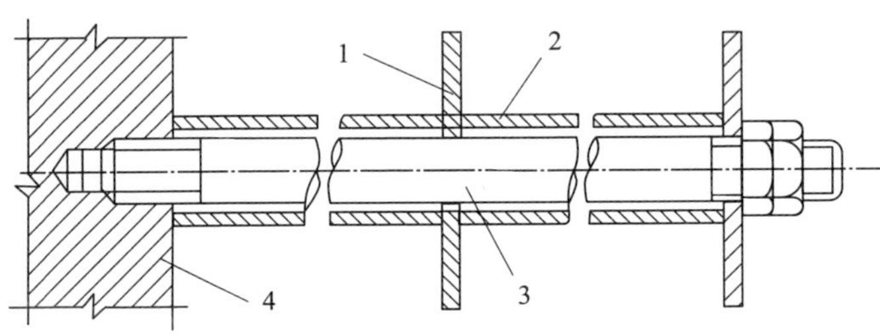

图3－14　拉杆和定距管

1—折流板　2—定距管　3—拉杆　4—管板

6. 防冲挡板和导流筒

壳程流体进、出口的设计，直接影响换热器的传热效率和换热管的寿命。加热蒸汽或高速流体流入壳程时，会冲刷换热管，使对应管束受到冲蚀，引起振动。常将壳程接管在入口处加以扩大，即将接管做成喇叭形，以起缓冲作用。当管程采用轴向入口接管或换热管内流体流速超过3 m/s时，应在换热器进口处设置防冲挡板（见图3－15）、导流筒（见图3－16）等，减少流体的不均匀分布和对换热管端的冲蚀。

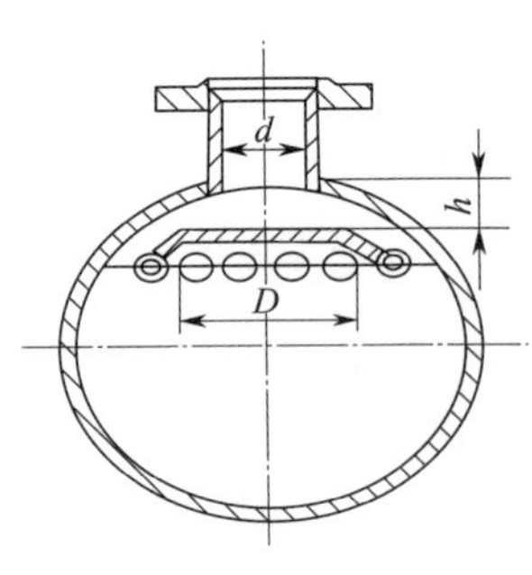

图3－15　防冲挡板

图3－16　导流筒

防冲挡板的要求：防冲挡板外表面到圆筒内壁的距离应不小于接管外径的1/4；防冲挡板的直径或边长应大于接管外径50 mm；防冲挡板的最小厚度，碳钢为4.5 mm，不锈钢为3 mm。

7. 膨胀节

固定管板式换热器的壳程流体和管程流体之间存在温差，而换热管、壳体均与管板固定连接，在使用状态下，壳体与换热管间存在膨胀差，使壳体和换热管受到轴向载荷。为避免壳体破坏、换热管失稳及从管板上拉脱，必须在壳体中间设置变形补偿元件——膨胀节。膨胀节是安装在固定管板式换热器壳体上的挠性构件，由于它的轴向挠度大，不大的轴向力就能产生较大的变形。这种易变形的挠性构件可对管束与壳体之间的变形差进行补偿，以减小因温差而引起的管束与壳体之间的温差应力。

膨胀节最主要的部分是波纹管（亦称波壳）。波纹管横截面的形状有多种，通常有平板形、Ω 形、波形等，如图 3－17 所示。

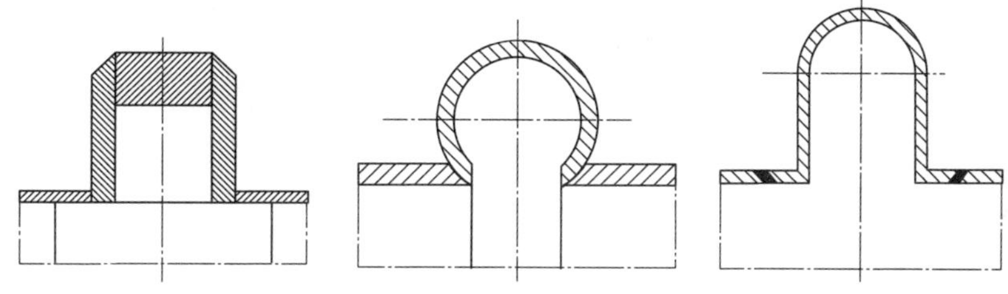

图 3－17　3 种形式的膨胀节

在生产实践中，应用最多的是波形膨胀节（见图 3－18），其次是 Ω 形膨胀节。前者一般用于需要补偿量较大的场合，后者多用于压力较高的场合。

图 3－18　波形膨胀节

膨胀节器壁越薄，柔性越好，其补偿能力就越强，但所能承受的压力就越低。波形膨胀节一般有单层和多层两种形式。多层波形膨胀节壁薄，弹性大，灵敏度高，补偿能力强，承载能力及疲劳强度高，使用寿命长，而且结构紧凑。若要求更大的补偿量，可采用多波膨胀节。

膨胀节一个波的补偿能力由其形状、尺寸和材料等决定。例如，波高越低，耐压性能越好而补偿能力越差；波高越高，波距越大，则补偿量越大，但耐压性能越差。

四、换热管与管板的连接方法

在管壳式换热器中，换热管和管板是换热器管程和壳程的唯一屏障，换热管与管板之间的连接结构和连接质量决定了换热器的质量优劣和使用寿命。大多数换热器的破坏及失效发生在换热管与管板的连接部位，其连接部件的质量直接影响化工设备及装置的安全可靠性。因此，管壳式换热器中换热管与管板的连接工艺是换热器制造质量保证体系中最关键的控制环节。目前，在换热器制造过程中，换热管与管板的连接主要有焊接、胀接、胀焊结合等方法。

1. 焊接

焊接连接包括保障焊接接头密封性及抗拉脱强度的强度焊和仅保障换热管和管板连接密封性的密封焊。对于强度焊，其使用性能有所限制，仅适用于振动较小和无缝隙腐蚀的场合。

采用焊接连接时，换热管间距离不能太近，否则受热影响，焊缝质量不易得到保障，同时管端应留有一定的距离，以减小相互之间的焊接应力。换热管伸出管板的长度要满足规定的要求，以保障其有效的承载能力。

采用常规的焊接连接方法时，由于换热管与管板孔之间存在间隙，易产生缝隙腐蚀和过热，并且焊接接头处产生的热应力也可能造成应力腐蚀和破坏，这些都会使换热器失效。

2. 胀接

胀接是一种传统的连接方法，即利用胀管器械使管板与换热管产生弹塑性变形而紧密贴合，形成牢固连接，达到密封和抗拉脱的目的，如图 3 – 19 所示。在换热器的制造过程中，胀接适用于无剧烈振动，无过大的温度变化，无严重的应力腐蚀的场合。目前采用的胀接工艺主要有机械滚胀和液压胀接。

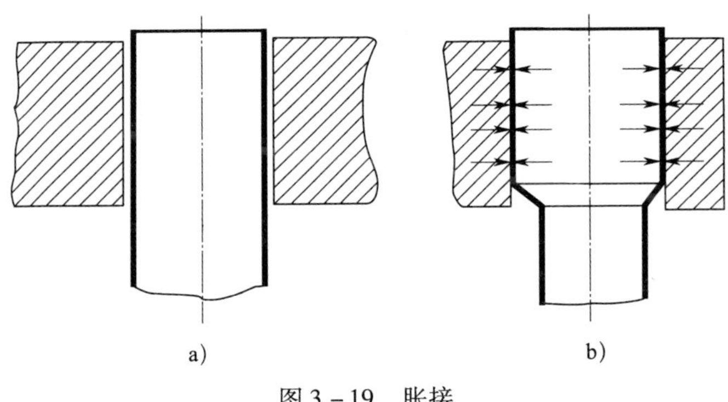

a) b)

图 3 – 19　胀接

a）胀管前结构　b）胀管后结构

3. 胀焊结合

当温度和压力较高时，在热变形、热冲击、热腐蚀和流体压力的作用下，换热管与管板连接处极易被破坏，采用胀接或焊接均难以满足连接强度和密封性的要求，此时可采用胀焊结合的方法。胀接加焊接结构能够有效地阻尼管束振动对焊缝的损伤，有效地消除应力腐蚀和缝隙腐蚀，提高接头的抗疲劳性能。

思考与练习

1. 下列关于 U 形管式换热器特点的说法中，不正确的是（　　）。

A. 适用于高温、高压场合　　B. 管束清洗方便

C. 结构复杂、造价高　　D. 无温差应力

2. 下列管壳式换热器中，产生温差应力的是（　　）。

A. 固定管板式换热器　　B. 浮头式换热器

C. 填料函式换热器　　D. U 形管式换热器

3. 下列关于填料函式换热器特点的说法中，不正确的是（　　）。

A. 适用于低压、低温场合

B. 管束清洗方便

C. 适合易燃、易爆、有毒的壳程介质

D. 无温差应力

4. 下列关于浮头式换热器的说法中，正确的是（　　）。

A. 浮头的存在可改善传热　　B. 壳程流体不易形成短路

C. 结构简单、价格便宜　　D. 内部泄漏无法检测

5. 当换热器管程和壳程温差应力较大时，不宜采取（　　）。

A. 固定管板式　　B. U 形管式　　C. 填料函式　　D. 浮头式

6. 拉杆和定距管用来固定（　　）。

A. 折流板　　B. 管板　　C. 分程隔板　　D. 管箱

7. 管壳式换热器管箱的作用是（　　）。

A. 容纳壳程流体　　B. 容纳管程流体

C. 收集并分配管程流体　　D. 便于法兰连接

8. 既消除缝隙腐蚀，又确保换热管与管板接头强度的连接方式是（　　）。

A. 焊接　　B. 粘接　　C. 胀接　　D. 胀焊结合

9. 固定管板式换热器设有折流板，其主要作用是（　　）。

A. 使流速降低　　B. 增加湍流程度

C. 减小水流对管束的冲刷和磨损　　D. 对管束不起支撑作用

10. 折流板一般等间距布置，确保折流板间距的零件是（　　）。

A. 拉杆　　B. 定距管　　C. 换热管　　D. 其他零件

§3-3　管壳式换热器的检查与维护

学习目标

1. 熟悉列管式换热器的试压步骤。
2. 了解管壳式换热器的验收完好标准。
3. 熟悉管壳式换热器的日常检查内容。
4. 掌握管壳式换热器常见故障及处理办法。

5. 熟悉泄漏点检测及处理方法。

化工生产是一个连续的过程，任何一个环节不能达到要求，就会影响全局。化工生产离不开热，热传递效果的好坏直接影响化学反应的效率，进而影响产品质量、生产效率、生产成本和设备安全。因此，就换热器而言，一旦出现异常，就会带来一系列问题，影响产品质量甚至停产，所以对换热器的检查与维护非常重要。

在开停工过程中，换热器应缓慢升温和降温，避免压差过大和热冲击。开工时应“先冷后热”，即先进冷介质，后进热介质；停工时应“先热后冷”，即先退热介质，再退冷介质。

一、管壳式换热器的检验与验收

1. 检验

换热器制造和维修后要按相关标准对焊接接头进行射线或超声波、磁粉和渗透检验，检验合格后再进行压力试验。压力试验方法可参考本书第一章相关内容。

（1）固定管板式换热器的压力试验顺序：先进行壳程试压，同时检查换热器与管板连接接头，再进行管程试压。

（2）U 形管式换热器、釜式重沸器（U 形管束）及填料函式换热器压力试验顺序：先用试验压力进行壳程试压，同时检查接头，再进行管程试压。

（3）浮头式换热器、釜式重沸器（浮头式管束）压力试验顺序：先用试验压环和浮头专用试压工具（对釜式重沸器还应配备管头试压专用壳体）进行管头试压，接着进行管程试压，最后进行壳程试压。

（4）当管程试验压力高于壳程试验压力时，接头试压应按图样规定，或根据制造、维修方与使用厂家双方商定的方法进行。

（5）试验压力应按《管壳式换热器维护检修规程》（SHS 01009—2004）的规定进行。对于碳素钢、16MnR 和正火 15MnVR 钢管程或壳程，液压试验时液体温度不得低于 5 ℃；对于其他合金钢管程或壳程，液压试验时液体温度不得低于 15 ℃。

（6）液压试验方法。试验时，应在壳体或管程以及管接头上部开设排气口，充液时应将容器内的空气排尽。试验过程中，应保持容器表面干燥，试验压力要缓慢上升，达到规定值后，保压时间一般不少于 20 min，然后将压力降至规定试验压力的 80%，并保持足够长的时间。应对焊接接头和连接部位进行检查，如有渗漏，修补后重新试验。液压试验完毕后，应将液体排尽，并将内部吹干。

（7）气压试验方法。试验应有安全措施，安全措施应经试验单位技术总负责人认可，并由本单位安全部门检查监督。试验所用气体应为干燥洁净的空气、氮气或其他不活泼气体，低碳钢和低合金钢的壳程、管程温度不低于 15 ℃，其他钢材按原设计要求进行。试验压力应缓慢上升，至规定试验压力的 10% 且不超过 0.05 MPa 时，保压 5 min，然后对所有焊接接头和连接部位进行初次泄漏检查，如有泄漏，修补后重新试验。初次泄漏检查合格后，再继续缓慢升压至规定试验压力的 50%，其后按规定试验压力 10% 的级差逐级增至规定的试验压力，保压 10 min 后，将压力降至规定试验压力的 87%，并保持足够长的时间，再次进行泄漏检查，如有泄漏，修补后再按上述规定重新试验。

（8）气密性试验。当设备液压试验合格后，方可进行气密性试验。试验时，压力应缓慢上升，达到规定的试验压力后保压 10 min，然后降至设计压力，对所有焊接接头和连接部位进行泄漏检查。小型设备亦可浸入水中检查。如有泄漏，修补后重新进行液压试验和气密性试验。

2. 验收

（1）试车的有关要求如下：

1）试车前应查阅图样有无特殊要求或说明，铭牌上有无特殊标志，如管板是否按压差设计、对试车程序有无特殊要求等。

2）试车前应清洗整个系统，并在入口接管处设置过滤网。

3）系统中如果无旁路，试车时应增设临时旁路。

4）试车时应开启放气口，使流体充满设备。

5）当介质为蒸汽时，开车前应排空残液，以免形成水击；当介质有腐蚀性时，停车后应将残存介质排净。

6）在开车或停车过程中，应缓慢升温或降温，避免压差过大和热冲击。

（2）办理交验手续。全部试压合格后，连接进、出口管道与阀门，安装各种现场测量仪表，若设备连续运行24 h未发现任何问题，且根据现场记录数据进行核算，满足生产需要，即可交付使用。在办理移交时，应将设备的安装与检修记录和有关技术资料一并交付使用单位，存入设备管理档案。

二、在用换热器完好标准

1. 零部件

（1）换热器的零部件及附件完整、齐全，壳体、封头等的冲蚀、腐蚀在允许范围内，管束的堵管数不超过管束总数的 10%，隔板、折流板等无严重的扭曲变形。

（2）仪表和各种安全装置齐全、完整、灵敏、准确。

（3）基础完好，无倾斜、下沉、裂纹等现象；防腐保温层完整有效，符合技术要求。

（4）各部分连接螺栓、地脚螺栓紧固整齐，无锈蚀，符合技术要求。

（5）管道、部件、阀门、管架等安装合理，牢固完整，符合要求。

（6）换热器壳程、管程及外管焊接质量均符合技术要求。

2. 运行性能

（1）换热器各部位温度、压力、流量等参数符合技术要求。

（2）设备各部阀门开关正常。

（3）换热器效率达到铭牌标示值。

3. 技术资料

(1) 设备档案、出厂质量证明书、检修及验收记录等资料齐全。

(2) 运行时间和累计运行时间有统计记录。

(3) 操作规程、维护检修规程齐全。

三、换热器日常检查

日常检查的目的是及时发现设备存在的问题和隐患，采取正确的预防和处理措施，避免设备事故的发生。日常维护要点如下：

(1) 认真检查设备运行参数，严禁超温、超压，确保进、出口的温度、压力及流量在操作指标内，防止急剧变化。

(2) 严格遵守安全操作规程，定时对换热器进行巡回检查，包括检查各连接部件紧固螺栓是否齐全、可靠，有无泄漏；检查安全附件是否良好；用听棒判断设备是否存在异常声响，以及设备内换热器是否存在相互摩擦和振动等；检查换热器的振动情况、基础支座稳固情况，发现缺陷及时消除。

(3) 检查换热器及管道附件的绝热层，确保绝热层完好；检查保温的设备局部有无明显变形。

(4) 随时检查壳体、封头（浮头）、管程、管板及进出口管道等连接处有无异响、腐蚀及泄漏。

(5) 检查仪表及安全装置是否符合要求，发现缺陷及时消除。

(6) 勤擦拭，勤打扫，保持设备及环境整洁，做到无污垢，无垃圾，无泄漏。

(7) 及时刷漆防腐。

四、换热器运行监测项目

1. 温度

温度是换热器运行中的主要工艺控制参数。通过在线仪器测定并显示各流体在进、出口的温度变化，可以分析判断换热情况的好坏和是否存在内漏等。用水作为冷却介质的，水出口温度最好控制在 50 ℃以下。水温超过 50 ℃后，微生物的繁殖会明显加速，腐蚀成分分解加快，会引起换热管腐蚀穿孔。同时，已溶于水的碳酸氢钙、碳酸氢镁会受热分解形成沉淀，使换热器结垢越来越严重，故出口温度不能超过 65 ℃。

2. 压力

通过对流体压力及进、出口压差的测定和检查，可以判断换热器是否结垢，是否存在堵塞引起的节流以及泄漏。发生内漏时，高压流体往往向低压流体中泄漏，使低压流体压力很快上升甚至超压，并可能损坏低压设备或该设备的低压部分，引起催化剂失效或污染其他系统等。对运行中的高压换热器，应特别监视和警惕。对换热器设备，要注意防止超压，避免法兰密封处泄漏。

3. 泄漏

换热器存在的主要问题之一是泄漏。泄漏有内漏和外漏之分。外漏在生产运行中容易被发现。对于轻微的气体外漏，可以直接用抹肥皂液或其他发泡剂的方法来检查。对于酸性或碱性气体外漏，则可以凭视觉、嗅觉直接发现，或检查换热器壳体表面的涂料层或保温（保冷）层的剥落污染情况，确定壳体是否存在泄漏。对于可燃性气体，可以用安全专用仪器来检测。通过定期对壳体各连接处周围的空气进行取样分析，也能判断是否泄漏及泄漏程度。对于剧毒气体，还可以在现场设置自动分析记录仪，发现泄漏自动进行声光报警。

内部泄漏不易被直接发现，但可以通过介质异常的温度、压力、流量，以及异常声音、振动等来判断。内部泄漏主要分为换热管泄漏和端口泄漏。产生泄漏的原因如下：

（1）热应力过大。在管壳式换热器内，由于冷、热流体温度不同，壳体和管壁的温度互有差异。这种差异使壳体和换热管的热膨胀不同，当两者温差较大时，可能将换热管扭弯，或使换热管从管板上松脱，甚至毁坏整个换热器。对此，必须从结构上考虑热膨胀的影响，采用各种补偿的方法。

换热器在启停过程中温升率、温降率超过规定值时，将使换热管和管板受到较大的热应力，导致换热管和管板相连接的焊缝或胀接处发生损坏，引起端口泄漏。调峰过程中负荷变化速度太快以及主机或换热器因发生故障而骤然停机时，如果气侧停止供气过快，或气侧停止供气后水侧仍继续给水，因换热管管壁薄、收缩快，管板厚、收缩慢，常导致换热管与管板间的焊缝或胀接处损坏。

（2）管板变形。管板变形指管板的加工变形。换热管与管板相连，管板变形会使换热管的端口发生泄漏。

高压管板水侧压力高、温度低，气侧则压力低、温度高，尤其有内置式疏水冷却段者，温差更大。如果管板的厚度不够，则管板会有一定的变形。管板中心会向压力低、温度高的气侧鼓凸。在水侧，管板发生中心凹陷。

（3）堵管工艺不当。一般常用锥形塞焊接堵管，打入锥形塞时用力要适度。捶击力量太大，会引起管孔变形，影响邻近换热管与管板的连接，导致出现新的泄漏。焊接过程中，如果预热不当、焊缝位置或尺寸不合适，会造成邻近换热管与管板连接处损坏。若采用其他堵管方法，如胀管堵管、爆炸堵管等，如果工艺不当，也会引起邻近换热管泄漏，因此应遵循严格的堵管工艺。

（4）冲刷侵蚀。当水蒸气的流动速度较高且其中含有大的水滴时，换热管外壁受气、水两相冲刷会变薄，导致发生穿孔或受给水压力而鼓破。换热管受到水蒸气直接冲击的原因：防冲板材料和固定方式不合理，在运行中破碎或脱落，失去防冲刷保护作用；防冲板面积不够大，水滴随高速气流运动，撞击防冲板以外的管束；壳体与管束间的距离太小，使入口处的气流速度很高。

（5）换热管振动。在给水温度过低或机组超负荷等情况下，若通过换热器换热管间水蒸气流量和流速超过设计值较多，具有一定弹性的管束在壳侧流体扰动力的作用下会产生振动，当激振力的频率与管束自然振动频率或其倍数相吻合时，将引起管束共振，使振幅大大增加，导致换热管与管板的连接处受到反复作用力，从而造成管束损坏。

（6）换热管给水入口端的侵蚀。入口端的侵蚀损坏只发生在碳钢换热器中，是一种侵蚀和腐蚀共同作用的损坏过程。其机理是管壁金属表面形成的氧化膜被高流速的给水破坏并被带走，金属材料不断损失，最终导致换热管破损。有时损坏面可以扩大到管端焊缝甚至管板。

（7）腐蚀。影响管束腐蚀的主要因素有含氧量和给水 pH 值。当给水中的溶解氧过高或 pH 值过低时，会使换热管的内壁受到腐蚀。

（8）材质、工艺不良。换热管材质不良，管壁厚薄不均，组装前换热管有缺陷，胀口处过胀，换热管外侧有拉损伤痕等，在换热器遇到异常工况时，都会导致换热管大量损坏。

4. 振动

换热器内的流体一般具有较高的流速，流体的脉动和横向流动会引起换热器振动。一般，外部原因如输送流体的管道弹簧支（吊）架失效，换热器本身地脚螺栓松脱，设备的支承基础不稳固等都会造成设备振动。对换热器振动，要进行密切监测，确保振动幅值不超过 250 μm。超过时，则需要立即检查处理。

5. 保温或保冷层

保温或保冷层的完好状态直接影响换热器的传热效率，关系到生产的经济运行。另外，保温或保冷层还有保护设备的作用，一旦破损，在壳体外部积附水分，将使壳体发生局部腐蚀。因此，发现保温或保冷层破损后应尽快修补。

五、换热器安全装置检查

安全装置主要检查内容：压力表的取压管有无泄漏和堵塞现象；旋塞手柄是否处在全开位置；弹簧式安全阀的弹簧是否锈蚀；安全装置和计量器具是否在规定的使用期限内，其精度是否符合要求。例如，安全阀应定期校验，至少每年一次；爆破片应定期更换，一般每 2～3年更换一次，在苛刻条件下使用的爆破片应每年更换一次，对于超压未破的爆破片应立即更换；压力表的校验和维护应符合国家计量部门的规定。低压换热器压力表的精度应不低于 2.5 级，中压以上换热器压力表的精度应不低于 1.5 级。

六、定期检查内容

换热器定期检查内容见表 3－1。

表 3－1　　换热器定期检查内容

检查项目	检查内容	检查频率	检查方法
壳体封头	测定壁厚	每 6～12 个月一次	超声波检测
内部构件	腐蚀情况	每 6～12 个月一次	①流体腐蚀性检测器 ②pH 值测定 ③液体中金属含量分析

续表

检查项目	检查内容	检查频率	检查方法
壳程、管程	污垢堆积	每 3 ~ 6 个月一次	①运行状态判断 ②物料分析
压力表、安全阀等	准确性、灵敏度、可靠性	每 6 ~ 12 个月一次	按计量检验标准规定

七、常见故障及处理

换热器常见故障及处理方法见表 3 –2。

表 3 –2　　换热器常见故障及处理方法

故障现象	故障原因	处理方法
两种介质互串（内漏）	①换热管腐蚀穿孔、开裂 ②换热管与管板胀口（焊口）裂开 ③内浮头法兰密封面泄漏	①更换或堵死漏管 ②重胀（补焊）或堵死 ③紧固螺栓或更换密封垫片
法兰处密封泄漏	①垫圈承压不足，腐蚀变质 ②螺栓强度不足，松动或腐蚀 ③法兰刚度不足，密封面缺陷 ④法兰不平行，中心偏差大 ⑤在高温、高压下，密封结构选择不当	①紧固螺栓，更换垫圈 ②重新研究螺栓材质，紧固螺栓或更换螺栓 ③更换法兰或处理缺陷 ④重新组对或更换法兰 ⑤重新研究法兰、垫圈、螺栓等的结构和材质
传热效果差	①换热管结垢 ②水质污染严重，油污与微生物多 ③超过清洗间隔期	①清洗除垢 ②加强过滤，净化介质 ③定期清洗换热设备及过滤器
阻力降超过允许值	①过滤器失效 ②压力表失灵 ③壳体、管内外结垢	①清扫或更换过滤器 ②修理、校对或更换压力表 ③用机械法除垢或化学法清洗
振动严重	①因介质流动引起的共振 ②外部管道振动引发的共振	①改变流速或改变管束固有频率 ②加固管道，减小振动

八、换热器停用期间的维护

对于长期或临时停用的换热器，应加强维护。许多事例说明，有些换热器恰恰是在停用期间缺乏维护而造成事故的。

（1）换热器停止运行后，要将内部介质排除干净。特别是腐蚀性介质，要经过排放、置换、清洗等技术处理。要注意防止换热器的“死角”积存腐蚀性介质。

（2）经常保持换热器干燥和洁净，防止大气腐蚀。试验证明，一般情况下，干燥的空气对碳钢等铁合金是不产生腐蚀的。当空气潮湿（相对湿度超过 60%），而且金属表面灰尘、污垢或旧腐蚀产物存在时，腐蚀作用才开始进行。长期的湿气作用不但会加速换热器器壁的腐蚀，而且会使换热器内已经存在的缺陷继续扩展。

（3）要保持换热器外表面防腐油漆等完整无损，这对停用换热器尤其重要。发现油漆脱落或刮落时，要及时补涂。

思考与练习

1. U 形管式换热器的试压步骤是先__________，再__________。
2. 浮头式换热器的试压步骤是先__________，再__________，最后__________。
3. 换热器管束的堵管数不得超过管束总数的__________。
4. 换热器运行时需要监测的项目有__________、__________、__________、__________和保温（保冷）层。
5. 换热器日常检查的内容有哪些？
6. 换热器内漏和外漏如何检测？
7. 换热器传热效果差可能是哪些原因引起的？如何处理？

§3－4　管壳式换热器的检修

学习目标

1. 熟悉管壳式换热器的检修流程。
2. 掌握少量换热管泄漏的堵管操作。
3. 会对换热器进行换管操作。
4. 熟悉浮头式换热器的检修步骤。

换热器类型较多，结构差异较大，要顺利完成换热器的检修，就必须针对具体的检修对象确定合适的检修方案，严格按照规范要求完成操作。

一、检修流程

换热器的检修流程一般如下：

（1）检修准备。办理好作业证，确保设备符合安全检修条件。

（2）现场布置。搭设脚手架，拆除保温材料，设置设备盲板等。

（3）设备拆卸。拆除相关连接件及附件，将换热器解体。

（4）清洗、检查。对换热器进行清扫、清洗及修前检查。

（5）缺陷修复。

（6）换热器回装与试压。

（7）附属管线、保温层恢复与验收。

二、检修要点

以浮头式换热器（见图3－20）为例，简述检修要点。

图3－20　浮头式换热器

1. 检修准备

（1）根据设备运行技术状况和监测记录，制定详尽的检修技术方案。

（2）备齐图样及有关的技术资料。

（3）备齐检修所需要的零配件。

（4）确定检修工种及人数。

（5）将主要机具、施工用料运抵现场。

（6）对起吊设施进行检查，确保符合安全规定。

（7）按规定程序办理作业证。

（8）将换热器内介质置换、清扫干净，使其符合安全检修条件。

2. 现场布置

（1）搭设脚手架。

（2）拆除换热器法兰部位的保温层、管箱上的保温层、管道法兰保温层。

（3）加盲板。松动管线上的螺栓到能加入盲板的程度；拆掉一半螺栓；加入盲板并对正；穿入其他的螺栓，对称紧固。

3. 设备拆除

（1）拆卸设备进、出口管线的仪表附件及连接件。

（2）拆除换热器进、出口阀门。选定吊装及固定倒链锚固点，将换热器进、出口管线进行固定；用力矩扳手拆卸管箱与阀门、阀门与管线连接法兰螺栓，拆卸时须对称分两次进行（首次松开1/4～1/2圈）；将阀门吊至平台或地面进行存放；连接管箱接管法兰的管线应离开管箱接管法兰约50 mm；将拆出的部件摆放整齐，敞开的管口及时用塑料膜封闭保护。

（3）拆卸管箱。对称拆卸管箱法兰螺栓，至剩余上、下、左、右各1条螺栓时为止，其他螺栓须抽出；用倒链吊住管箱；继续拆卸剩余的4条螺栓，卸1条抽1条，以避免磕伤槽面；将卸下的管箱放在不妨碍工作的空地上。

（4）拆卸大、小浮头。对称拆卸浮头法兰螺栓至剩余上、下、左、右各1条螺栓时为止，其他螺栓须抽出；用倒链吊住大浮头；继续拆卸剩余的4条螺栓，将卸下的物件放在不妨碍工作的空地上。

（5）抽出管束。先将固定管板和壳体法兰离开一小段距离，离开时，要注意管束与壳体的间隙均匀，不许强力抽芯；利用抽芯机缓慢地抽出管束；抽出管束后将其吊装运输到空地上，并用木枕垫好，吊装过程使用的吊索必须为尼龙绳。

4. 清洗、检查

（1）在换热器基础上对壳体进行机械或人工清洗，在专用检修场地对管束、管箱、大浮头、小浮头进行检修清洗。清洗时，必须严格防止含油污水外流造成二次污染。

（2）检查管束畅通情况。

（3）检查壳体、管束及内构件腐蚀、裂纹、变形、鼓包、壁厚减薄等情况，必要时进行超声波或射线探伤。重点检查以下部位：焊缝及热影响区、内隔板根部、接管根部、封头、法兰密封、管板。

（4）检查基础有无下沉、倾斜、破损、裂纹，地脚螺栓、垫铁有无松动、损坏。

（5）检查换热器所有螺栓腐蚀程度，检查螺栓、螺母丝扣磨损程度，经确认达不到使用要求的螺栓应予以更新。

5. 缺陷修复

（1）换热器管束缺陷修复（以少量换热管泄漏为例）的具体要求如下：

1）管束经清洗、试压发现泄漏的，原则上应进行盲头封堵，堵头选用与管板相同的材质。

2）堵头经锤击夯实后，选用与堵头相同材质的焊条与管板或管束进行焊接。

3）管束防冲板、折流板、拉杆等腐蚀、磨损的，按原设计标准进行整改。

（2）换热器密封面缺陷修复。换热器密封面划伤或损坏的，选用相同焊材修补、研磨。

（3）换热器壳体、管箱、浮头缺陷修复。换热器壳体、管箱、浮头表面划伤或损坏的，选用相同焊材修补、研磨。

6. 换热器回装与试压

（1）换热器管束回装步骤如下：

1）检查新管束是否与壳程配套（如为旧管束，可略过）。

2）刮掉管束和壳体密封面上的旧垫片（如为新管束，可略过）。

3）利用吊车和抽芯机将管束放在壳体法兰处。

4）对于U形管，应将新垫片套入管束外周，在管束进入壳体的过程中，不断移动垫片，使管板回到密封状态。

5）当管束完全进入壳程后，用4条螺栓固定，上边2条，左、右各1条；将抽芯机与壳程连接螺栓拆除，使用吊车将抽芯机吊离。

（2）换热器管箱、浮头回装步骤如下：

1）检查法兰密封面有无裂纹、划痕等影响密封的缺陷。

2）检查垫片有无裂纹、划痕、夹渣等影响密封的缺陷。

3）按照作业要求将管箱归位，并加密封垫片。

4）换垫片时要将垫片放正，螺栓对角拧紧，确认法兰面平行后拧紧螺栓。

5）确认螺栓两端均匀，每组螺栓高出螺母3扣左右，螺栓端面必须相对齐整。

6）按三轮紧固法对螺栓进行紧固，确保螺栓预紧力达到要求。

（3）管程试压步骤如下：

1）加装临时盲板。

2）将管程注满水。

3）对称紧固螺栓。

4）试压。压力缓慢上升至规定压力，保压时间不低于20 min。

5）检查管箱垫和内垫有无泄漏现象。

（4）壳程试压步骤如下：

1）加装临时盲板。

2）将壳程注满水。

3）对称紧固螺栓。

4）试压。压力缓慢上升至规定压力，保压时间不低于20 min。

5）检查大浮头及管壳程连接密封面有无泄漏现象。

7. 附属管线、保温层恢复与验收

（1）恢复拆开的管线及保温层，恢复各仪表器件。

（2）检查管线、仪表器件、保温层等是否全部回装完毕。

（3）清理现场，验收，交付使用。

三、常见故障的修复要点

管壳式换热器在使用过程中，容易发生故障的零件是换热管。介质对换热管的冲刷、腐蚀等作用可能导致换热管损坏，因此应经常对换热器进行检查，以便及时发现故障，并采取相应的措施进行修理。管壳式换热器最常见的故障有管壁积垢、换热管泄漏和振动等。

1. 管壁积垢的清除

管壳式换热器换热管内外壁很容易形成积垢。积垢会直接降低换热器的传热效率，因而应及时进行清除。管壁积垢的清除方法有机械除垢法、高压水冲洗法和化学除垢法。

（1）机械除垢法。当管壳式换热器的管束轻微堵塞或积渣、积垢时，可以通过用不锈钢筋或低碳钢圆盘从一头通入、另一头拉出的方法，清除轻微的堵塞或积渣、积垢。

对于轻薄的积垢，可以按管径大小选择专用清管刷。清管刷一头穿粗铁丝，可将其从换热管中拉出，反复几次就可以除去与换热管结合不太紧密的积垢或堆积异物。

当换热管内垢比较严重或全部堵死时，可以用软金属捅管清理。当换热管管口结垢或被异物堵塞时，可以用铲、削、刮、刷等手工方法处理。

（2）高压水冲洗法。高压水冲洗法是将高压水泵打出的高压水通过专用清洗枪直接打到需清洗部位，其压力调节范围是0～100 MPa。

当结垢不太紧密时，可选择40 MPa左右压力。当积垢坚硬紧密时，还可以将高合金喷头塞入管内采用更高的压力清洗。一般，此方法主要用于清洗管壳式换热器的管内垢层，或者冲洗可抽出管束的换热器设备壳体及管束表面的积垢和异物，如U形管式换热器清洗过程。具体清洗过程如下：

1）清洗人员要穿戴好劳动防护用品。

2）针对设备本身的情况合理调节水压，注意人身及设备安全。

3）试用水枪。

4）对换热器管程、壳程进行清洗。若设备封头已拆开，在清洗过程中应在水枪喷水方向设立警戒范围，并由专人警戒。

（3）化学除垢法。采用化学除垢法除垢时，应对结垢的物质进行化学分析，再确定溶剂进行清洗。

一般，对硫酸盐和硅酸盐水垢采用碱洗，对碳酸盐水垢则用酸洗，油垢结焦后可用氢氧化钠、碳酸钠、洗衣粉、洗涤剂等与水按一定比例配制清洗。

采用化学除垢法时，必须考虑加入缓蚀剂。经过化学清洗后，加清水循环冲洗数次，直至水呈中性为止。

除以上清洗方法外，还可采用海绵球自动清洗法。

2. 换热管泄漏的修理

管壳式换热器的管束是由许多根换热管排列而成的，换热管泄漏的主要原因是介质的冲刷以及腐蚀。在对换热管进行修理之前，必须对换热管进行泄漏情况的检查，常用的检查方法如下：在冷却水的低压出口端设置取样管口，定期对冷却水进行取样分析化验，如果冷却水中含有被冷却介质，则说明管束中有泄漏。可用试压法检查管束中哪些换热管泄漏。检查时，先将管束的一端加盲板，并将管束浸入水池中，然后使用压力不大于0.1 MPa的压缩空气，分别通入各管口中进行试验。当压缩空气通入某个管口时，如果水池中有气泡冒出，则说明该换热管泄漏，即可在管口做上标记。以此方法对所有换热管进行检查，最后根据换热管损坏情况，采取不同的修理方法。

（1）少量换热管泄漏时的修理方法。如果管束中仅有一根或几根换热管泄漏，一般对换热器的传热效率并无太大影响。实际修理时，可将锥形塞塞在换热管两端并敲紧，从而将损坏的换热管堵死弃用。锥形塞的锥度一般为3°～5°，其大端直径应稍大于胀管部分的内径。若管程压力较高，堵紧后还要进行焊接，避免锥形塞冲脱。锥形塞的长度常加工成大端直径的两倍，小端直径应为换热管内径的85%。锥形塞应选用硬度低于或等于换热管硬度的材料。用堵塞换热管消漏的方法适用于堵管数量小于或等于总换热管数10%的情况。

（2）较多换热管泄漏时的修理方法。如果泄漏的换热管较多，超过了总管数的10%，若采用堵塞法修理，将会极大影响换热设备的传热效率，降低换热设备的传热效果。因此，应采用更换换热管的方法进行修理，具体操作步骤如下：

1）拆除泄漏的换热管。从管板中取出换热管的方法，因设备本身的结构和加工设备方法不同而有所不同。

①对于浮头式或填料函式换热器，由于可取出带管板的管束，若要整体更换换热管，可以将管束从管板的内侧用气割的方法拆下，然后钻去换热管与管板的连接部位，冲出或拔出留在管板上的换热管；如果只更换部分换热管，则应在钻床上将两端管板孔的管端部分钻掉，冲出换热管。为了防止气割时火焰对管板加热而产生变形，一般切割部位距管板

100 mm 以上。

②对于固定管板式换热器，若全部或部分更换换热管，应使用万能摇臂钻床或多头钻床，将管板孔内的管头部分钻掉，再一根一根地逐一抽出。为了保证穿管顺利，最好取一根后就马上穿一根，防止全部取完后，折流板移位，穿不上换热管。

2）管板孔的清理、修磨、检查。将管板孔周围的毛刺去除，管孔内如有介质结晶物或结垢，应用磨孔机或钢丝刷清理干净，有油污的要用丙酮或四氯化碳清洗，避免焊接换热管时产生气孔。利用旧管板时，管孔可能偏大，但不得超过管孔最大允许偏差的1.5倍。因此，在加工换热管时，要对照孔的尺寸，以免管板报废。如果出现个别孔超差的情况，可填焊处理，但这样往往会增加修复的工作量和难度。

管板清理及修磨后必须进行必要的检查，管孔内不得有穿通的纵向或螺旋形刀痕，管孔轴线应垂直于管板平面，管板的密封槽或法兰面应光滑、无伤痕。对整个管板进行无损探伤，若有裂纹或气孔缺陷，应采取措施消除。

3）换热管的要求。换热管材料的硬度要比管板材料的硬度小30 HBS左右，否则要在管端150~200 mm范围内进行退火处理。对于管束长的换热管，允许每根换热管有一道对接焊缝。对于U形管式换热器的换热管，允许有两道对接焊缝，但两道焊缝之间的距离应不小于300 mm。对接焊缝应平滑，对口错边量不得超过换热管壁厚的15%，对接后换热管的直线度以不影响顺利穿管为限。应进行通球试验（通球直径为换热管直径的85%）和单管水压试验（试验压力为管程设计压力的2倍）。

4）穿管前的准备工作具体如下：

①切管。手工操作一般用割管刀，换热管长度偏差为±0.2 mm。也可用专用割管机，在保证长度一致的情况下，可一次切割大量的换热管。在切管时，割管长度应比两管板之间的设计距离长一些，胀接时要长出6~8 mm，焊接时至少要长出2倍换热管壁厚。

②退火。如果换热管的硬度不能满足低于管板硬度30 HBS的要求，可采用退火的办法来增加换热管的可塑性，确保换热管在胀接时具有塑性变形，并使胀接的塑性变形处和翻边喇叭口处不产生裂纹。

③磨管。换热管两端120~150 mm处要磨光，去掉铁锈和污物，露出金属光泽。可用抛光机抛光或喷砂机除锈，手工可用砂布处理。对换热管内壁也要进行适当的清理、打磨，以确保胀管能正常进行。

5）管束的组装。如果不是全部更换，可将准备好的换热管穿进管孔，并在两端留好适当长度。如果管束要全部更换，就要制作相应的组装工具，做好人力、物力和工具的准备。

①浮头式换热器的组装。先将两端管板固定在组装台上，保证两管板的同轴度、垂直度、平行度和两板之间的距离。两管板之间的平行度误差应在±1 mm内，两端距离误差应在±2 mm内，然后将拉杆、定距管、支承板、折流板按要求依次固定好。拉杆一端的螺纹拧入管板，折流板用定距管（拉杆穿过其中）定位，最后一块折流板靠拉杆端螺母固定，并校对好各部分尺寸（拉杆直径一般不得小于10 mm，数量不得少于4根），检查折流方向、同轴度是否符合要求，然后逐一穿入换热管。

②U 形管式换热器的组装。先将管板固定在专用的组装平台上，保证其与组装平台水平面的垂直度，然后将拉杆、定距管、支承板、折流板依次组装好，先从中间穿入 U 形管，用木榔头敲击 U 形管的后部，将两端的管口插入管板。穿好一组后，焊接或胀接固定好，再插入另一组，顺次由里向外逐排组装。

③固定管板式换热器的组装。将换热管从管板一侧插入，将一块管板和全部折流板组装好，再把壳体与管板临时固定在一起，将全部换热管从未装管板的一头插入，再把换热管倒拉引入管孔，装另一块管板。然后按设计要求把管板面上的管端平齐，用胀接法夹实紧固，不齐的管端按图样要求切掉管板侧伸出的余量。

3. 换热管振动的修理

换热管振动是换热器常见故障之一。其产生原因主要是换热管与折流板间隙过大，以及介质脉冲性流动。其后果是管端连接处松动，使换热管与折流板接触处产生磨损，从而导致泄漏，降低换热管使用寿命。

对于换热管与折流板之间间隙过大造成的振动，应具体视换热管管壁磨损程度采用不同的方法修理。若管壁磨损严重，则应更换新管。若管壁磨损轻微，应设法减小换热管与折流板之间的间隙，如增加折流板数，或用楔子顶稳。

对于介质脉冲性流动引起的振动，应从消除介质脉冲性流动考虑，如设置缓冲器，使得介质流动平缓。

4. 壳体部分的修理

换热器壳体出现损坏的状况不多，一般发生在封头密封面和壳体接管处。管箱、封头密封面损坏往往是由于维修保护措施不到位或运行中受到介质冲蚀。缺陷处理方法：对于壳体封头密封面上较小的缺陷，可在装密封垫时，采用涂胶的方法处理；对于冲蚀较严重、面积较大的缺陷，可采用手工氩弧焊处理，再用油石打平，但应注意不能伤及密封面及其他地方。

从接管处的角焊缝泄漏或从有补强板的排气孔泄漏，都是由于接管角焊缝泄漏。若是碳钢壳体，可以用碳弧气刨，刨开泄漏处的角焊缝，但应注意不能伤及接管，用旋转锤修去渗碳层，选用适合的焊条或焊丝及焊接工艺进行焊接。需热处理的，要进行局部热处理，消除部分应力。对于不锈钢壳体，可以用角式磨光机磨开泄漏点，若泄漏点很小，也可用旋转锤磨开。工作量较大时，可用等离子切割机割开泄漏处的焊缝，先用角式磨光机磨好焊口，再选用合适的焊条或焊丝及焊接工艺进行焊接。

四、高压固定管板式换热器管板泄漏点检查方法

高压固定管板式换热器的管板与管箱为一个整体，设计压力比壳程大很多。例如，尿素装置的高压甲胺冷凝器管程操作压力为 14 MPa，而壳程水和蒸汽压力仅为 0.47 MPa。因此，检查管板泄漏点时，即使在壳程通入满负荷压缩空气，都不能达到对管板检漏的要求。对于高压固定管板式换热器，可将渗透力非常强的 NH_3、N_2混合气通入壳程，用酚酞溶液作试剂检查泄漏点。

思考与练习

1. 写出管壳式换热器的一般检修流程。
2. 管箱螺栓的拆卸顺序是什么？
3. 如何判断换热管泄漏？
4. 较多换热管泄漏时，如何进行换管？
5. 如何检查高压固定管板式换热器管板泄漏点？

实训 2　填料函式换热器拆装及压力试验

一、实训目的

1. 熟悉换热器的结构。
2. 能按正确的顺序拆装换热器。
3. 会对换热器壳程、管程进行压力试验。
4. 会根据设备情况选择合适的工具。

二、器材准备

实训所需器材见表 3－3。

表 3－3　实训所需器材

名称	型号及规格	数量	备注
双头梅花扳手	24 mm/27 mm	4	—
活动扳手	200 mm	1	—
活动扳手	250 mm	1	—
活动扳手	300 mm	1	—
铜棒	ϕ30 mm × 200 mm	1	—
旋具	5 mm × 75 mm	1	—
针形阀（节流阀）	JSW－160P	2	—
压力表	量程为 0.1～4 MPa	2	—
安全阀	A21W－25P	1	—

续表

名称	型号及规格	数量	备注
柱塞泵	SYL 手动	1	—
生胶带	四氟带	1 盒	—
黄油	—	1 盒	—
橡胶石棉板密封垫	ϕ241 mm/ϕ219 mm，δ = 3 mm	1	—
改造进排水用盲板	自制	1	配套螺栓、螺母、垫片
改造试压用盲板	自制	1	配套螺栓、螺母、垫片
橡胶 O 形密封圈	ϕ200 mm/ϕ8.5 mm	2	—
橡胶石棉板密封垫	ϕ248 mm/ϕ219 mm，δ = 3 mm	1	—
橡胶密封垫	ϕ100 mm/ϕ60 mm，δ = 2 mm	2	—
试压用法兰盘	自制	1	碳钢材质
管箍	直径为 13 ~ 19 mm	1	—

注：ϕ 指直径，δ 指厚度。

三、实训内容与步骤

设备部件采用法兰连接，试压管线采用法兰连接或螺纹连接，各连接部分必须连接密封可靠。采用手动试压泵对设备壳程以及管程进行水压试验，试压步骤正确，操作无误，换热器管程设计压力为 1.5 MPa，壳程设计压力为 1.0 MPa，试压完成后能够正确出具换热器壳程和管程压力试验检验报告单。

（1）壳程试压。按图 3 - 21 正确进行壳程试压系统的组装，并进行壳程试压。

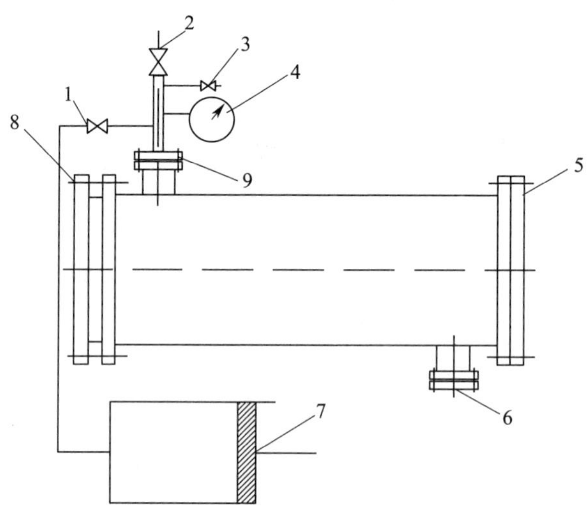

图 3 - 21　壳程试压系统

1—进水节流阀　2—安全阀　3—出水节流阀　4—压力表（2 块）　5—管板法兰
6—盲板　7—SYL 手动试压泵　8—试压辅助法兰　9—改造试压用盲板

（2）壳程试压结束后，按图 3－22 进行管程试压系统的组装，并进行管程试压。

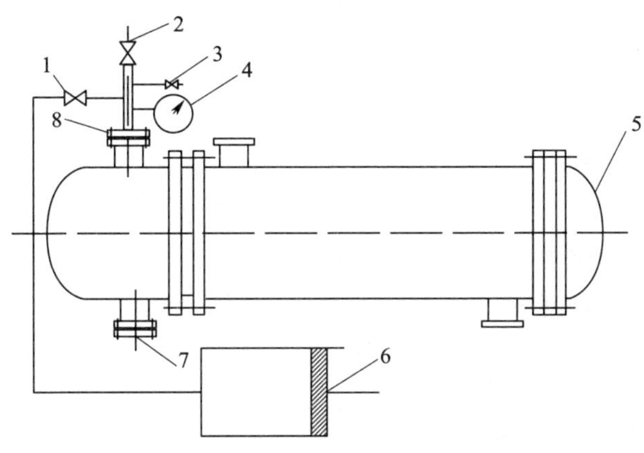

图 3－22　管程试压系统

1—进水节流阀　2—安全阀　3—出水节流阀　4—压力表（2 块）
5—封头　6—SYL 手动试压泵　7—盲板　8—改造试压用盲板

（3）要求在 2 h 内完成试压。整理试验数据并填写压力试验报告（见表 3－4）。

表 3－4　　压力试验报告

<table>
<tr><td rowspan="2">检查项目</td><td colspan="2" rowspan="2">□水压试验　　□气压试验　　□气密性试验</td><td>设备名称</td></tr>
<tr><td></td></tr>
<tr><td>试验部位</td><td></td><td>设备位号</td><td></td></tr>
<tr><td>试验压力</td><td></td><td>压力表量程</td><td></td></tr>
<tr><td>试验介质</td><td></td><td>压力表精度等级</td><td></td></tr>
<tr><td>氯离子质量分数</td><td></td><td>保压时间</td><td></td></tr>
<tr><td colspan="4">试验曲线</td></tr>
<tr><td>泄漏部位</td><td></td><td colspan="2" rowspan="4">检验日期：</td></tr>
<tr><td>异常变形部位</td><td></td></tr>
<tr><td>异常响声</td><td></td></tr>
<tr><td>试验结果</td><td></td></tr>
<tr><td>检验员</td><td colspan="3"></td></tr>
</table>

四、实训测评

按表 3－5 所列实训评分标准进行测评，并做好记录。

表 3－5　　实训评分标准

项目	考核内容	配分	得分
换热器拆装及试压前的准备	领料清单填写正确与否	5	
换热器壳程试压	按壳程试压系统图组装壳程试压设备所选部件时，组装顺序是否正确	2	
	换热器各密封处垫片安装是否正确	2	
	各法兰连接处螺栓紧固的顺序以及方法是否正确	3	
	试压用管件、阀门、仪表有无装错	4	
	试压前有无排气，排气是否干净，各检验部位是否擦拭干净	2	
	试验压力操作是否正确	3	
	盲板、试压改造用盲板安装是否到位	3	
	对设备进行检查时压力是否正确	2	
	试压时有无泄漏。若有泄漏，重新试压过程是否正确	4	
	泄压及试压设备的拆除方法是否正确	5	
	在设备安装过程中，有无用工具敲击设备（铜棒除外）的情况	1	
	折流板方向是否装错	1	
	压力试验报告填写是否完整、准确	2	
换热器管程试压	按管程试压系统图选择管程试压所需部件是否正确	1	
	换热器各部件组装顺序是否正确	1	
	换热器各密封处垫片、密封圈安装是否正确	1	
	各法兰连接处螺栓紧固顺序以及方法是否正确	2	
	排水盲板、试压改造用盲板安装是否到位	2	
	排水节流阀是否泄漏	1	
	试压前有无排气，排气是否干净，各检验部位是否擦拭干净	2	
	试验压力操作是否正确	3	
	对设备进行检查时压力是否正确	2	
	试压时有无泄漏。若有泄漏，重新试压过程是否正确	4	
	泄压及试压设备的拆除方法是否正确	4	
	在设备安装过程中，有无用工具敲击设备（铜棒除外）的情况	1	
	有无法兰安装不平行、偏心情况	1	
	压力试验报告填写是否完整、正确	2	
试压系统、换热器的拆除及现场清理	拆除后，是否对照清单归还和放好设备部件、仪表、管件、工具等	3	
	拆除结束后是否清扫、整理现场并恢复原样	2	

续表

项目	考核内容	配分	得分
文明安全操作（若对设备或人身产生重大事故隐患，该项分扣除）	整个试压、装拆过程中，学员穿戴是否规范，是否越限	2	
	是否有撞头、伤害别人或自己、物件掉落等不安全操作	5	
	是否服从指导教师管理	3	
操作质量及时间	拆装、试压过程的合理性	3	
	拆装、试压总时间是否超时	16	
合计		100	

§3－5　板式换热器及其检修

学习目标

1. 掌握板式换热器的结构与组成。
2. 掌握板式换热器的工作原理。
3. 了解板式换热器的优点。
4. 掌握板式换热器的检修方法。

一、板式换热器的原理和特点

平板式换热器简称板式换热器，如图 3－23 所示。板式换热器是由许多波纹形的换热板片，按一定的间隔，通过橡胶垫片压紧组成的可拆卸的换热设备。板片组装时，两组交替排列，板与板之间用黏结剂把橡胶密封板条固定好，其作用是防止流体泄漏并使两板之间形成狭窄的网形流道。换热板片压成波纹形，可以增加换热板片的面积和刚性，并能使流体在低流速下形成湍流，以达到强化传热的效果。板片上的 4 个角孔形成流体的分配管和汇集管，两种换热介质分别流入各自流道，逆流或并流通过每个板片进行热量交换。

板片是板式换热器的核心部件。板片的波纹形状有几十种，常用的有水平波纹、人字形波纹和圆弧形波纹等。

板式换热器的优点：结构紧凑，单位体积设备所提供的换热面积大；组装灵活，可根据需要增减板片数量以调节换热面积；板面波纹使截面变化复杂，流体的扰动作用增强，具有较高的传热效率；拆装方便，有利于维修和清洗。

板式换热器的缺点：处理量小，操作压力和温度受密封垫片材料性能限制而不宜过高。

板式换热器适用于经常需要清洗，工作环境要求换热器结构紧凑、工作压力在 2.5 MPa

图 3－23　平板式换热器

1—导轨　2—板面　3—端面　4—密封条　5—紧固螺杆

以下、温度在－35～200 ℃的场合。

二、板式换热器的结构

板式换热器主要由换热板片、密封垫片、两端压紧板、夹紧螺栓、支柱等组成，如图 3－24 所示。

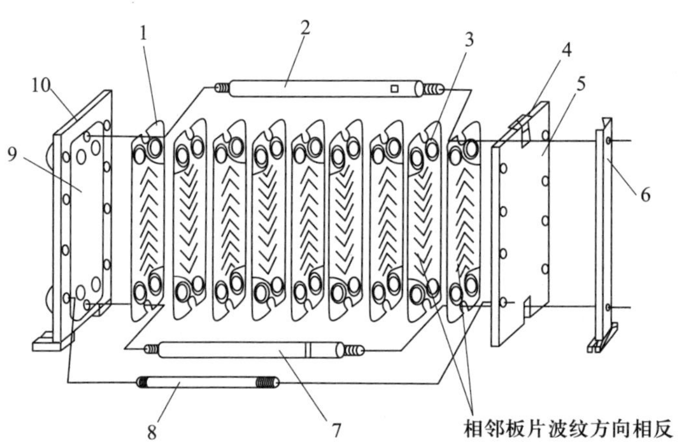

图 3－24　板式换热器的结构

1—换热板片　2—上导杆　3—密封垫片　4—滚轮　5—活动压紧板
6—支柱　7—下导杆　8—夹紧螺栓　9—橡胶板　10—固定压紧板

换热板片是换热器起主要换热作用的元件，一般做成人字形波纹。流体介质不同，换热板片的材质也不一样，大多采用不锈钢和钛材制作而成。

板式换热器的密封垫片主要在换热板片之间起密封作用，材质有丁腈橡胶、三元乙丙橡胶、氟橡胶等，可根据不同介质采用不同橡胶。

两端压紧板主要用于夹紧并压住所有的换热板片，保证流体介质不泄漏。

夹紧螺栓主要起紧固两端压紧板的作用，一般是双头螺纹。预紧螺栓时，应使固定板片的力矩均匀。

三、板式换热器的日常维护

板式换热器日常维护内容及要求见表 3－6。

表 3－6　板式换热器日常维护内容及要求

日常维护内容	要求
外观	整洁，无油腻、污垢、铁屑
	部件无缺损、变形
	紧固件牢靠、无松动
	周围无危害设备之物件
附属设备	附属管道、仪表的连接螺栓无松动
	附属管道、仪表无破损

四、板式换热器的检修

1. 检修内容

（1）解体清洗，检查，必要时更换换热板片。

（2）检查密封垫片，必要时更换密封垫片。

（3）检查各零部件的附着和变形情况，必要时进行修复或更换。

（4）检查、紧固地脚螺栓。

（5）碳钢制板式换热器应防腐、涂漆。

2. 检修步骤及技术要求

板式换热器检修步骤及技术要求见表 3－7。

表 3－7　板式换热器检修步骤及技术要求

步骤	风险识别	技术要求	安全要求	操作要点
拆卸压紧板	砸伤	测量板束的压紧长度，做好记录	做好工作前安全分析，按照分析结果，确定防护措施	均匀交叉拆卸主要螺栓
沿活动压紧板至固定压紧板方向，依次拆下换热板片和密封垫片，并按照顺序编号放置，不得磕碰	磕碰、划伤	依次拆下板片，并编号	作业时必须戴手套，防止划伤	按照要求准备好扳手
更换、清洗板片或垫片	磕碰	不可以使用酮类、酯类、芳香剂等清洗	避免清洗液接触皮肤	不可用钢刷等清洗板片

3. 检查

（1）检查板片是否穿孔，一般用放大镜逐片观察，也可用煤油渗透法检查。

（2）检查垫片是否老化、腐蚀。

4. 换热器的清洗

板片表面清洁而无氧化物是保障严密性的必要条件。清洗时，先将板片放在温度为57～60 ℃（温度为70～80 ℃时更好）的碱液槽中浸泡48 h，利用碱液的高温使黏附在板片上的密封胶和结垢软化。然后将板片在酸液槽中浸泡2 h，使结垢与酸充分反应。板片浸泡结束后，在平台上用软刷刷洗，禁止用钢制刷。清洗密封槽时，用旋具翘起垫圈，轻轻取下（或在背面用火轻烤，但要避免金属变色）。用酮类有机溶剂将密封槽清洗干净。

刷洗后的板片先用清水冲洗，再用干净布擦干，板面上不允许留有异物颗粒及纤维。清洗用水的氯离子质量分数应不大于2.5×10^{-5}。

5. 组装

均匀地在密封槽底部涂一层黏结剂或强力黏结剂，然后将垫圈放入密封槽内，贴合均匀，加压，自然干燥，或加温至100～120 ℃ 2 h后晾干。逐张检查是否贴合均匀，清除多余的黏结剂。

板式换热器流程组合的特点：若流体从板片的左边角孔进，则将从板片的左边角孔出，反之亦然。组装时，要正确区分A板、B板，但无须在板片上打记号。

6. 试压与验收

（1）试压前的准备如下：

1）压力试验前，各连接部位的紧固螺栓必须齐全、紧固。使用的压力表量程相同并经校验，且装在便于观察的部位。

2）压力试验场地应有可靠的安全防护设施，并应经单位技术负责人和安全部门检查认可。

（2）液压试验要求如下：

1）液压试验的压力为最高工作压力的1.25倍。

2）试验时，应对两种介质的流程分别进行试验。

3）将换热器进口用盲板堵死，然后注水，缓慢升压，升到试验压力后，保持30 min，无渗漏和异常响声即为合格。用同样的方法进行另一个流程试验。

（3）气密性试验要求如下：

1）介质毒性为极度、高度危险或不允许有微量泄漏的换热器必须做气密性试验。

2）气密性试验应在液压试验合格后进行。

3）试验压力为最大工作压力的1.05倍。

4）试验时，压力应缓慢上升，达到规定压力后，定压10 min，用肥皂液检查，不冒气泡为合格。

（4）验收。检修质量符合相关标准要求，试压合格，投入运行24 h无异常现象，换热效果符合生产要求，可办理验收手续。

五、板式换热器常见故障及处理方法

板式换热器常见故障及处理方法见表3－8。

表 3－8　板式换热器常见故障及处理方法

故障现象	产生原因	处理方法
两种介质互串	换热板片腐蚀穿孔	更换换热板片
	换热板片有裂纹	修补换热板片
换热板片被压扁	板束压紧长度超过允许范围	严格控制板束长度计算值，不得超过相关限值
	夹紧螺栓紧固不均匀	应对称、交叉、均匀地拧紧夹紧螺栓
	换热板片变形太大	更换换热板片
	密封垫片厚度相差太大	密封垫片应符合技术要求，尤其不应有搭接或对接的接缝
	换热板片挂钩损坏	更换板片挂钩
	密封垫片沟槽深度偏差太大	更换新垫片
密封垫片断裂与变形	密封垫片老化	更换新的密封垫片
	密封垫片厚度不均	更换合格的密封垫片
	密封垫片材质选择不当	更换合格的密封垫片
阻力降超过允许值或压力突然猛增	过滤器失效	更换过滤器，清扫换下的过滤器
	板式换热器角孔有脏物堵塞	清理被堵塞的角孔，除去脏物
	板式换热器板片通道有结疤	用化学法清洗或手工清除结疤
	压力表失灵	修理、校对或更换压力表
	介质入口管堵塞	清理入口管内的脏物
	冬天停车后设备内介质未放净而结冰	停车后放净设备内的介质
传热效率差	冷介质温度高	降低水温和加大水量
	换热板片结疤	清洗板片
	水质污染严重，油污与微生物多	加强过滤，净化介质
	超过清洗间隔期	定期清洗
	换热器内空气未排净	排净换热器内全部空气
换热器冷热不均	开车时换热器内空气未放净	开车时排净换热器内空气
	部分通道堵塞，介质走近路	加强清洗与过滤，疏通被堵塞的通道
	停车时未放净介质尤其是易结晶的介质	停车时放净换热器内介质

思考与练习

1. 写出板式换热器的主要结构。

2. 写出板式换热器的优缺点。
3. 写出换热板片的清洗要求。
4. 板式换热器组装时有哪些注意事项?

实训3　板式换热器拆装与清洗

一、实训目的

1. 熟悉板式换热器的结构。
2. 能按正确的顺序拆装板式换热器。
3. 会用合适的方法清洗换热板片。
4. 会根据设备情况选择合适的工具。

二、器材准备

梅花扳手、活动扳手、旋具、钢板尺、放大镜、手套、毛刷、溶剂、细纱布等。

三、实训内容与步骤

1. 拆装与清洗步骤

(1) 拆卸板式换热器前，应测量板式换热器换热板片的压紧长度，做好记录。

(2) 拆下夹紧螺栓以及全部换热板片，并标注序号。

(3) 取下每个换热板片上的密封垫片，为避免旋具刺破换热板片，可采用液氮急冷法，使橡胶板条急冷变形，然后将其撕下。

(4) 清理密封槽内的剩余黏结剂，清洗板片上的尘垢。

(5) 用灯火或渗透法检查换热板片有无裂纹、穿孔、凹坑或变形。

(6) 修复、清洗换热板片。

(7) 重新拼装。拼装前，先用丙酮清洗密封槽，调好密封条位置后用黏结剂粘好。

(8) 把粘好密封条的换热板片，每 50 片为一组，用钢板压紧，在 30 ~ 35 ℃的温度下固化 24 h 后再安装。

(9) 安装完换热板片后，轻挂两端压紧板，并用扳手均匀地拧好螺栓。

(10) 拼装好后，测量总长度等数据。

2. 注意事项

(1) 板式换热器重新装配时，换热板片应交替旋转 180°进行叠加，不允许错装。

(2) 夹紧螺栓应均匀、对称、交叉拧紧。

(3) 更换密封垫片时，要仔细检查新密封垫片的 4 个角孔位置，必须与旧密封垫片相同。

(4) 为防止密封垫片与换热板片粘在一起，可在板式换热器密封垫片上涂一层混合物。

混合物所用的油、酒精、滑石粉的质量配比为1∶1∶2。

四、实训测评

按表3－9所列实训评分标准进行测评，并做好记录。

表3－9　　实训评分标准

项目	考核内容	配分	得分
换热器拆装前的准备	着装是否符合要求，工具准备是否齐全	10	
换热器拆卸	拆卸前测量尺寸的方法是否正确	4	
	换热器各螺栓拆卸顺序是否正确	5	
	取出垫片的方法是否合理	8	
	密封槽是否清理干净	5	
	各换热板片是否标注序号	3	
换热板片检查与清洗	检查换热板片的方法是否正确	3	
	能否正确修复变形的换热板片	7	
	选用的清洗溶剂是否合适	3	
	换热板片清洗是否干净	7	
换热器组装	黏结剂使用是否正确，黏结是否牢固	8	
	换热板片安装顺序是否正确	20	
	测量总长度是否与之前相符	7	
文明安全操作（若对设备或人身产生重大安全隐患的该项分扣除）	整个拆装过程中学员穿戴是否规范，是否文明操作	5	
	是否有撞头、伤害别人或自己、物件掉落等不安全操作	5	
合计		100	

§3－6　其他形式换热器

学习目标

1. 熟悉常见的其他形式换热器的种类。
2. 了解套管式和蛇管式换热器的使用场合。
3. 掌握板翅式换热器的结构组成。
4. 了解热管式换热器的工作原理。

一、蛇管式换热器

蛇管式换热器是将换热管按需要弯曲成所需的形状，如圆盘形、螺旋形和长的蛇形等。蛇管式换热器具有结构简单、制作容易和操作方便等优点，适用于所需传热面积不大的场合。同时，因换热管能够承受高压而不易泄漏，蛇管式换热器常用于高压流体的加热或冷却。按使用状态不同，蛇管式换热器可分为沉浸式蛇管换热器（见图 3－25）及喷淋式蛇管换热器（见图 3－26）。

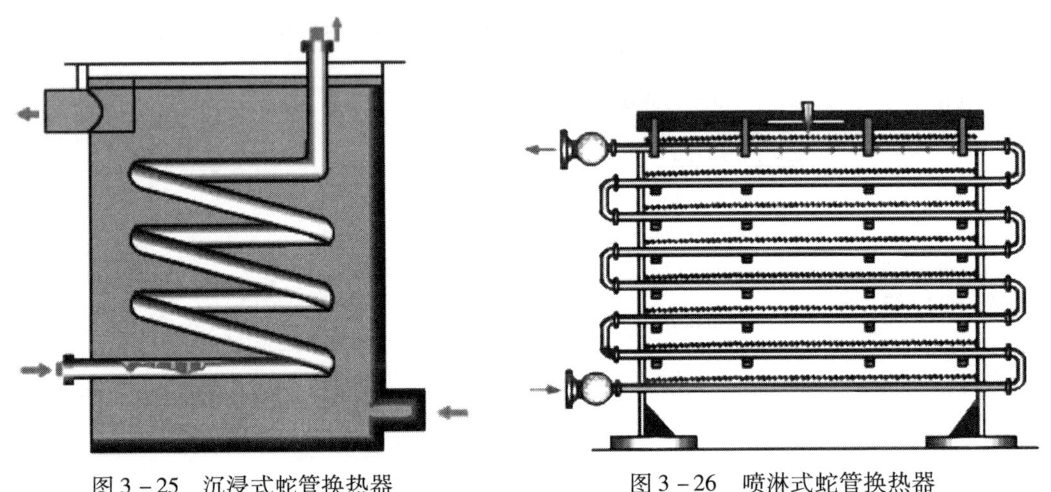

图 3－25　沉浸式蛇管换热器　　图 3－26　喷淋式蛇管换热器

沉浸式蛇管换热器是将蛇管置于装有需加热或冷却的介质容器中，一般管内通入蒸汽、热水或冷却液，通过管壁与容器中的介质传热。该类蛇管结构简单，形状可与容器形状相配，能承受高压，但结构笨重，常用作高压流体冷却和反应釜传热构件。

喷淋式蛇管换热器主要由水平放置、上下排列在同一垂直面上的直管和 U 形连接弯管及喷淋管组成。操作时，热流体一般自下而上流动，冷流体自上而下喷淋，通过换热管传热。与沉浸式蛇管换热器相比，喷淋式蛇管换热器传热效果较好，检修和清洗较方便，多用于热流体的冷却与冷凝。

二、套管式换热器

套管式换热器是将两种直径不同的换热管组装成同心管，两端用 U 形管连接成排，如图 3－27 所示。在进行换热时，一种流体走管内，另一种流体走内、外管的间隙，内管的壁面为传热面，一般按逆流的方式进行换热。它的优点是结构简单，工作适应范围大，传热面积增减方便，能获得较高的传热系数。缺点是单位传热面的金属消耗量太大，检修、清洗和拆卸都比较麻烦，连接处容易泄漏。该类换热器通常用于高温、高压、小流量流体和所需传热面积不大的场合。

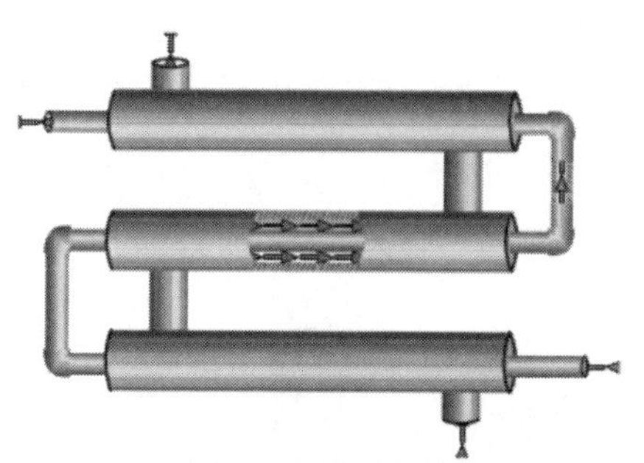

图 3－27　套管式换热器

三、螺旋板式换热器

螺旋板式换热器如图 3－28 所示，它是由两张间隔一定的平行薄金属板卷制而成的。两张薄金属板形成两个螺旋形通道，两板之间焊有定距柱以维持通道间距，在螺旋板两侧焊有盖板。冷、热流体分别通过两条通道，通过薄金属板进行换热。

图 3－28　螺旋板式换热器

螺旋板式换热器的优点是螺旋通道中的流体由于惯性及离心力的作用和定距柱的干扰，在较低流速下即达到湍流，并且允许选用较高的流速，故传热系数大。由于流速较高，又有惯性及离心力的作用，流体中的悬浮物不易沉积下来，故螺旋板式换热器不易结垢和堵塞。该类换热器流体的流程长且两流体可进行完全逆流，故可在较小的温差下操作，能充分利用低温热源；结构紧凑，单位体积的传热面积约为管壳式换热器的 3 倍。

螺旋板式换热器的缺点：操作温度和压力不宜太高，操作压力宜在 2 MPa 以下，温度宜在 400 ℃以下；因整个换热器由钢板卷制而成，一旦发生泄漏，维修很困难。

四、板翅式换热器

板翅式换热器（见图 3－29）通常由隔板、翅片、封条、导流片组成。在相邻两隔板间放置翅片、导流片以及封条组成夹层，称为通道。将夹层根据流体的不同流动方式叠置起来，钎焊成一个整体，便组成板束。板束是板翅式换热器的核心。

板翅式换热器的出现把换热器的传热效率提高到了一个新的水平，同时板翅式换热器具有体积小、质量轻、可处理两种以上介质等优点。目前，板翅式换热器已广泛应用于石油、化工、天然气等行业。

图 3－29　板翅式换热器

1. 板翅式换热器的结构

典型的板翅式换热器的结构主要有翅片、隔板、封条、导流片和封头等，如图 3－30 所示。

（1）翅片。翅片是板翅式换热器的基本元件，传热过程主要通过翅片热传导及翅片与流体之间的热对流来完成。翅片的主要作用是扩大传热面积，提高换热器的紧凑性和传热效率，兼做隔板的支撑，提高换热器的强度和承压能力。翅片的间距一般为 1～4.2 mm。翅片形式多种多样，常用的有锯齿形、多孔形、平直形、波纹形等，如图 3－31 所示，国外还有百叶窗式翅片、片条翅片、钉状翅片等。

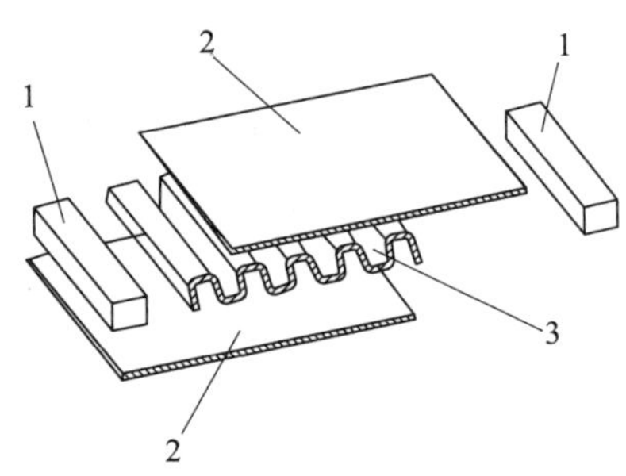

图 3－30　板翅式换热器的结构
1—封条　2—隔板　3—翅片

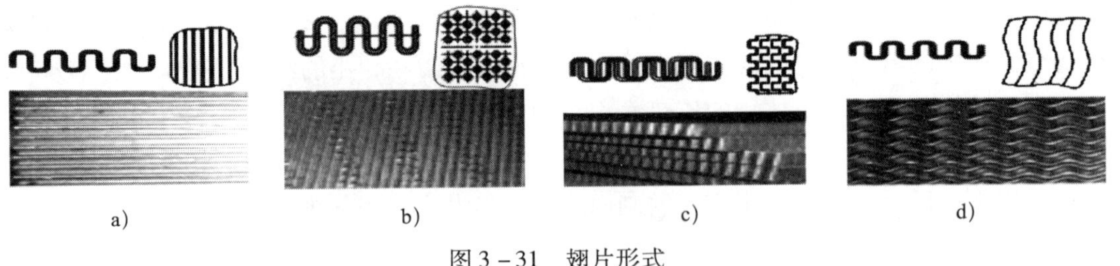

图 3－31　翅片形式
a）平直形　b）多孔形　c）锯齿形　d）波纹形

（2）隔板。隔板是二层翅片之间的金属平板。隔板母体金属表面覆盖有一层钎料合金，在钎焊时合金熔化而使翅片、封条与隔板焊接成一体。隔板把相邻两层翅片隔开，热交换通

过隔板进行，常用隔板一般厚 1 ~2 mm。

（3）封条。封条在每层翅片的四周，其作用是把介质与外界隔开。封条按其截面形状可分为燕尾槽形、槽钢形和腰鼓形 3 种。一般，封条的上下两个侧面应具有 0.3/10 的斜度，以便在与隔板组合成板束时形成缝隙，利于溶剂的渗透和形成饱满的焊缝。

（4）导流片。导流片一般布置在翅片的两端，主要起流体的进出口导向作用，以利于流体在换热器内均匀分布，减少流动死区，提高传热效率。

（5）封头。封头也叫集流箱，通常由封头体、接管、端板、法兰等零件经焊接组合而成。封头的作用是分布和集聚介质，连接板束与工艺管道。

另外，板翅式换热器还包括支座、吊耳、隔热层等附属装置。支座与支架相连用来支承换热器的质量；吊耳为换热器吊装使用；板翅式换热器外面一般应隔热，通常采用干燥珠光砂、矿渣棉或硬性聚氨酯发泡等方法。

2. 板翅式换热器的工作原理

从传热原理上看，板翅式换热器仍然属于间壁式换热器。板翅式换热器的主要特点是具有扩展的二次传热表面（翅片），使传热过程在一次传热表面（隔板）和二次传热表面上同时进行。它通过热传导和热对流的方式，将热源流体中的热量有效地传递出去，实现热量的转移和能量的利用。热传导是指当热源流体通过一侧的流体通道时，热量从热源流体通过金属板传导到另一侧的流体通道，金属板具有良好的导热性，可有效地将热量传导给另一侧。热对流是指被加热或被冷却的流体通过流体通道，并与金属板接触，从而将热量从金属板传递给流体。

3. 板翅式换热器的特点

（1）传热效率高。翅片对流体的扰动使边界层不断破裂，因而板翅式换热器具有较大的传热系数。隔板、翅片很薄，具有高导热性，使得板翅式换热器可以达到很高的传热效率。

（2）结构紧凑。板翅式换热器具有扩展的二次表面，使得它的比表面积可达到 1 000 m^2/m^3。

（3）轻巧。板翅式换热器结构紧凑且多由铝合金制造，因而比较轻巧。钢制、铜制、复合材料等板翅式换热器也已经批量生产。

（4）适应性强。板翅式换热器可用于气 – 气、气 – 液、液 – 液等各种流体之间的换热以及发生物态变化的相变换热。通过流道的布置和组合，板翅式换热器能够适应逆流、错流、多股流、多程流等不同的换热工况。通过单元间串联、并联、串并联的组合，板翅式换热器可以满足大型设备的换热需要。工业上可以定型、批量生产板翅式换热器，以降低成本，并通过积木式组合扩大互换性。

（5）制造工艺要求严格，工艺过程复杂。

（6）容易堵塞，不耐腐蚀，清洗检修很困难，故只能用于换热介质干净、无腐蚀、不易结垢、不易沉积、不易堵塞的场合。

4. 板翅式换热器常见故障及处理方法

板翅式换热器常见故障及处理方法见表 3 – 10。

表 3-10　　板翅式换热器常见故障及处理方法

故障现象	产生原因	处理方法
外漏	夹紧尺寸不到位，各处尺寸不均匀（各处尺寸偏差应不大于 3 mm）或夹紧螺栓松动	在无压状态，按制造厂提供的夹紧尺寸重新夹紧设备，尺寸应均匀一致
	部分密封垫片脱离密封槽，密封垫片主密封面有脏物，密封垫片损坏或老化	在外露部位做好标记，重新装配或更换垫片
	板片发生变形，组装错位引起跑垫	对板片变形部位进行修理或者更换板片
串液	板材选择不当导致板片腐蚀产生裂纹或穿孔	在现场用透光法查找板片裂纹，更换有裂纹或穿孔的板片
	操作条件不符合设计要求	调整运行参数，使其达到设计要求
	板片经冷冲压后存在残余应力，以及装配中夹紧尺寸过小，造成应力腐蚀	组装换热器时夹紧尺寸应符合要求
	密封槽处有轻微渗漏，介质中的有害物质腐蚀板片	合理选择板式换热器板片材料
压降过大	换热器内的沉积物和悬浮物聚集在角孔和导流区	清除换热器流道内的污垢或板垢
	换热面积偏小，造成板间流速过高	增加板式换热器的换热面积或增大角孔
供热温度不能满足要求	一次侧介质流量不足	增加热源的流量或加大热源介质管路直径
	并联运行的多台板式换热器流量分配不均	平衡并联运行的多台板式换热器的流量
	换热器内部结垢严重	拆开板式换热器，清洗板片表面结垢

五、热管式换热器

热管式换热器是以热管为传热单元的新型高效换热器，主要由壳体、热管和隔板组成。热管是一种具有高导热性能的传热装置。热管是真空容器，其基本组成部件为壳体、吸液芯和工作液。将壳体抽真空后充入适量的工作液，密闭壳体便构成热管。当热源对壳体的一端供热时，工作液自热源吸收热量而蒸发汽化，并在压差作用下，高速传输至壳体的另一端，向冷源放出潜热而凝结，冷凝液回至热端，再次沸腾汽化。如此反复循环，热量不断从热端传至冷端，完成工作液的自动循环，如图 3-32 所示。

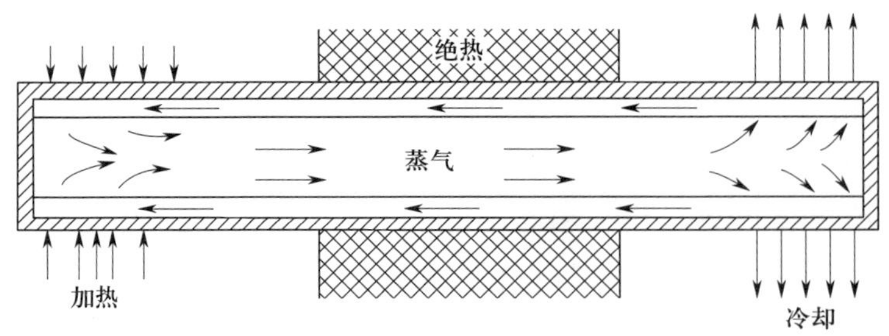

图 3-32　热管式换热器工作原理

思考与练习

1. 除了管壳式换热器和板式换热器，常见的其他形式的换热器有__________、__________、__________、__________、__________。

2. 板翅式换热器通常由__________、__________、__________、__________和__________组成。

3. 翅片的主要作用是____________________。翅片形式多种多样，常用的有__________、__________、__________、__________等。

4. 写出板翅式换热器的工作原理。

5. 板翅式换热器常见故障是什么？如何处理？

第4章

塔设备及其检修

塔设备是石油、化工生产中必不可少的大型设备，其性能对于整个装置的生产能力、能量消耗以及产品质量、环境保护等各个方面都有重大影响。塔设备是炼油、化工生产中最重要的工艺设备之一，其设计、制造和使用对炼油等工艺起着重要作用。

§4－1 认识塔设备

学习目标

1. 了解塔设备工作过程及一般要求。
2. 熟悉塔设备的分类。
3. 熟悉常见塔盘及填料的结构特点和主要性能。
4. 了解塔内件的作用及结构。
5. 掌握塔设备常见故障并能提出解决办法。

传质过程是物质的传递过程。物质由于浓度差可在一相内传递，也可在相际间传递，即由一相向另一相传递。例如，焦炉煤气中的粗苯在浓度差作用下溶解到洗油中的过程、氨溶于水的过程、水分向空气中蒸发的过程等都是传质过程。传质过程是城市燃气、化工、冶金、医药及轻工业等生产中的重要过程，包括吸收、吸附、蒸馏、精馏、萃取及干燥等许多单元操作。

一、传质基础知识

1. 分类

传质过程可分为以下两大类：

（1）相内传质过程，即物质在一个物相内部从浓度高的地方向浓度低的地方转移的过程。

（2）相际传质过程，即物质由一相向另一相转移的过程。相际传质过程是分离均相和混合物必须经历的过程，其作为化工单元操作在工业生产中被广泛应用。

相际传质过程本质是不进行化学反应的质量传递过程，如回收煤气中的粗苯和萘进行的吸收操作；粗苯的分离、煤焦油的加工、乙醇的生产和石油加工过程所进行的蒸馏和精馏操作；陶瓷、染料、尿素、药品及食品等生产中对产品进行的干燥操作；煤气中含酚废水及其他工业废液的分离、净化，稀有金属的提取，从发酵液中分离青霉素等进行的萃取操作。

2. 基本概念

（1）溶液。物质以分子或离子的状态均匀地分散到另一种物质中而形成的均一、澄清、稳定的体系称为溶液。

（2）溶质和溶剂。被溶解的物质称为溶质，溶解溶质的物质称为溶剂。

（3）溶解度。在一定的温度和压力下，物质在一定量溶剂中达到溶解平衡时所溶解的量，称为溶解度。

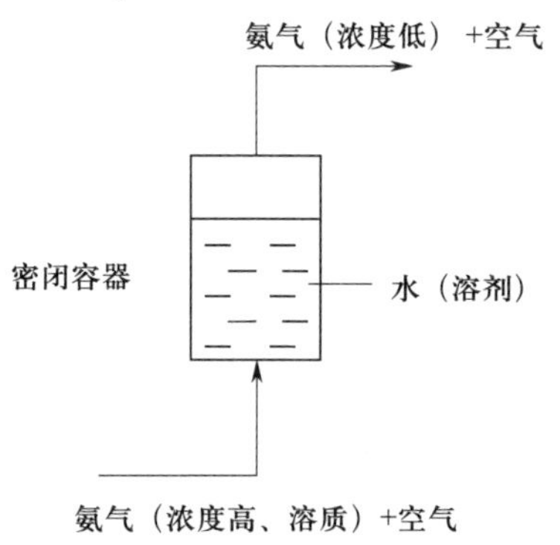

图 4－1　气体吸收过程示例

3. 吸收

气体吸收是利用气体中各组分在液体溶剂中的溶解度不同，使易溶于溶剂的物质由气相传递到液相。例如，用水吸收二氧化碳（水洗）为物理吸收；在吸收过程中伴有化学反应，如醋酸吸收乙烯酮变为醋酸酐，为化学吸收。气体吸收过程示例如图 4－1 所示。

气体吸收过程与溶液的蒸馏过程一样，属于传质过程。两者的区别：蒸馏是分离液体混合物，而吸收是分离气体混合物；蒸馏过程是双向传质，而吸收过程是单向传质。

4. 蒸馏

蒸馏是分离液体混合物的典型单元操作，其依据液体中各组分的挥发性不同，使其中沸点低的组分汽化，达到分离的目的。简单的蒸馏方式一般不能得到纯度很高的易挥发组分。蒸馏流程如图 4－2 所示。蒸馏分类如图 4－3 所示。

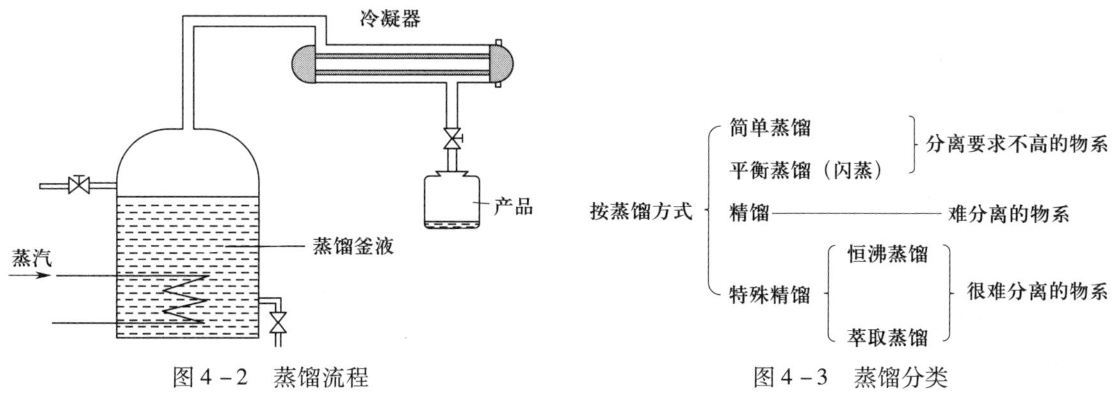

图 4－2　蒸馏流程　　　　图 4－3　蒸馏分类

5. 精馏

精馏是把液体混合物进行多次部分汽化，同时又把产生的蒸气多次部分冷凝，使混合物分离，获得高纯度组分的操作。

在精馏塔中，蒸气自下而上流动，液体自上而下流动，气、液两相在塔板上接触并分开。

6. 萃取

采用与溶液中溶剂互不相溶的另一溶剂，从该溶液中提取被溶解的某种物质的过程，称为萃取。

在萃取过程中，易溶组分从混合物进入溶剂。在均相液体混合物中加入具有选择性的溶剂，系统形成两个液相。由于原溶液中各组分在溶剂中的溶解度不同，各组分将在两液相之间重新分配，即发生相间传质，该过程称为液 – 液萃取。利用液体溶剂将固体原料中的可溶组分提取出来的操作，称为固 – 液萃取（见图 4 – 4），如用水浸取甜菜中的糖类、用酒精浸取黄豆中的豆油等。

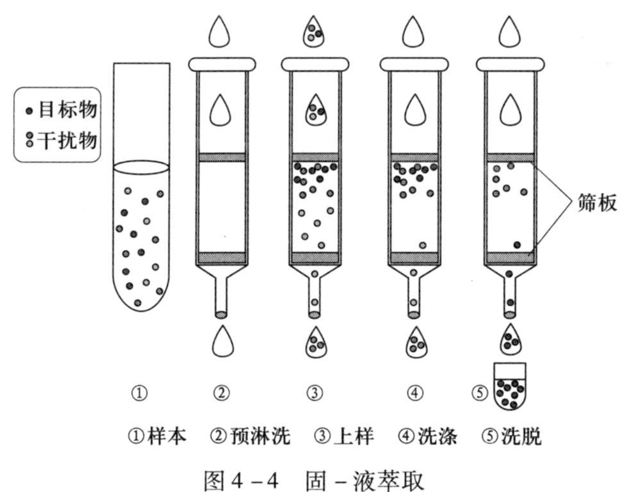

图 4 – 4 固 – 液萃取

利用溶剂对欲分离的组分具有较大的溶解能力，使溶质通过扩散作用转移到溶剂中，从而达到分离目的的过程为物理过程，故称为物理萃取。物理萃取在化工生产中具有较广泛的应用。若由于化学作用，溶剂选择性地与溶质化合或络合，从而帮助溶质重新分配达到分离目的，则称为化学萃取。化学萃取主要用于金属分离，如稀有元素的获得等。

二、塔的用途及分类

图 4 – 5 所示为化工生产中常见的塔设备。

1. 塔设备的用途

塔设备通过其内部构件使气（汽）– 液相或液 – 液相之间充分接触，进行质量传递和热量传递。通过塔设备完成的单元操作通常有精馏、吸收、解吸、萃取等。塔设备也可用来进行介质的冷却、气体的净制与干燥及增湿等。

图 4－5　化工生产中常见的塔设备

a）脱硫塔　b）碳化塔　c）洗涤塔　d）造粒塔　e）精馏塔　f）吸收塔

2. 对塔设备的基本要求

为了使塔设备能更有效、经济地运行，塔设备不仅要满足特定的工艺条件（如压力、温度、耐蚀性），还应考虑以下基本要求：

（1）生产能力大，即单位塔截面上单位时间内的物料处理量大。

（2）分离效率高，即达到规定分离要求的塔高要低。

（3）操作稳定且操作弹性大，即允许气体和（或）液体负荷在一定的范围内变动，塔仍能正常操作并保持较高的分离效率。

（4）对气体的阻力小，这对于减压蒸馏尤为重要。

（5）结构简单，易于加工制造，维修方便，耐腐蚀等。

3. 塔设备的分类

（1）按塔的内部结构，塔设备分为板式塔（见图 4－6）和填料塔。

（2）按操作压力，塔设备分为加压塔、常压塔、减压塔。

（3）按单元操作，塔设备分为精馏塔、吸收塔、萃取塔、反应塔、干燥塔。

三、填料塔

填料塔是一种以连续方式进行气、液传质的设备。它的结构比较简单，塔内装有填料，其作用是使向下流动的液体与向上逆流的气体在填料层中充分接触，达到传质目的。

1. 填料塔的结构

填料塔由塔体（筒体、端盖）、内件（填料、支承结构、液体分布装置）、支座（裙座）、附件（人孔、手孔、法兰、接管、扶梯、平台和保温层）等部分组成，如图 4 –7 所示。

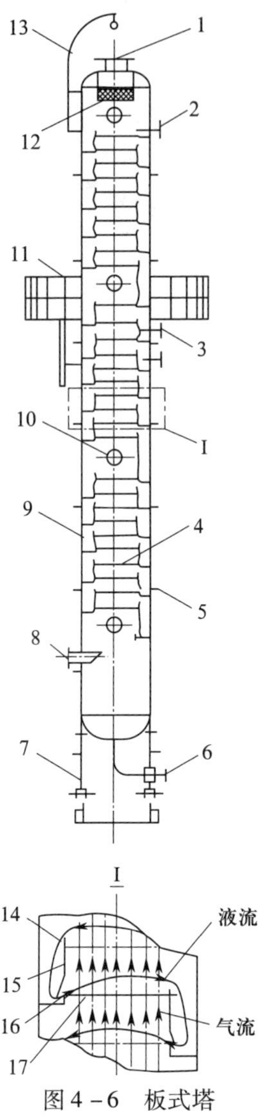

图 4 –6　板式塔

1—气体出口管　2—回流管　3—进料管　4—塔盘
5—保温圈　6—出料管　7—裙座　8—气体入口管
9—壳体　10—人孔　11—扶梯平台　12—除沫装置
13—吊柱　14—溢流堰　15—降液板　16—受液盘
17—塔板

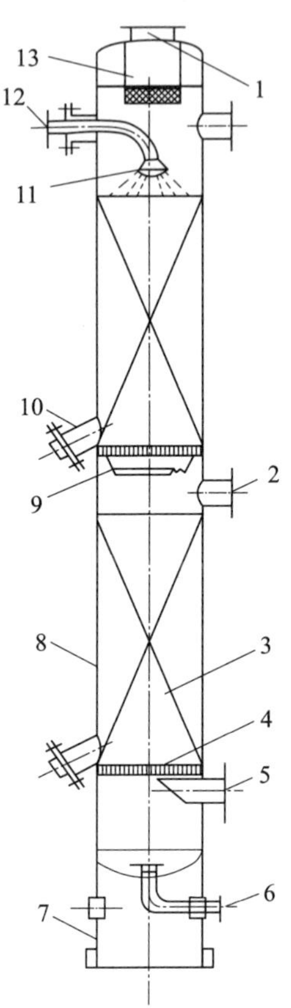

图 4 –7　填料塔的结构

1—气体出口　2—人孔　3—填料　4—栅板
5—气体进口　6—液体出口　7—裙座
8—筒体　9—液体再分布装置　10—卸料口
11—液体分布装置　12—液体进口
13—除沫装置

填料塔的塔体是由钢、陶瓷或塑料等材质制成的圆筒，塔内放置一定高度的填料层，其下部有支承填料的栅板支承着填料，填料上方放置填料压板以防止填料受气流冲击振动而破碎。为保证液体喷淋均匀，在液体入口管处装有液体分布装置，当填料层过高时，可将填料层分段安装，在段与段之间装设液体再分布装置。

2. 填料塔的特点

优点：结构简单，压降小，填料易用耐腐蚀材料制造等，对于热敏性和容易发泡的物料

更具优越性。

缺点：填料塔清洗、检修比较麻烦，对含有固体杂质、易结焦、易聚合的物料适应能力较差。

填料塔常用于吸收、真空蒸馏等操作，适用于处理量小、采用小塔径时板式塔有困难的情形，也可用于处理在板式塔中难以操作的高黏度或易发泡物料。

3. 填料塔的工作原理

填料塔在操作时，气体自塔底下部进入塔内，经气体均匀分布装置，自下而上穿过填料的间隙。此时，从塔顶进液管来的液体通过分布装置自上而下沿填料层表面向下流，气、液两相在填料层表面进行连续逆流接触，从而达到传质目的。液体从塔底引出，气体从塔上部引出。

4. 填料

填料是填料塔的核心内件，其作用是为气、液两相提供充分的接触面，并为强化其湍流提供条件，以利于传质。填料塔效率的高低与其使用的填料密切相关。

（1）对填料的基本要求如下：

1）空隙率（也称自由体积）大，即单位体积填料层中的空隙体积大。

2）比表面积大，即单位体积填料层表面积大。

3）表面润湿性能好，并在结构上利于两相接触。

4）耐腐蚀性好。

5）填料本身的密度小，且有足够的机械强度。

6）取材容易，制造方便，价格便宜。

（2）分类。填料的种类很多，通常按制作填料的材料是实体还是网体，将填料分为实体填料和网体填料两大类。实体填料可由陶壁、金属或塑料等制成，如拉西环、鲍尔环、阶梯环、弧鞍形和矩鞍环填料等；网体填料则由金属网制成。

按填料的堆放形式，可将填料分为散堆填料和规整填料两大类。

1）散堆填料。散堆填料是指以乱堆为主的填料，这种填料是具有一定外形的颗粒体，又称为颗粒填料，根据外形分为以下 3 种：

①环形填料。环形填料包括拉西环填料、鲍尔环填料、阶梯环填料。

a. 拉西环填料。常用的拉西环填料为外径与高度相等的空心圆柱，如图 4－8 所示。拉西环填料可用塑料（四氟拉西环填料见图 4－9）、陶瓷（瓷质拉西环填料见图 4－10）、金属（金属拉西环填料见图 4－11）、石墨等制成。当拉西环填料乱堆填充时，填料间容易产生架桥、空穴等现象，影响填料层液体的流动，造成填料层内液体偏流、沟流、股流甚至产生严重的壁流现象，恶化填料层的操作工况，目前在生产中已基本被淘汰。

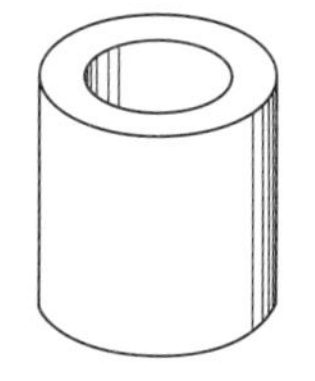

图 4－8　拉西环填料

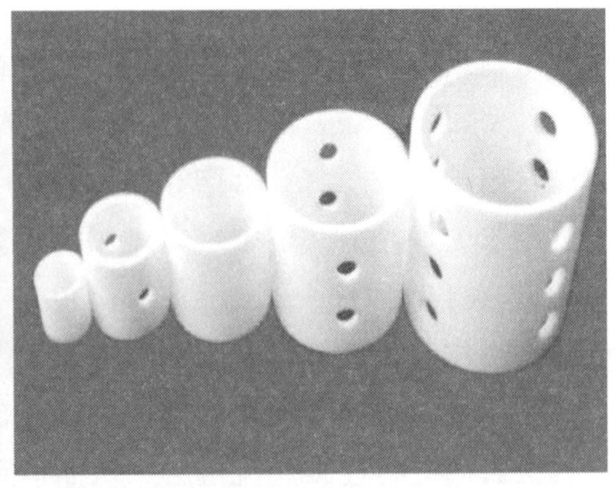

图 4－9　四氟拉西环填料

图 4－10　瓷质拉西环填料

图 4－11　金属拉西环填料

在拉西环填料基础上衍生了 θ 环填料（见图 4－12）、十字环填料（见图 4－13）及螺旋环填料等。与拉西环填料比较，虽然这些填料的表面积增加，分离效率有所提高，但总体而言，其传质效率没有明显改善。

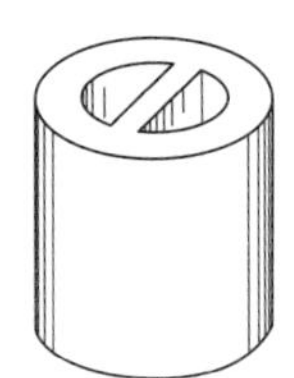

图 4－12　θ 环填料

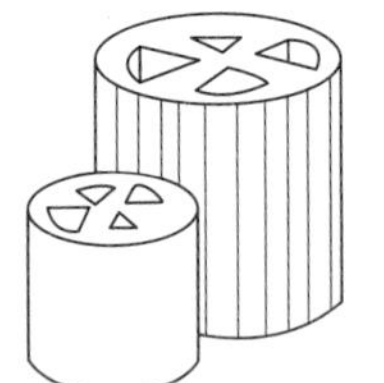

图 4－13　十字环填料

b. 鲍尔环填料。鲍尔环填料如图 4－14 所示，它是针对拉西环的一些缺点进行改进而得到的。在环的周壁开两层长方形槽，每层有 5 个槽，每个槽的叶片一端与环壁相连，另一端弯向环中心。5 个叶片于环中心相搭，上下两层槽孔交错排列。开槽面积占整个环壁面积的 35% 左右。材料有金属（金属鲍尔环填料见图 4－15）、塑料和陶瓷（瓷质鲍尔环填料见图 4－16）等。

图 4-14　鲍尔环填料

图 4-15　金属鲍尔环填料

图 4-16　瓷质鲍尔环填料

同样材料、同样尺寸的鲍尔环填料与拉西环填料的几何外形尺寸、空隙率、比表面积几乎完全相同，但由于鲍尔环填料在环壁上开有许多窗孔，使气、液两相能够从窗孔自由通过，鲍尔环填料气液分布较拉西环填料有较大改善。鲍尔环填料内表面容易被液体润湿，使得内、外表面得以充分利用。因此，鲍尔环填料不但具有较大的通过能力和较低的压降，而且分离效率高，操作弹性大。与同型号的拉西环填料相比，一般在同样的压降下，鲍尔环填料处理能力增加 50% 以上；在同样的处理量下，鲍尔环填料压降约小 50%。所以，鲍尔环填料的性能全面优于相同尺寸的拉西环填料。

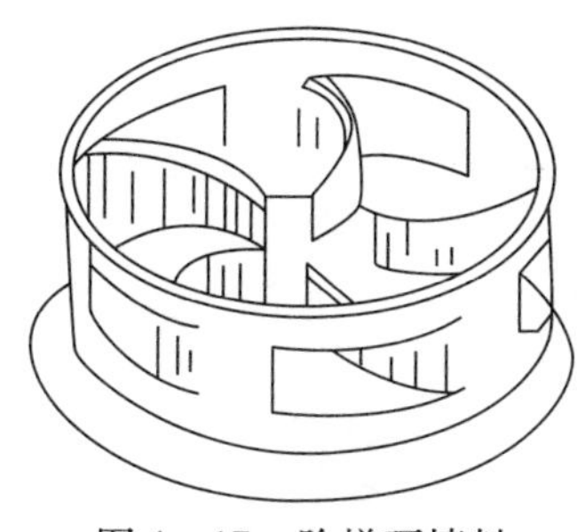

图 4-17　阶梯环填料

c. 阶梯环填料。阶梯环填料是 20 世纪 70 年代初期，由英国传质公司开发所研制的新型短开孔环形填料，是对鲍尔环填料加以改进的产物。阶梯环填料类似于鲍尔环填料，如图 4-17所示。阶梯环填料是在环壁上开窗孔，被切开的环壁形成叶片向环内弯曲，填料的一端扩为喇叭形翻边，其高度通常为直径的 1/2，且喇叭口的高度约为环高的 1/5。这样不仅增加填料环的强度，而且使填料在堆积时的接触由以线接触为主变为以点接触为主，从而不仅增加填料颗粒的空隙，减小气体通过填料层的阻力，而且改善液体的分布，有利于液膜的不断更新，提高传质效率。因此，阶梯环填料的性能较鲍尔环填料又有进一步的提高。

阶梯环填料的材料有塑料、金属、陶瓷等，由于其性能优于其他侧壁上开孔的填料，获得广泛的应用。

②鞍形填料。鞍形填料包括弧鞍形填料、矩鞍形填料等。

a. 弧鞍形填料。鞍形填料（见图 4－18）类似马鞍形状。最早出现的为瓷质马鞍形，称为弧鞍形填料，如图 4－19 所示。这种填料的弧形面使液体易于分散，均匀成膜，故其性能优于拉西环填料。弧鞍形填料结构对称，装填时容易出现套叠、架桥现象。套叠使一部分表面不能被润湿，而架桥容易产生沟流，从而导致填料层中气液流动状况不佳。弧鞍形填料已逐渐被矩鞍形填料代替，现已很少应用。

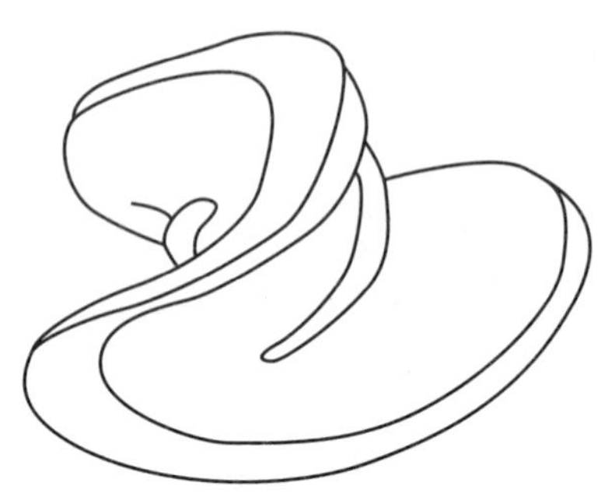

图 4－18　鞍形填料

图 4－19　弧鞍形填料

b. 矩鞍形填料。矩鞍形填料是在弧鞍形填料基础上发展起来的一种结构不对称的鞍形填料。矩鞍形填料的两端为矩形，且填料的两面大小不等。这样的结构使其克服了弧鞍形填料相互套叠的缺点，填料的均匀性得到改善，因而液体分布均匀，气液传质速率得到提高。

瓷矩鞍形填料是目前应用最多的一种瓷质填料，如图 4－20 所示。

图 4－20　瓷矩鞍形填料

③金属矩鞍环填料。如图 4－21 所示，金属矩鞍环填料是将环形结构与鞍形结构的特点集于一体而形成的一种独特结构的填料。金属矩鞍环填料具有生产能力大、压降低、液体分布性能好、传质速率高及操作弹性大等优良性能，因而获得广泛应用，在减压蒸馏中优势更为显著。

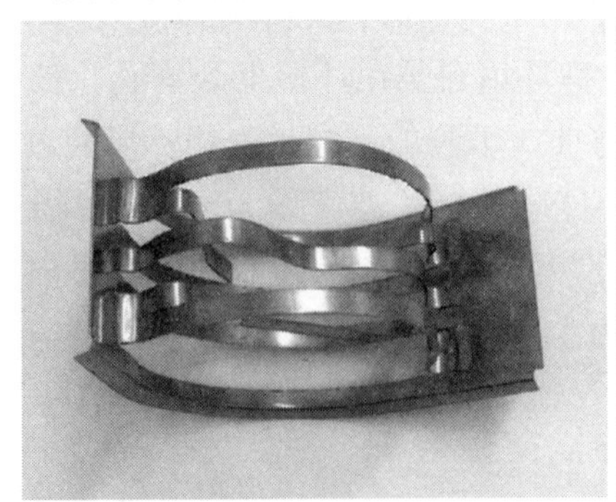

图 4－21　金属矩鞍环填料

2）规整填料。规整填料是在塔内按均匀的几何图形规则、整齐堆砌的填料，空隙率大，故生产能力大，压降小，且因流道规则，所以只要液体初始分布均匀，则在全塔中分布也均匀，因而几乎无放大效应，通常具有很高的传质效率。

规整填料的种类按照结构可分为板波纹填料和丝网波纹填料，如图 4 – 22 所示，使用时根据填料塔的结构尺寸，叠成圆筒形整块放入塔内或分块拼成圆筒形在塔内砌装。

a)

b)

图 4 – 22　规整填料

a）板波纹填料　b）丝网波纹填料

图 4 – 23　板波纹填料

①板波纹填料。板波纹填料（见图 4 – 23）是由若干平行直立放置的波纹片组成的盘状，各层薄片波纹成 30°或 45°。填料盘的直径略小于塔内径，以便于安装。填料盘装填入塔内，上下两个盘状填料成 90°放置，利于液体重新分布和气液接触。

板波纹填料结构紧凑，比表面积大，压力降较散堆填料低，传质效率较高，可用于大型填料塔。直径小于 1 500 mm 的塔可用整体填料盘；直径大于 1 500 mm 的塔采用分块式填料，由人孔运入塔内，然后在塔内组装成盘。填料盘高度一般为 150 ~ 250 mm。根据塔的操作温度和介质的腐蚀情况，波纹片可采用铅、不锈钢、黄铜、蒙乃尔合金、塑料、碳钢等材料制成。

当操作系统有固体析出结痂，流体黏度大或不易清洗时，不宜选板波纹填料。

②丝网波纹填料（见图 4 – 24）。丝网波纹填料与板波纹填料的结构基本相同，不同的是它用丝网代替薄板，比板波纹填料的空隙率和比表面积大，因此其气通量更大，传质效率高，压力降较低，操作弹性大。丝网波纹可用金属丝或塑料丝制成。目前使用的金属丝材质有不锈钢、黄铜、锡青铜、镍、碳钢、蒙乃尔合金等，塑料丝的材质有聚丙烯、聚四氟乙烯、聚丙烯腈等。金属丝可制成 θ 形网状和鞍形网状。

丝网波纹填料塔为难分离物体、热敏系物质及高纯度产品的精馏提供了有效的手段，特别适用于精密精馏和高真空精馏操作。

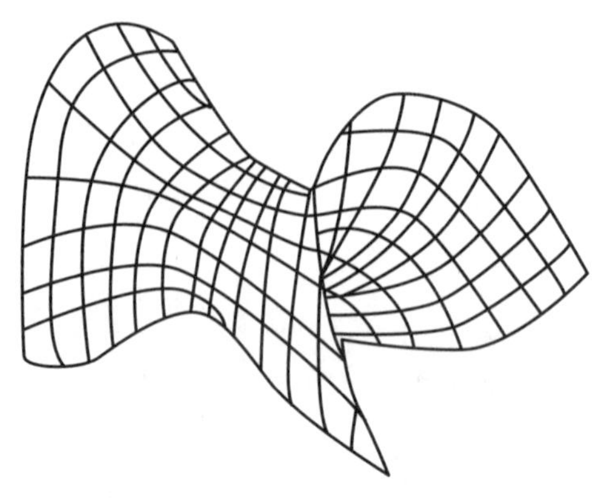

图 4－24　丝网波纹填料

（3）填料用材的选择。填料的材质要根据被处理物料的腐蚀性及操作压力来确定。填料的材质可分为塑料、陶瓷、金属等。

1）塑料。塑料填料适用于设备操作温度较低的情形。除浓硫酸、浓硝酸等强酸外，体系对塑料无溶胀，但塑料表面对水溶液的润湿性差。

2）陶瓷。陶瓷填料一般用于腐蚀性介质，尤其是高温时，但不适用于 HF 和高温下的 H_3PO_4 与碱。

3）金属。金属填料耐高温，但不耐腐蚀。不锈钢可耐一般的酸碱腐蚀，但价格较昂贵。

5. 填料支承结构

填料支承结构安装在填料层的底部，其作用是支承填料及填料层中所载液体，同时还要保证气流能均匀地进入填料层，并使气流的流通面积无明显减少。因此，填料支承结构不仅要具备足够的强度及刚度，而且要结构简单，便于安装，所用材料耐介质腐蚀。常见的填料支承结构为栅板型支承和气体喷射式支承，具体可依填料而定。

（1）栅板型支承。栅板型支承用扁钢条和扁钢圈焊接而成，如图 4－25 所示，其结构简单，制造方便，多用于规整填料的支承。当塔径 $D_i \leqslant 500$ mm 时，可采用整块式栅板，如图 4－26a 所示；当 D_i 为 600～800 mm 时，可分为两块制造安装；当 $D_i > 900$ mm 时，可制造多块，如图 4－26b 所示，每块宽度在 300～400 mm，便于通过人孔进行拆装。为防止填料掉落，各栅条的间隙应不大于填料直径的 60%，流通截面等于或大于所装填料的自由截面，以免在支承栅板处发生液泛。

（2）气体喷射式支承。气体喷射式支承主要有驼峰式支承、钟罩式支承等。气体喷射式支承对气体和液体提供了不同的通道，于是气体容易进入填料层内，液体也可自由排出，既避免了液体的积聚，又有利于液体的均匀再分布，还能改善气体分布。气体喷射式支承是散堆填料最典型的支承结构，其中驼峰式支承应用最为广泛。

1）驼峰式支承（见图 4－27）。驼峰式支承由若干条驼峰形支承梁（简称驼峰梁）组装而成。在驼峰梁上开有若干长圆孔供气体通过，使可供气体通过的自由截面积大于塔截面积的 100%。驼峰式支承是用于散堆填料的性能最优、应用最广的大型支承装置，目前已应用的最大塔径达 10 m。

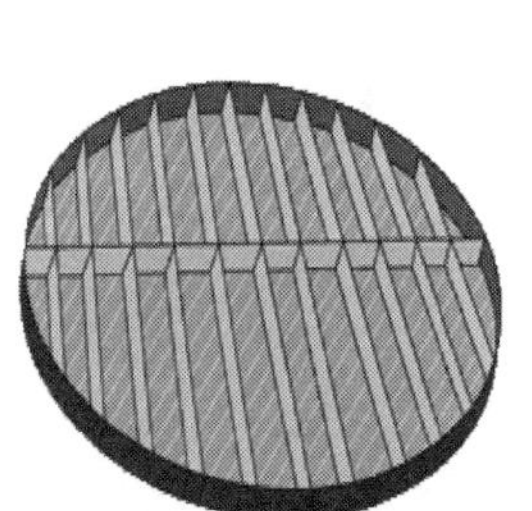

图 4－25　栅板型支承

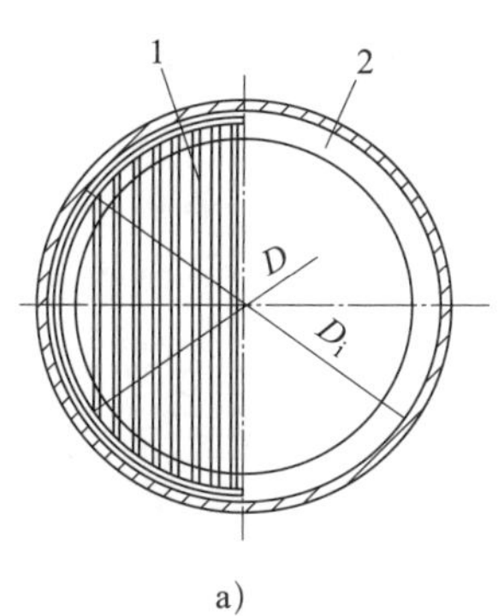

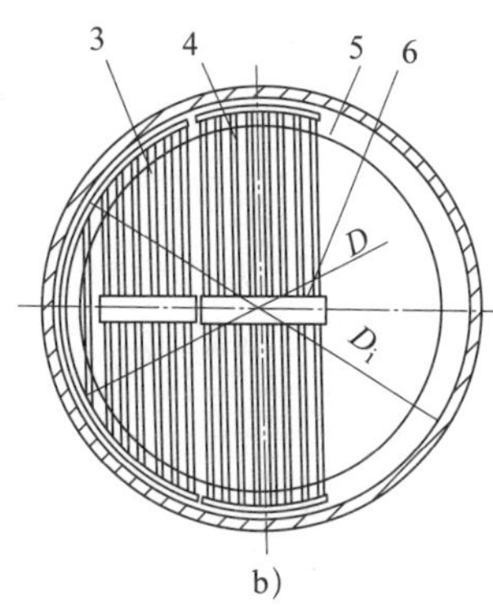

图 4－26　整块式栅板和分块式栅板

a）整块式栅板　b）分块式栅板

1—栅板　2、5—支承圈　3—栅板Ⅱ　4—栅板Ⅰ　6—连接板

2）钟罩式支承（见图 4－28）。钟罩式支承由带有筛孔的底板、支承圈和若干个钟罩组成。气体通过钟罩上的窄缝自下而上喷出，液体从筛孔流出。这种支承在孔隙率和强度方面均不如驼峰式支承，仅适用于小型填料塔。

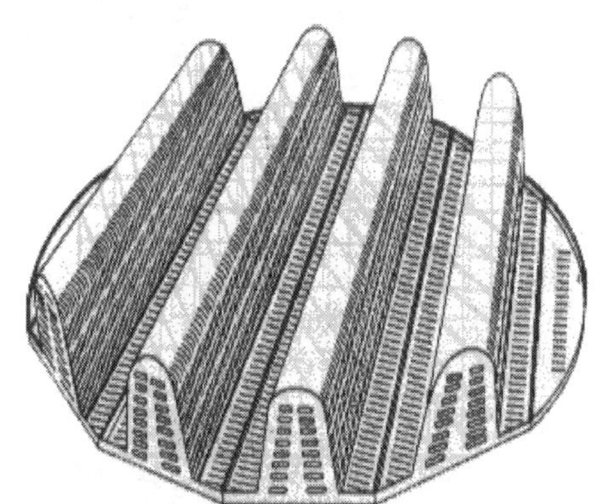

图 4－27　驼峰式支承

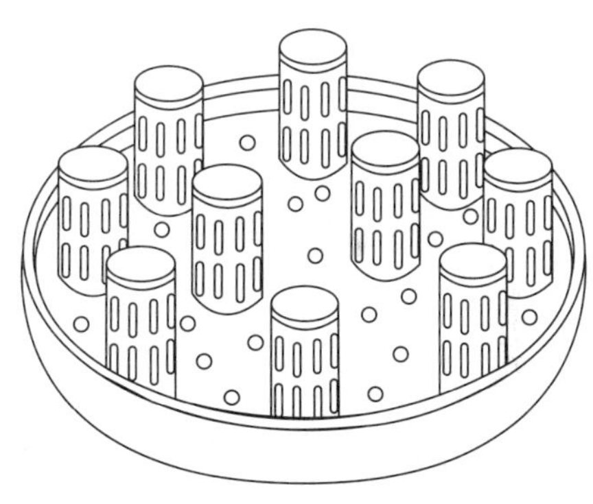

图 4－28　钟罩式支承

6. 液体分布装置

液体分布装置是向填料层均匀分配液体，使填料表面能全部润湿的一种装置。它应满足以下要求：能均匀分散流体；不易被堵塞；气体过流阻力小；结构简单，制造和检修方便等。液体分布装置通常安装在塔顶填料层表面以上 150～300 mm 处，以便留出足够的空间，让气体不受约束地穿过液体分布装置。液体分布装置分类如图 4－29 所示。常用的液体分布装置有喷洒型、溢流型和冲击型。

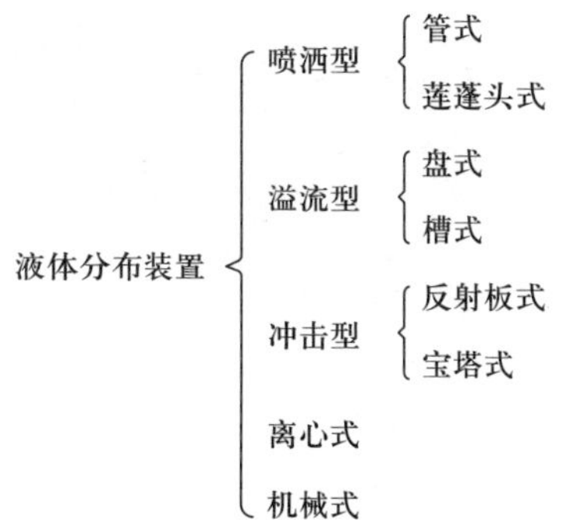

图 4－29　液体分布装置分类

（1）管式分布器。管式分布器包括直管式分布器、环管多孔分布器、排管式分布器等。

①直管式分布器。它结构简单，安装、拆卸简便，但喷淋面积小，且喷淋不均匀，只能用于塔径小于 300 mm 且对喷淋均匀性要求不高的场合。

②环管多孔分布器（见图4－30）。它是在环管的下部开有 3～5 排孔径为 4～5 mm 的小孔，开孔总面积与环管截面积大致相等。环管中心圆直径一般为塔径的 60%～80%。环管多孔分布器结构较简单，喷淋均匀度比直管式分布器好，适用于直径小于 1 200 mm 的塔设备。

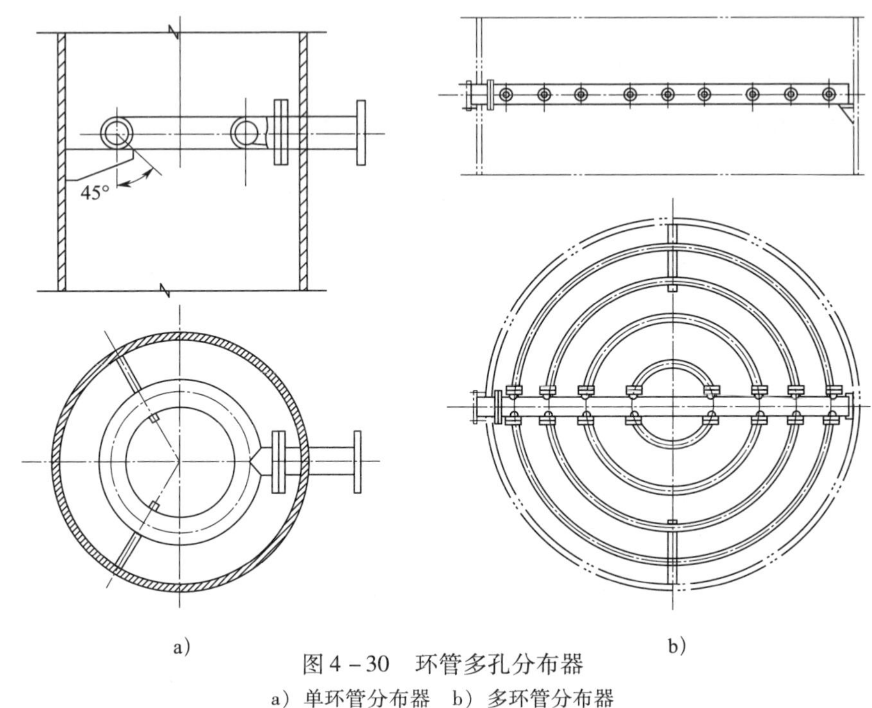

图4－30　环管多孔分布器

a）单环管分布器　b）多环管分布器

③排管式分布器。排管式分布器（见图4－31）是目前应用较广泛的分布器之一，按液体进入分布器的方式可分为两种：一种是液体由水平主管的一侧或两侧流入，通过支管上的小孔喷洒在填料上；另一种是液体由垂直的中心管流入，经水平主管，通过支管上的小孔喷

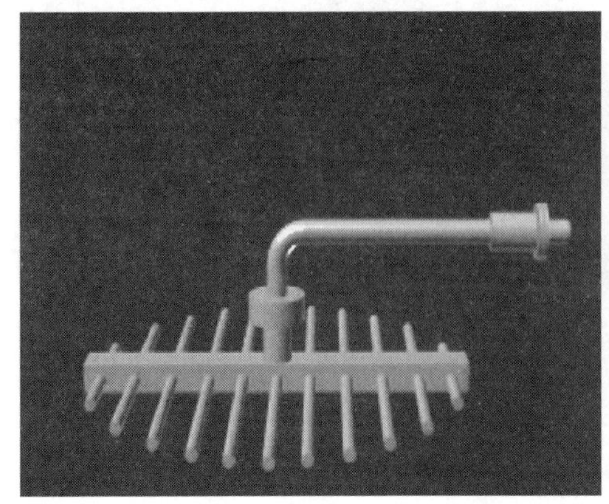

图4－31　排管式分布器

淋。排管式分布器支管上小孔的孔数、孔径视液体负荷而定，一般孔径为 3 ~5 mm，且不得小于 2 mm，否则易堵塞。每根支管可开 1 ~3 排小孔，小孔中心线与垂线的夹角可取 15°、22.5°、30°及 45°，以使各股液体分布在填料表面。这种分布器适用于塔径 D_i >1 000 mm 的大塔。其优点是液体分布均匀，缺点是制造、安装复杂，要求液体清洁。

（2）莲蓬头式分布器。莲蓬头式分布器（结构见图 4 –32）是应用较多的液体分布装置。莲蓬头一般由球面构成。莲蓬头式分布器结构简单，安装方便，但易堵塞，一般适用于直径小于 600 mm 的塔设备。喷洒半径随液体静压和分布器高度不同而变化。当液体静压力稳定时，液体分布较为均匀，但莲蓬头式分布器易产生雾沫夹带，小孔易堵塞，不适用于含有固体颗粒的液体；当液体负荷改变时，其静压发生变化，必然改变喷洒半径而影响液体的均匀分布。

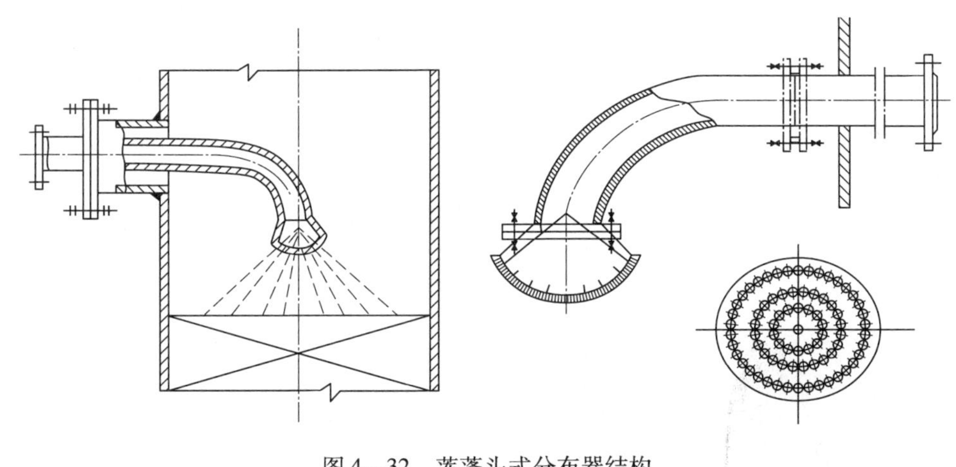

图 4 –32　莲蓬头式分布器结构

（3）盘式分布器。盘式分布器结构如图 4 –33 所示。液体被引到分布盘上（分布盘由底板、降液管及围环组成），再通过降液管溢流淋洒至填料层上，气体由盘和塔壁之间通过或由升气管通过。降液管一般按等边三角形排列，焊接或胀接在分布盘上。为了避免降液管上缘不够水平时液流不均匀，通常把管口加工成凹槽或齿形，有时也将管口斜切。分布盘上还钻有直径约 3 mm 的泪孔，以便停工时排尽液体。降液管直径不小于 15 mm，降液管之间的中心距为其直径的 2 ~3 倍。溢流型盘式分布器可用金属、塑料或陶瓷制造，分布盘内直径为塔内径的 80% ~85%，且须保留 8 ~12 mm 的间隙，这种分布器适用于气液负荷较小、直径不超过 1 200 mm 的填料塔。

（4）槽式分布器。槽式分布器（见图 4 –34）也属于溢流型分布器。操作时，液体由上部进液管进入分配槽，漫过分配槽顶部缺口流入喷淋槽，喷淋槽内的液体经槽的底部孔道和侧部的堰口分布在填料上。槽内小孔排液方式如图 4 –35 所示。分配槽通过螺钉支承在喷淋槽上，喷淋槽用卡子固定在塔体的支承圈上。

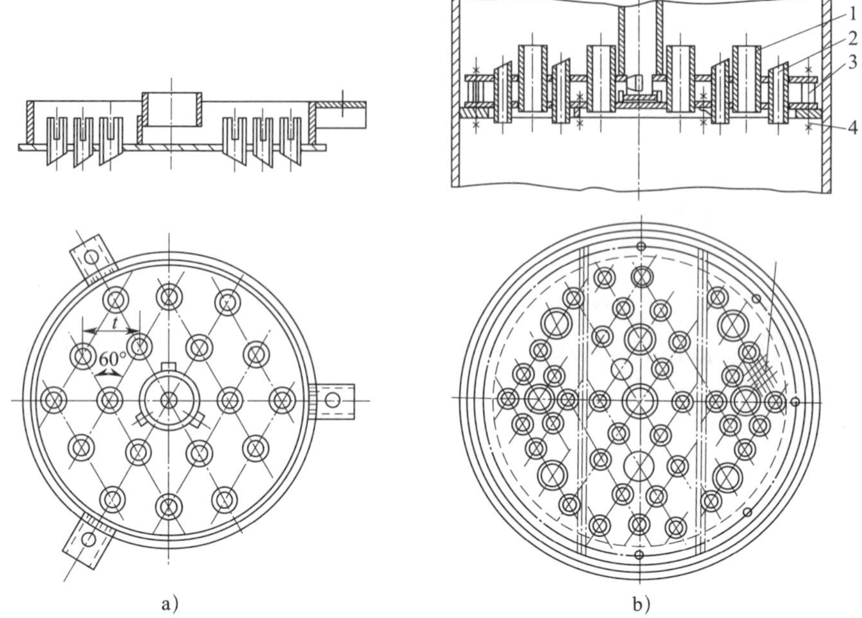

图 4－33　盘式分布器结构

a）孔流式　b）溢流式

1—升气管　2—降液管　3—定距管　4—螺栓和螺母

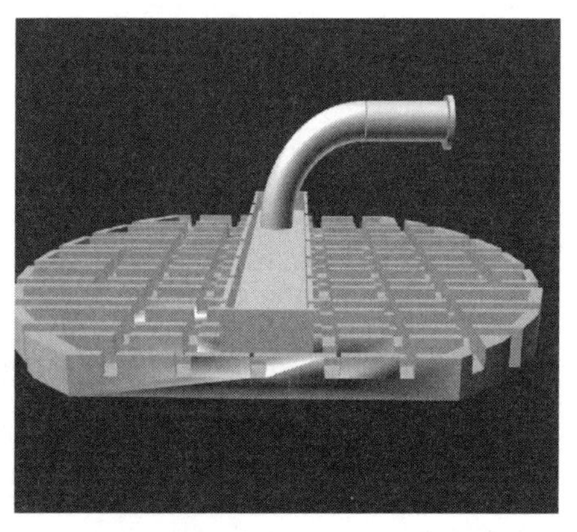

图 4－34　槽式分布器

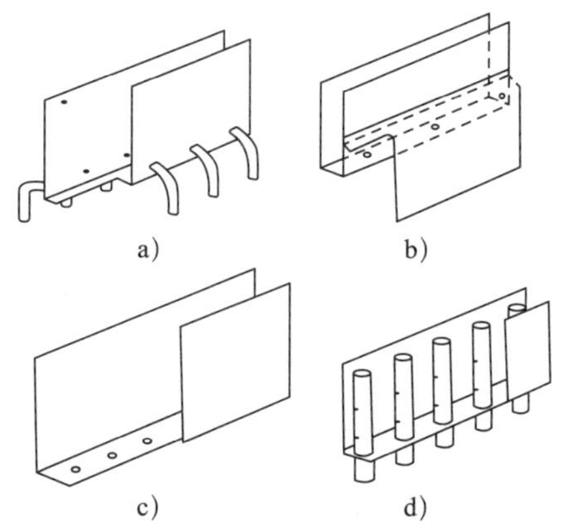

图 4－35　槽内小孔排液方式

a）侧孔弯管式　b）侧孔单板封闭式

c）底孔式　d）内管式

槽式分布器的液体分布均匀，处理量大，操作弹性大，抗污染能力强，适应的塔径范围广，是应用比较广泛的液体分布装置。

（5）冲击型分布器。反射板式分布器（见图 4－36）属于冲击型分布器。它由中心管和反射板组成。操作时液体沿中心管流下，靠液体冲击反射板的反射分散作用分布液体。反射板可做成平板、凸板和锥形板等形状。为了使填料层中央部分有液体喷淋，在反射板中央钻有小孔。

图4－36　反射板式分布器

当液体喷淋均匀性要求较高时，还可由多块反射板组成宝塔式分布器，其结构如图4－37所示。

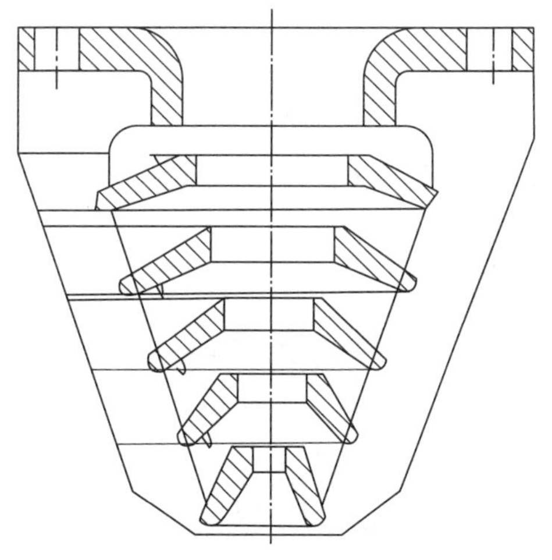

图4－37　宝塔式分布器结构

冲击型分布器喷洒范围大，液体流量大，结构简单，不易堵塞，但应当在稳定的压头下工作，否则会影响喷淋范围和效果。

7. 液体再分布器

液体沿填料向下流动时，由于向上的气流速度不均匀，中心气流速度大，靠近塔壁处气流速度小，使液体流向塔壁形成“壁流”，这样会导致液体分布不均匀，降低填料塔的传质效率。随着填料层的增高，“壁流”现象加剧，严重时会使塔中心的填料不能被润湿而形成“干锥”。

为了提高塔的传质效率，填料必须分层，并在结构上设置液体再分布器，使液体流经一段距离后再重新均匀分布。

液体再分布器的自由截面积应与填料的自由截面积相当，结构简单可靠，既能承受气、液两相流体的冲击，又便于装拆。液体再分布器的设计原理与液体分布器相同，但比液体分布器多一个液体收集装置。如图4－38所示，常用的液体再分布器有分配锥式（锥体形）、槽形、升气管式等。

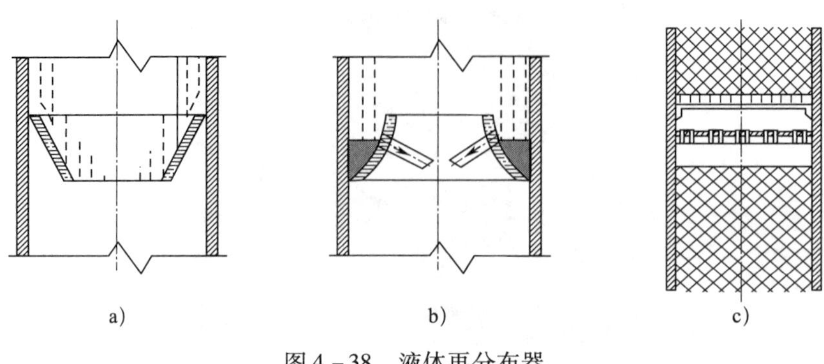

图 4－38　液体再分布器

a）锥体形　b）槽形　c）升气管式

8. 填料固定和压紧装置

填料固定装置用于规整填料及金属、塑料制成的散堆填料，它固定于填料层上端，一方面对填料层起限位作用，另一方面用来支承槽式或管式液体分布器。规整填料的固定装置一般做成栅条状，用螺栓与塔壁固定，如图 4－39 所示。螺栓也可用来调整其水平度。栅条之间的间距可较格栅式填料支承放宽。塔径小于 800 mm 时，做成整体式；塔径大于 800 mm 时，设计成分块式，从人孔送入塔内，各栅块用螺栓连接组合成整体。

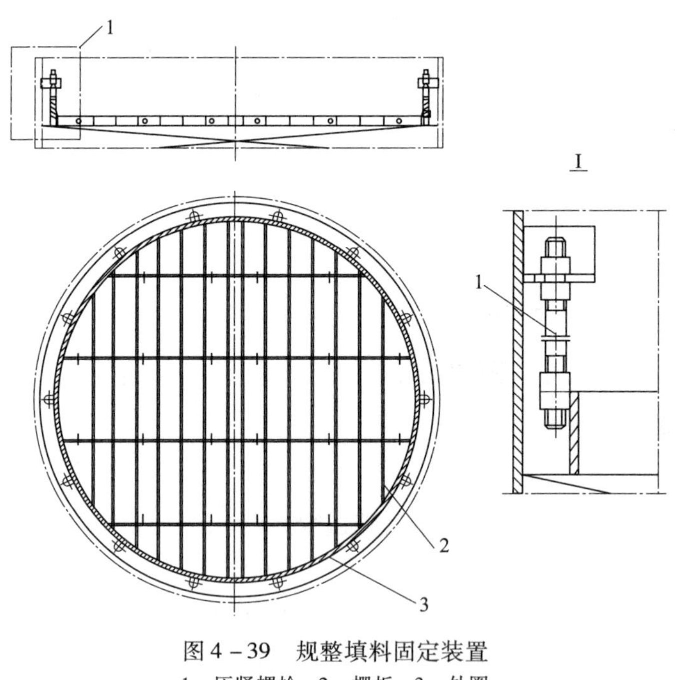

图 4－39　规整填料固定装置

1—压紧螺栓　2—栅板　3—外圈

填料压紧装置用于瓷质等易碎散堆填料。操作时，由于气体冲击和负荷波动，如果不对散堆填料进行限位，填料层便会松动，使流体不能按原来理想的通道进行传质；填料层不规则地膨胀，会使流体流向阻力较小的区域，加剧流体的不均匀分布；填料层一旦松动，会互相撞击，以致填料破碎，从而降低塔的效率。因此，应靠填料压紧装置的自重压住填料。

散堆填料的压紧装置由金属丝编织成的大孔金属网与扁钢圈焊接而成，如图 4－40 所示。网孔尺寸的选择以最小填料不能通过为宜。这种压紧装置要达到 1 000～1 400 Pa 的压力，以防填料松动，否则散堆填料受气流冲击产生振动，严重时便会穿破丝网，从气相出口带入管路，影响正常操作。

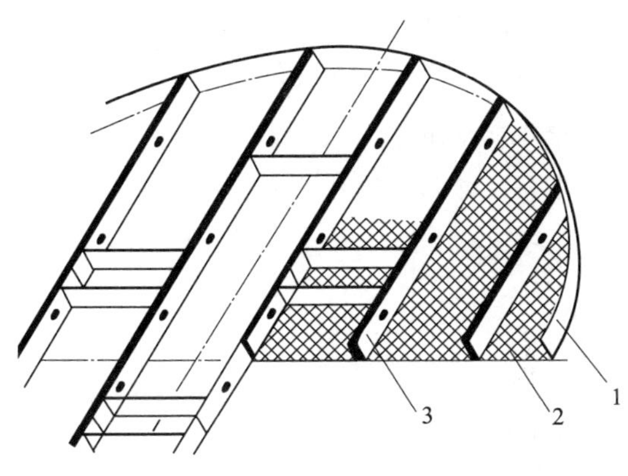

图 4－40　散堆填料的压紧装置

1—外圈　2—丝网　3—压板

9. 接管

（1）气体进、出口管。气体的进口管结构要求既能防止液体淹没气体通道，又能防止固体颗粒沉淀堵塞，故气体进口管应伸到塔中心线位置。当塔径 D_i < 500 mm 时，管的末端切成 45°的向下切口，其结构如图 4－41 所示，使气流转折向上。当塔径 D_i > 1 500 mm 时，对进塔气体的均匀分布要求较严。管的上部开 3 排出气小孔，小孔的直径和数量由工艺条件确定。当进塔物料为气液混合物时，可采用图 4－42 所示的切向进料管。当气液混合物由切向进料管进塔后，沿挡板流动，经旋风分离，液体向下，气体向上。

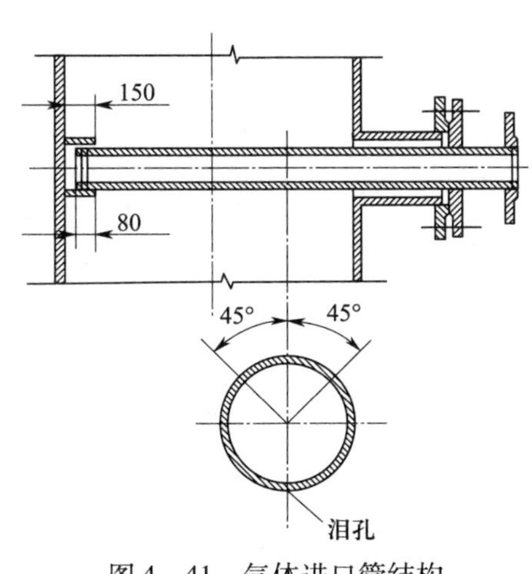

图 4－41　气体进口管结构

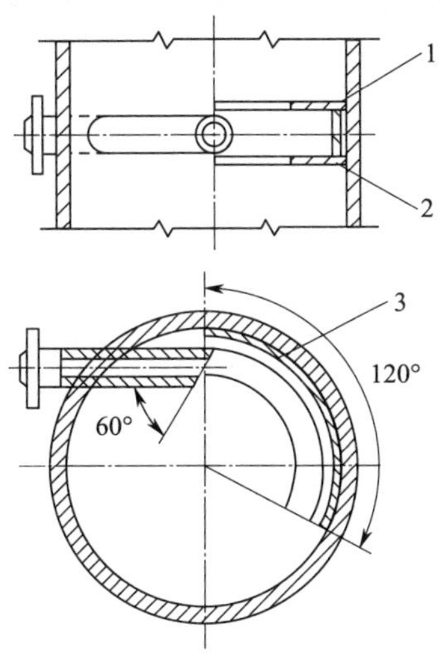

图 4－42　切向进料管

1—上挡板　2—下挡板　3—导向挡板

气体的出口管结构要求能防止液滴被带出和积聚。可采用同气体进口管结构相似的开口向下的引出管，或者在出口管之前加装除沫挡板或开口向上的分离袋囊，袋底钻有小孔以泄去分离出来的液体，如图 4－43 所示。

（2）液体进、出口管。液体进口管多是直接通往液体分布器，其结构须按液体分布器的要求而定。

液体出口管装置应该保证不停地排出所有液体，还要防止被破碎的瓷环堵塞。当塔径 $D_i<800$ mm，且采用的是金属填料时，液体出口管可采用图 4－44 所示结构。这种结构的出口管，在制造过程中分为法兰短节和弯管段两部分。在安装时，先把弯管段焊在封头上，检验焊接接头合格后，再把裙座与封头焊接在一起，最后把法兰短节焊在弯管段上。

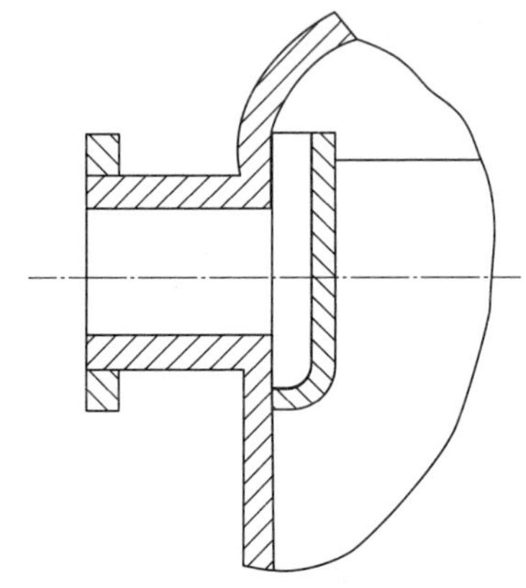

图 4－43　有袋囊结构的气体出口管

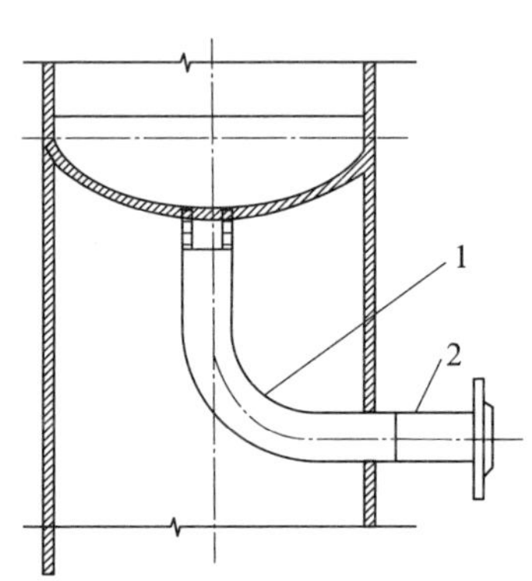

图 4－44　小塔的液体出口管

1—弯管段　2—法兰短节

如果填料塔采用的是金属填料，当塔径 $D_i>800$ mm 时，液体出口管可采用图 4－45 所示结构。

填料塔采用瓷环填料时，液体出口管要考虑破碎瓷环的堵塞和清理问题，通常采用图 4－46 所示结构，效果较好。

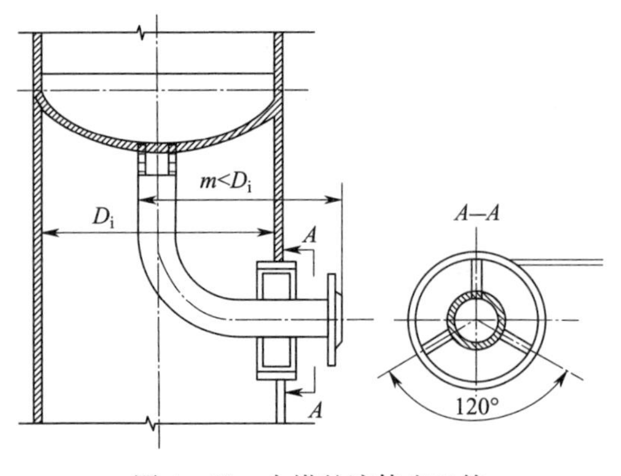

图 4－45　大塔的液体出口管

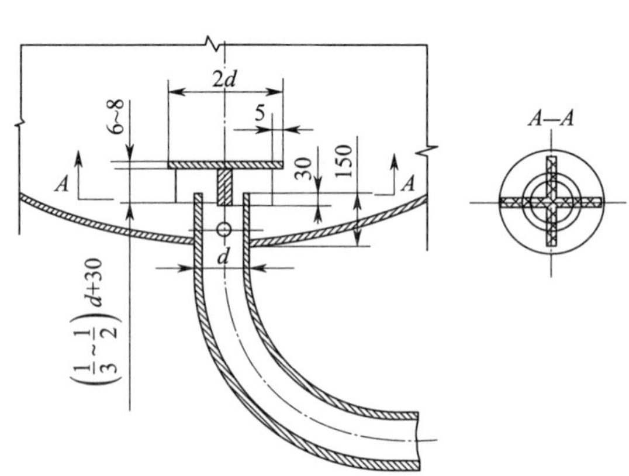

图 4－46　瓷环填料塔的液体出口管

四、板式塔

板式塔是一种逐级（板）接触的气液传质设备。

塔内以塔盘为基本构件，气体自塔底以鼓泡或喷射的形式穿过塔盘上的液层，使气、液相密切接触而进行传质和传热，两相的浓度呈阶梯式变化。在石油、化工生产中，板式塔所占比例比填料塔大得多，适用于生产量较大的场合。

与填料塔相比，板式塔物料处理量大，质量轻，传质效率高，清理、检修方便，操作稳定性好，但其结构较复杂，制造成本较高，处理腐蚀性物料时塔盘若用不锈钢或钛等金属制造，成本则更高。

1. 板式塔的总体结构和类型

板式塔是化工生产中广泛采用的一种传质设备，主要由塔体、裙座结构、塔盘结构、溢流装置、除沫装置、塔附件、人孔、接管等组成，如图 4 -47 所示。

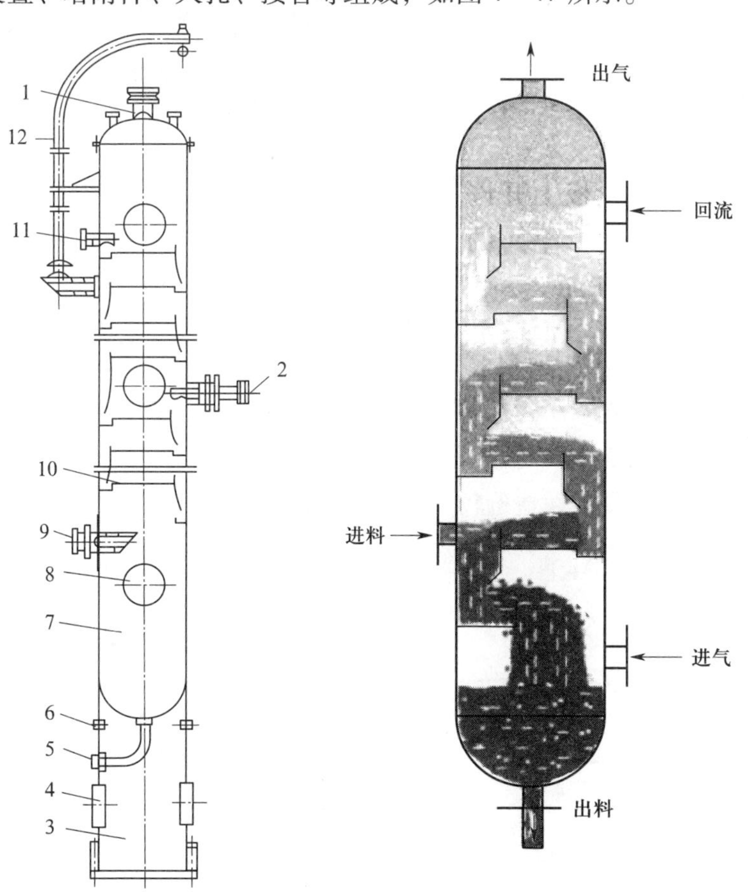

图 4 -47　板式塔结构

1—塔顶蒸气出口　2—进料口　3—裙座　4—裙座人孔　5—塔底液体出口
6—裙座排气孔　7—塔体　8—人孔　9—蒸气入口　10—塔盘　11—回流入口　12—吊柱

板式塔的塔盘是主要传质元件。根据塔盘结构，板式塔可分为泡罩塔、筛板塔、浮阀塔、舌形塔和浮舌塔、垂直筛板塔等；按气液两相流动方式，板式塔可分为错流板式塔和逆流板式塔；按液体流动形式，板式塔可分为单溢流型、双溢流型。目前应用最广的是筛板塔及浮阀塔。

（1）泡罩塔。泡罩塔是工业应用最早的板式塔，而且在相当长的一段时期内是板式塔中较为流行的一种塔型。泡罩塔塔盘主要由泡罩（气液接触元件）、升气管、溢流堰、降液管及塔板等部分组成，如图 4 -48 所示。

图 4 -48　泡罩塔塔盘

在塔板上开许多圆孔，每个孔上焊接一个短管，称为升气管。管上再罩一个“帽子”，称为泡罩。泡罩周围开有许多条形空孔。工作时，液体由上层塔盘降液管流入下层塔盘，横向流过塔盘后，再流入下一层塔盘；气体由下一层塔盘上升进入升气管，通过环行通道，再经泡罩的条形空孔流散到液体中，如图 4 -49 所示。

与其他类型塔相比，泡罩塔的优点：气、液相接触充分；操作弹性大，即气液比变化范围较大；不易堵塞，传质面积较大；适用于多种介质；有较高的生产能力，适用于大型生产。它的主要缺点是结构复杂，造价较高，塔盘压力降较大，安装、维修麻烦，所以使用范围受到了限制。

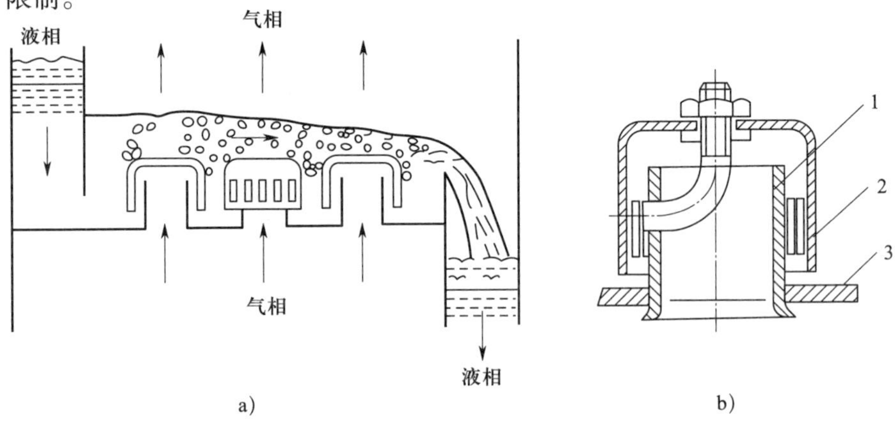

图 4 -49　泡罩塔塔盘

a）泡罩塔塔盘操作状态　b）圆形泡罩

1—升气管　2—泡罩　3—塔板

（2）筛板塔。筛板塔也是应用历史较久的塔型之一，与泡罩塔相比，结构简单。

筛板塔塔盘分为筛孔区、无孔区、溢流堰及降液管等部分。筛板塔塔盘是在塔板上开许多小孔，操作时液体从上层塔盘的降液管流入，横向流过筛板后，越过溢流堰，经降液管导入下层塔盘；气体则自下而上穿过筛孔，分散成气泡通过液层，在此过程中进行传质、传热。由于通过筛孔的气体有动能，一般情况下液体不会从筛孔大量泄漏。筛板塔塔盘的结构及气液接触状况如图4－50所示。

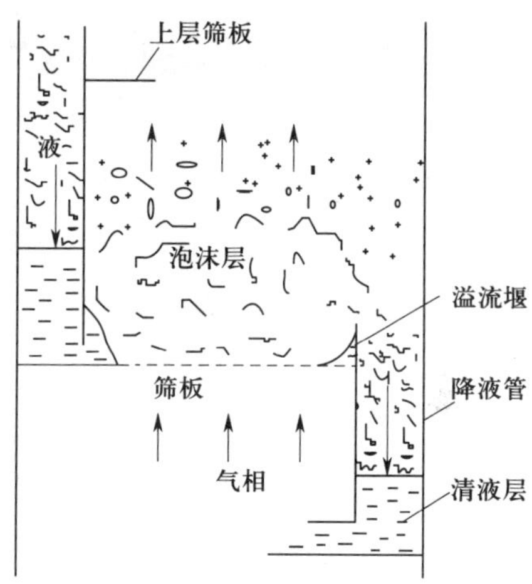

图4－50　筛板塔塔盘的结构及气液接触状况

筛板塔塔盘的小孔直径小，气流分布较均匀，操作较稳定，但加工困难，容易堵塞。工业筛板塔常用孔径为3～8 mm。筛孔一般按正三角形排列，孔间距与孔径之比通常为2.5～5。

筛板塔具有如下的特点：结构简单，制造方便，便于检修，成本低；塔盘压降小；处理量大，可比泡罩塔提高20%～40%；塔盘效率比泡罩塔提高15%，但比浮阀塔塔盘稍低；操作弹性较小，筛孔容易堵塞。

（3）浮阀塔。浮阀塔塔盘（见图4－51）是在塔板上开许多圆孔，每一个孔上装一个带3条腿且可上下浮动的阀。浮阀是保证气液接触的元件，可分为圆盘形与条形两类，常用的是盘形浮阀。盘形浮阀最常用的是F－1型浮阀，其结构如图4－52所示。

在我国，F－1（国外称为V－1）型浮阀已标准化，标准代号为NB/T 10557—2021。F－1型有轻型（代号Q）和重型（代号Z）两种。浮阀可用碳钢Q235A、不锈钢1Cr13、耐酸钢1Cr18Ni9及耐酸钢Cr18Ni12Mo2Ti冲压而成。轻阀厚1.5 mm，重25 g，阀轻且惯性小，振动频率高，关阀时滞后严重，在低气速下有严重漏液现象，宜用在处理量大并要求压降小（如减压蒸馏）的场合。重阀厚2 mm，重33 g，关闭迅速，需较高气速才能吹开，故可以减少漏液，提高效率，但压降稍大些。工业生产中一般采用重阀。操作时，气流自下而上吹起浮阀，从浮阀周边水平地吹入塔盘上的液层；液体由上层塔盘经降液管流入下层塔盘，再横流过塔盘与气相接触传质后，经溢流堰进入降液管，流入下一层塔盘。

浮阀在塔板上一般按正三角形排列，也可以采用等腰三角形排列。中心距有75 mm、

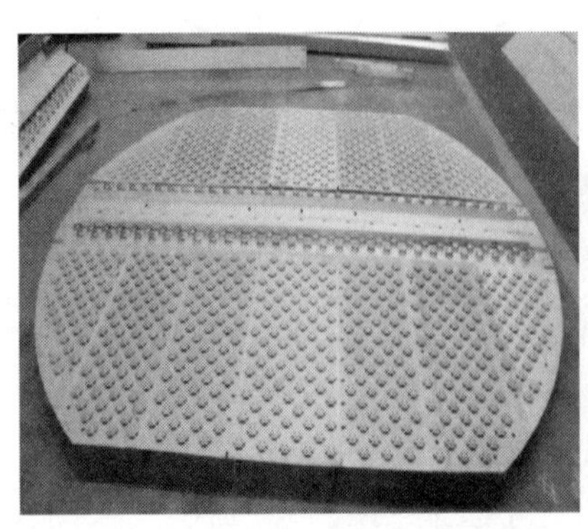

图 4－51　浮阀塔塔盘

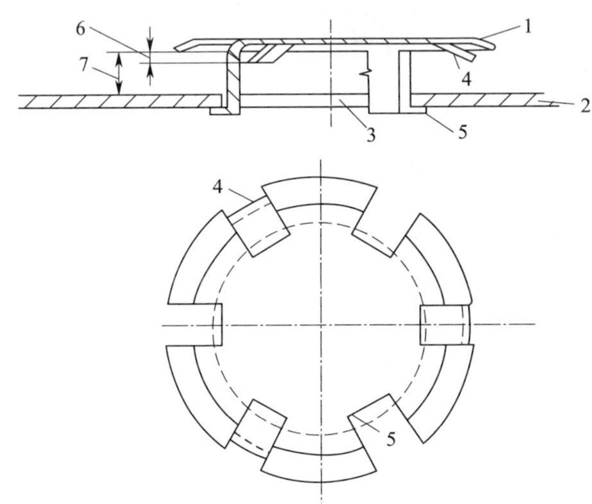

图 4－52　F－1 型浮阀结构

1—门件　2—塔盘　3—阀孔　4—起始定距片　5—阀腿　6—最小开度　7—最大开度

100 mm、125 mm、150 mm 等几种。

浮阀塔塔盘具有如下特点：处理量较大，比泡罩塔提高 20% ~40%，这是因为气流水平喷出，减少了雾沫夹带，同时浮阀塔塔盘可以具有较大的开孔率；操作弹性比泡罩塔大；分离效率较高，比泡罩塔高 15% 左右；因为塔盘上没有复杂的障碍物，所以液面落差小，塔盘上的气流比较均匀；压降较低，因为气体通道比泡罩塔简单得多，因此可用于减压蒸馏；塔盘的结构较简单，易于制造；浮阀塔不宜用于易结垢、结焦的介质系统，因垢和焦会影响浮阀起落的灵活性。

（4）舌形塔和浮舌塔。如图 4－53 所示，舌形塔的塔盘上开有舌孔，气体经舌孔流出，其沿水平方向的分速度促进了液体流动，即使液体处理量大也不会出现大的液面落差。因气、液两相并流流动，所以雾沫夹带大大减少，当通过舌孔的气速提高到某一数值时，塔盘上液体受气流喷射而形成片状和滴状，加大了气液接触的面积。

与泡罩塔相比，舌形塔处理能力提高 20% ~35%，阻力下降 13% ~50%，金属消耗量减少 50%，投资费用可节约 12% ~45%，而且便于制造、安装与检修。但舌形塔操作弹性

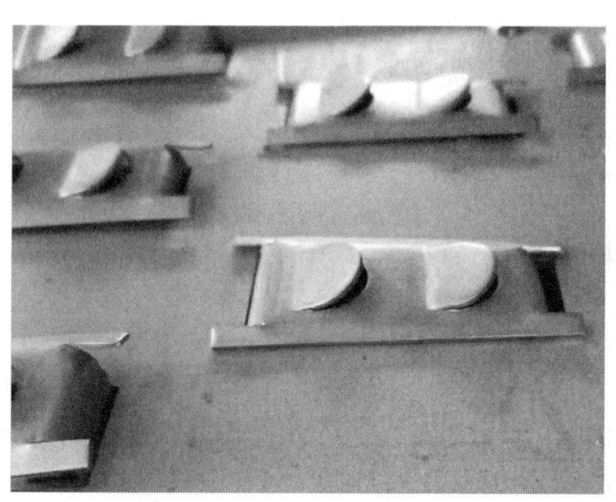

图4－53 舌形塔塔盘

小，塔板效率不高，其使用范围受到了一定限制。

浮舌塔塔盘是结合浮阀塔和舌形塔的优点发展起来的一种塔盘，即将舌形塔的固定舌片改成浮动舌片，与浮阀塔类似，随气体负荷改变，浮舌可以上下浮动，调节气流通道面积，从而保证适宜的缝隙气速，强化气液传质，减少或消除漏液。当浮舌开启后，又与舌形塔塔盘相同，气液并流，利用气相的喷射作用将液相分散进行传质。浮舌塔生产能力大，压降小，雾沫夹带少，操作弹性大，塔板效率高，但操作过程中浮舌易磨损。

（5）垂直筛板塔。垂直筛板塔（见图4－54）属于并流喷射塔。其气液接触过程如下：气体从板孔进入罩内，将帽罩底隙进入的液体提升，气、液两相在罩内剧烈撞击、破碎、湍动，然后从帽罩侧孔喷出，并在罩间对喷，液滴落回塔盘，气体上升进入上层塔盘。新型垂直筛板塔的气液接触是气、液两相在喷射状态下进行的，气相为连续相，液相为分散相，与传统的泡罩塔、筛板塔、浮阀塔有着本质的不同，后者的气液接触是以鼓泡状态进行的，气相为分散相，液相为连续相。垂直筛板塔的特点：传质效率高，塔板效率高，操作弹性大，气相负荷大，雾沫夹带少，生产能力大，不易堵塔。

图4－54 垂直筛板塔

2. 板式塔的主要构件

（1）塔盘。塔盘是板式塔完成传质、传热过程的主要部分。为了满足正常操作要求，塔盘结构本身必须具有一定的刚度以维持水平，塔盘与塔壁之间要保持一定的密封性以避免气、液短路。塔盘应便于制造、安装、维修，并且成本低。

塔盘结构有整块式和分块式两种。当塔径小于 800 mm 时，采用整块式塔盘；当塔径大于 900 mm 时，采用分块式塔盘。若塔径为 800 ~ 900 mm，可视制造与安装的具体情况，任选上述两种结构。

1）整块式塔盘。整块式塔盘用于直径在 900 mm 以下的小塔中，这种塔的塔体由若干塔节组成，塔节与塔节之间用法兰连接。每个塔节中安装若干块层层叠置起来的塔盘。按塔盘之间的组装方式，整块式塔盘可分为定距管式塔盘和重叠式塔盘两种，其结构分别如图 4 – 55和图 4 – 56 所示。

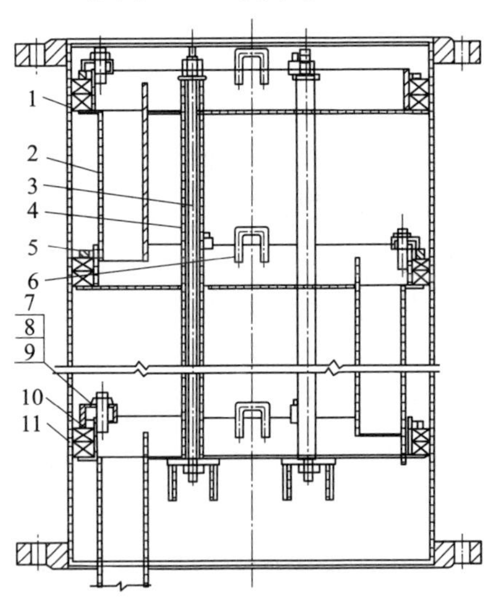

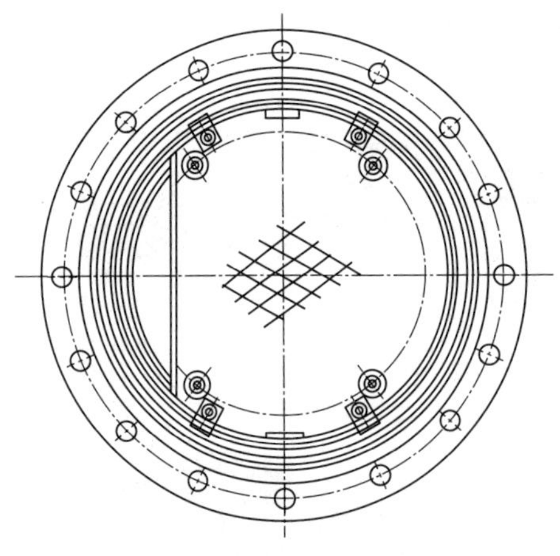

图 4 – 55　定距管式塔盘结构

1—塔盘板　2—降液管　3—拉杆　4—定距管　5—塔盘圈　6—吊耳　7—螺栓　8—螺母　9—压板　10—压圈　11—石棉绳

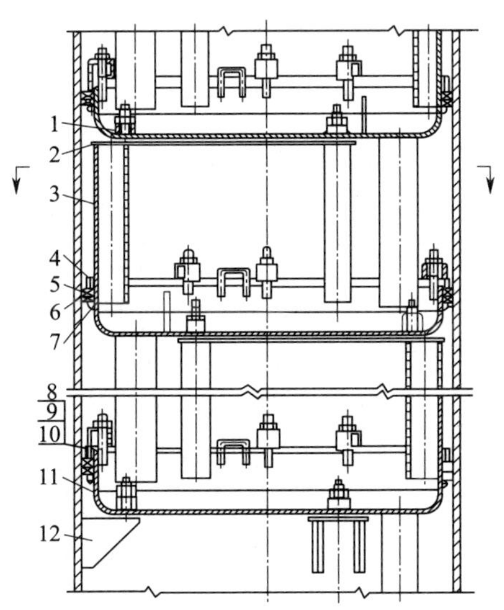

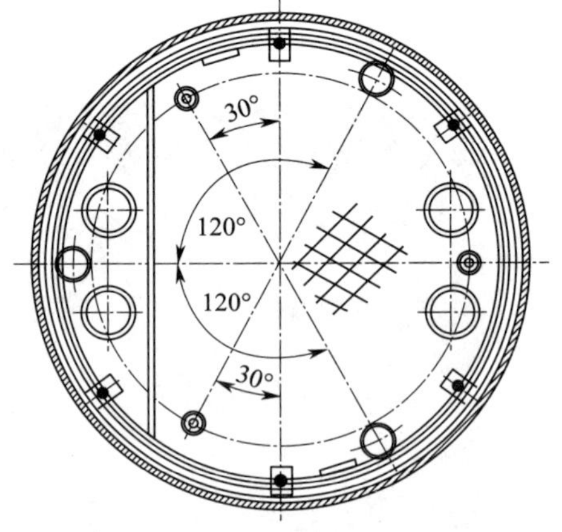

图 4 – 56　重叠式塔盘结构

1—调节螺栓　2—支承板　3—支柱　4—压圈　5—塔盘圈　6—填料　7—支承圈　8—压板　9—螺母　10—螺柱　11—塔盘板　12—支座

定距管式塔盘是用定距管和拉杆将同一塔节内的几块塔盘支承并固定在塔节内的支座上，定距管起支承塔盘和保持塔盘间距的作用。塔盘与塔体之间的间隙，以软填料密封并用压圈压紧。塔节高度随塔径增大而增加。塔径为 300 ~ 500 mm 时，塔节高度为 800 ~ 1 000 mm；塔径为 600 ~ 700 mm 时，塔节高度为 1 200 ~ 1 500 mm。为方便安装，每个塔节中的塔盘数为 5 ~ 6 块。

重叠式塔盘是在塔节下部焊有一组支座，底层塔盘支承在支座上，依次装入上一层塔盘，塔盘间距由其下方的支柱保证，并可用 3 只调节螺栓调节塔盘的水平。塔盘与塔壁之间的间隙，同样采用软填料密封，用压圈压紧。

因为塔盘和塔壁有间隙，所以应对每一层塔盘用填料来密封。为此，塔盘可采取角焊式（见图 4 – 57）或翻边式（见图 4 – 58）。对于角焊式，角焊缝为单面焊，焊缝可在塔盘圈外侧或内侧。角钢结构的塔盘制造方便，但要防止焊接变形引起的塔盘不平。对于翻边式，塔盘圈由塔板直接翻边或加做一个塔盘圈与塔板对接而成，可避免焊接变形。塔盘圈的高度 h_1 不得低于溢流堰高度，常取 70 mm。填料支承圈用 ϕ8 ~ 10 mm 的圆钢弯制并焊于塔盘圈上。塔盘圈外表面与塔内壁面的间隙为 10 ~ 12 mm。圆钢填料支承圈距塔盘圈顶面距离 h_2 为 30 ~ 40 mm。

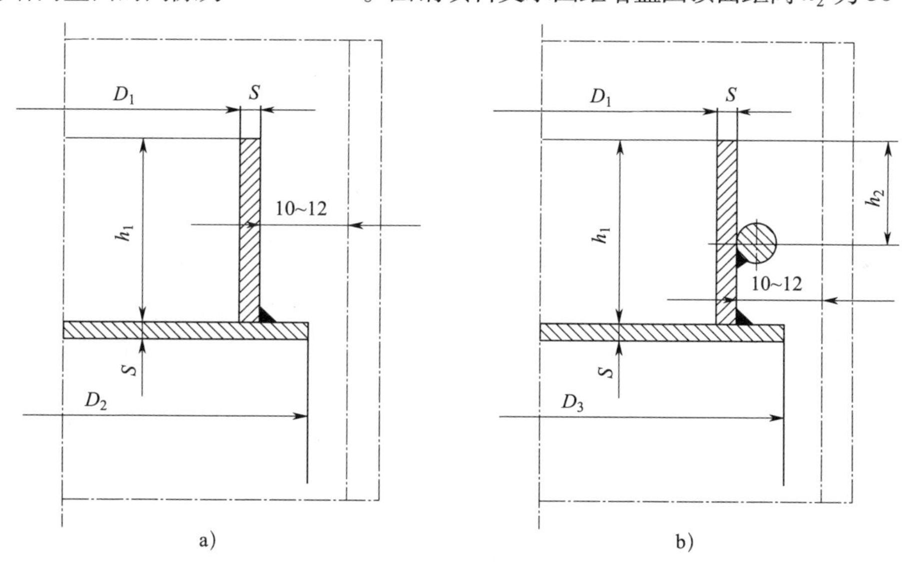

图 4 – 57　角焊式整块塔盘

a）塔盘圈较低时　b）塔盘圈较高时

密封结构采用软填料，如聚四氟乙烯纤维编织填料，如图 4 – 59 所示。

2）分块式塔盘。当塔体直径大于 900 mm 时，为了便于塔盘的安装、检修、清洗，一般将塔盘分成数块，通过人孔送入塔内，装到焊在塔体内壁的支承圈或支承板上，这种结构称为分块式塔盘。分块式塔盘的塔盘分块数与塔体直径有关，具体见表 4 – 1。分块式塔盘根据塔径大小，分为单溢流型塔盘和双溢流型塔盘。当塔径为 900 ~ 2 400 mm 时，采用单溢流型塔盘；当塔径大于 2 400 mm 时，采用双溢流型塔盘，图 4 – 60、图 4 – 61 所示分别为单溢流型塔盘、双溢流型塔盘的结构。

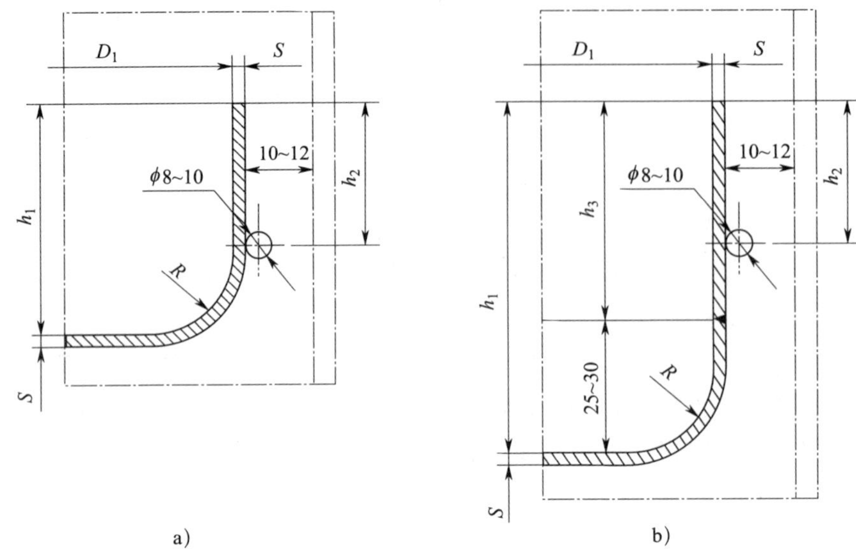

图 4-58　翻边式整块塔盘

a）塔盘圈较低时　b）塔盘圈较高时

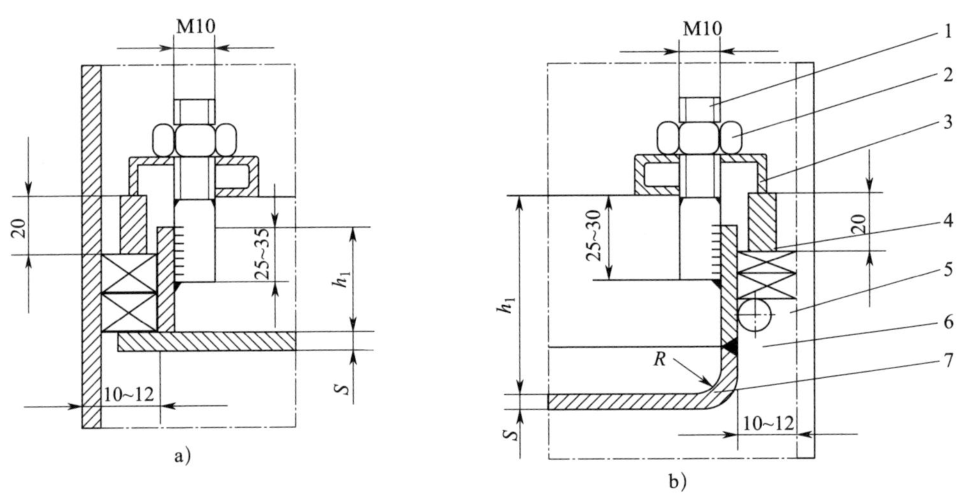

图 4-59　整块式塔盘的密封结构

a）塔盘圈较低时　b）塔盘圈较高时

1—螺栓　2—螺母　3—压板　4—压圈　5—填料　6—圆钢圈　7—塔盘

表 4-1　分块式塔盘的塔盘分块数与塔体直径

塔体直径/mm	800 ~ 1 200	1 400 ~ 1 600	1 800 ~ 2 000	2 200 ~ 2 400
塔盘分块数	3	4	5	6

塔盘的分块，应结构简单，装拆方便，有足够的刚性，并便于制造、安装、检修。一般大多采用自身梁式塔，有时也采用槽式。

3）塔盘的支承。对直径不大（ <2 000 mm）的塔，塔盘的支承一般用焊在塔壁上的支承圈；对直径较大（2 000 ~ 3 000 mm）的塔，应用支承梁结构。

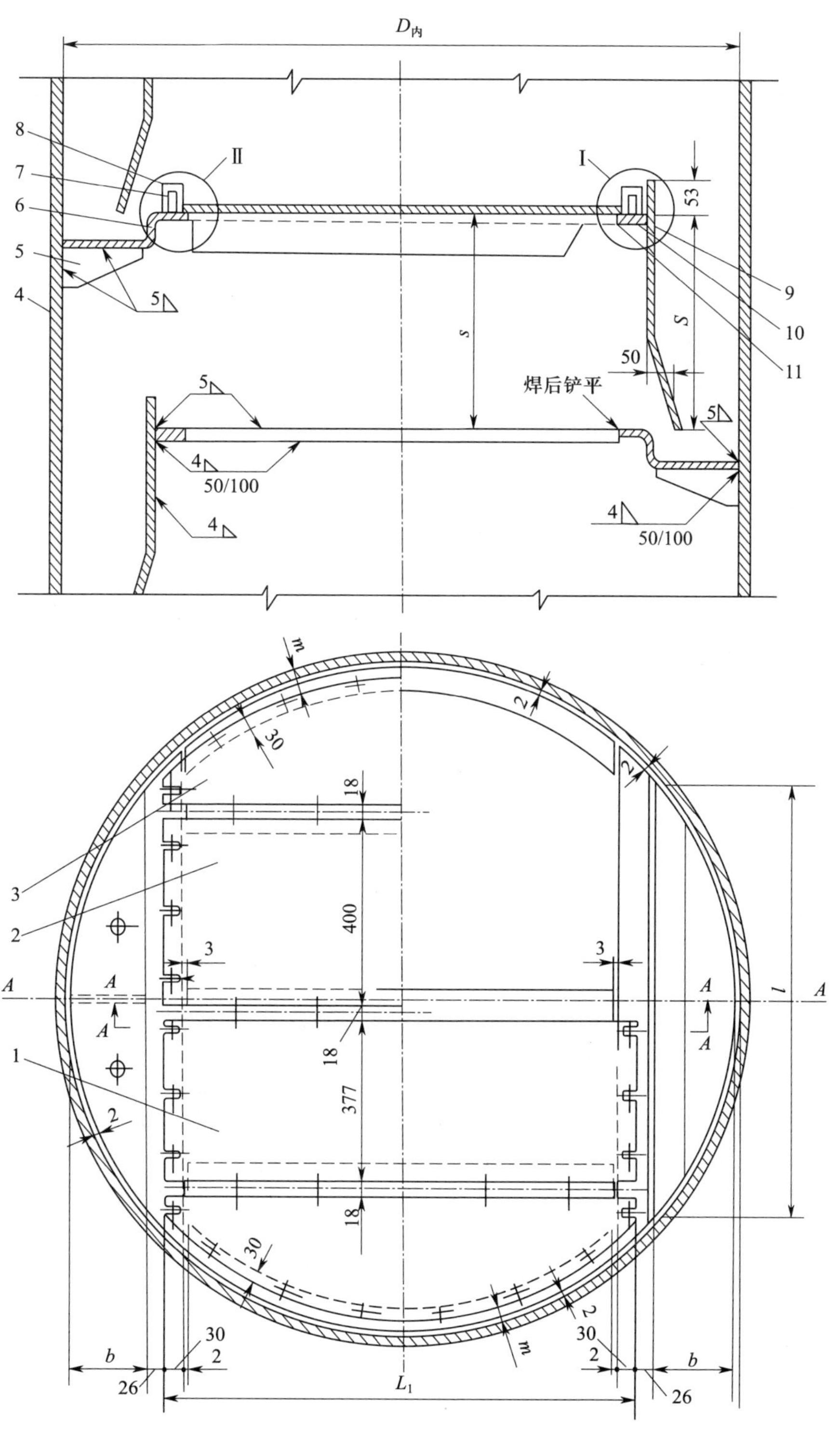

图4－60　单溢流型塔盘结构

1—矩形板　2—通道板　3—弓形板　4—塔体　5—筋板　6—受液盘
7—楔子　8—龙门铁　9—降液板　10—支持板　11—支承圈

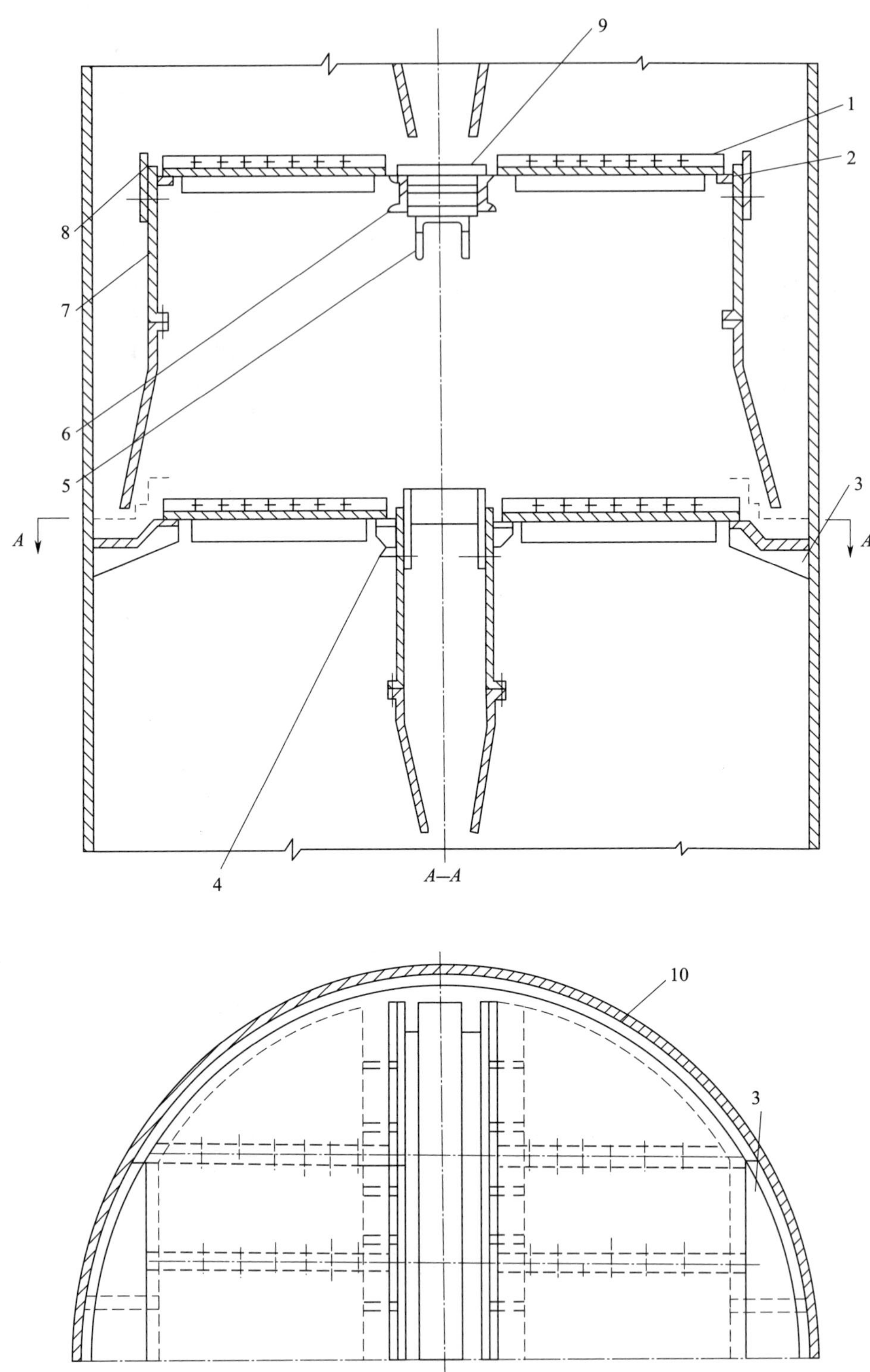

图 4－61　双溢流型塔盘结构

1—塔盘板　2—支承板　3—筋板　4—压板　5—支座　6—主梁
7—两侧降液板　8—可调节的溢流堰板　9—中心降液板　10—支承圈

（2）溢流装置。板式塔溢流装置主要包括溢流堰、降液管和受液盘，其结构分别如图4－62、图4－63和图4－64所示。

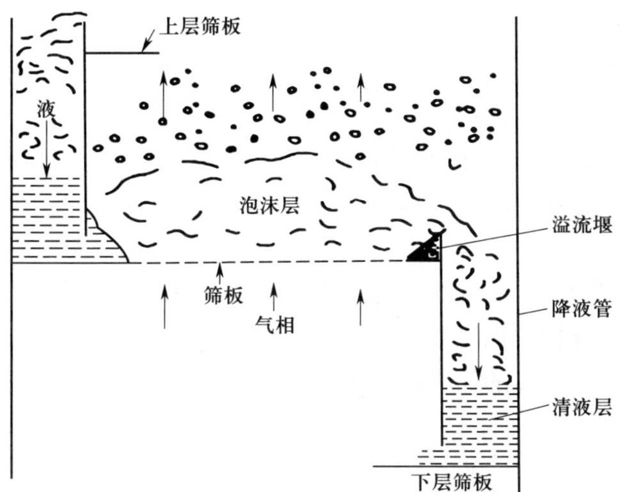

图4－62　溢流堰结构

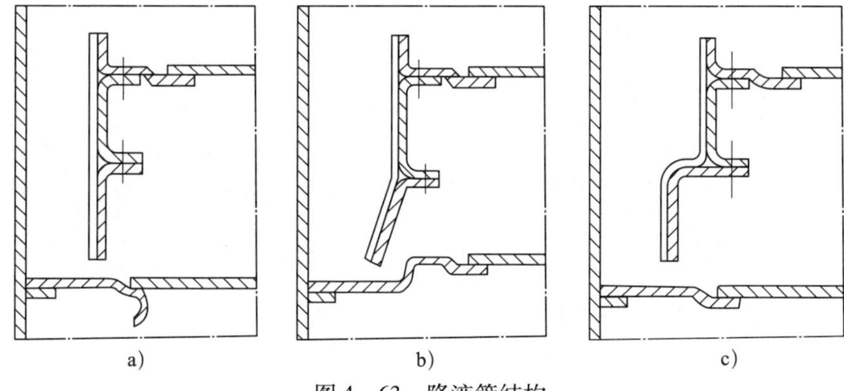

图4－63　降液管结构

a）垂直式　b）倾斜式　c）阶梯式

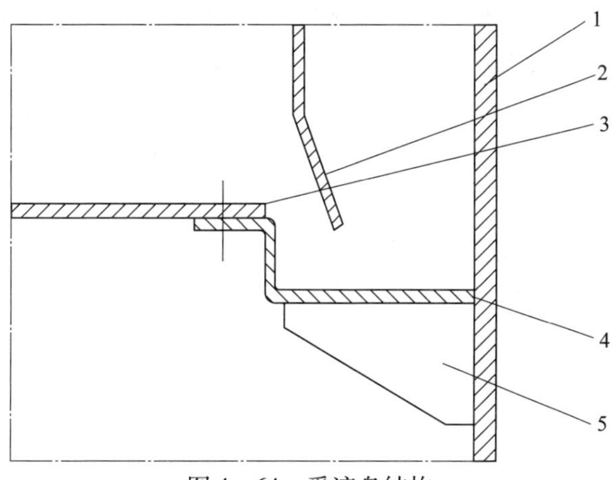

图4－64　受液盘结构

1—塔壁　2—降液板　3—塔板　4—受液盘　5—筋板

溢流堰根据位置分为进口堰及出口堰。进口堰保证降液管的液封，使液体均匀流入下层塔盘，并减少液流在水平方向的冲击，设在液流进入端；出口堰保持塔盘上液层的高度，并使流体均匀分布。

受液盘有平板形和凹形两种，一般采用凹形。凹形受液盘不仅可以缓冲降液管流下的液体冲击，减少因冲击而造成的液体飞溅，而且回流量很小时具有较好的液封作用，同时能使液流均匀地流入塔盘的鼓泡区。凹形受液盘的深度设计不一致，一般在 50 ~ 150 mm。此外，凹形受液盘上开有 2 ~ 3 个泪孔，在检修前停止操作后，可在半小时内使凹形受液盘里的液体流净。

（3）除沫器。除沫器的作用是分离塔顶出口气体中所夹带的液滴，保证传质效率和改善后续设备的操作。除沫器装在塔顶的最上一块塔盘之上，与塔盘之间的距离一般略大于两块相邻塔盘的间距。应用较多的除沫器有丝网除沫器和离心分离除沫器。

1）丝网除沫器（见图 4 – 65）。丝网除沫器是若干层平铺的丝网被夹于上、下格栅之间形成的组合件。除沫器直径为 300 ~ 600 mm 时，组合件为盘形；除沫器直径大于 600 mm 时，便制作成块形。丝网由合成纤维或耐腐蚀金属材料丝编织而成。

图 4 – 65　丝网除沫器

丝网除沫器比表面积大，单位体积的质量轻，使用方便，除沫效率高，流体阻力小。丝网除沫器用于分离大于 5 mm 的液滴时，效率可达 99%。丝网除沫器不适用于处理不洁净的气体，如果被分离的气液混合物中含有固体物质，则易堵塞丝网。

2）离心分离除沫器（见图 4 – 66）。离心分离除沫器一般用金属制成，通常用于分离含有较大液滴或颗粒的气液混合物，除沫效率不如丝网除沫器好。

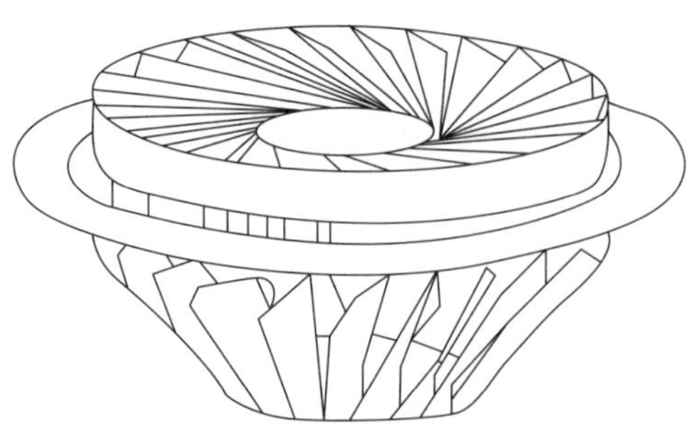

图 4 – 66　离心分离除沫器

（4）塔体和内件的材质。根据介质不同，选取塔体和内件的材质。以煤焦化生产蒸氨工段中蒸氨塔材质选择为例，由于蒸氨塔内温度较高，而且腐蚀性的物质较多，在塔体材质的选择上更应慎重。蒸氨塔顶部、进料处、下部温度不同，介质浓度不同，且介质属碱性，而在碱性溶液中对钢铁腐蚀最有影响的是水中溶解的氧，有微量氧存在即可发生电化学反应。溶液中超量的氯离子可使腐蚀速度大大加快。吸附理论认为：氯离子具有很强的、可被金属吸附的能力，反应速度快，吸附后便形成可溶性物质。造成蒸氨塔腐蚀的主要因素是氨性碱液中的氯离子、溶解氧等。蒸氨塔塔体和塔盘常见的材质有灰铸铁、16MnR、304、1Cr18Ni9Ti、316L、TA2、904L 等。

（5）塔体支座。塔体支座采用裙座，裙座结构及其与塔体连接方式与填料塔支座相同。

思考与练习

1. 简述吸收、精馏、萃取的基本原理。
2. 塔设备主要由哪几部分组成？
3. 说明填料塔的基本构造和工作原理。
4. 填料有哪几种？各有什么特点？为什么要对填料层分段？
5. 常用板式塔有哪些种类？各有什么特点？
6. 板式塔由哪些部分组成？塔盘结构有哪两种？各有什么作用？它们之间的区别是什么？
7. 板式塔与填料塔比较有什么不同？有何优缺点？

§4－2　塔设备的维护与检查

学习目标

1. 熟悉塔设备维护与保养要点。
2. 掌握运行中的塔设备维护与检查方法。
3. 掌握常见故障判断方法并能处理。
4. 掌握塔设备安全停车检查方法步骤。
5. 掌握维护保养记录填写方法。

一、塔设备完好标准

1. 塔设备运行正常，效能良好

(1) 设备效能满足正常生产需要或达到设计要求。

(2) 压力、压降、温度、液面等指示准确灵敏，调节灵活，波动在允许范围内。

(3) 各出入口、降液管等无堵塞。

2. 各部（构）件无损坏，质量符合要求

(1) 塔体、构件的腐蚀在允许范围内，塔内主要构件无脱落。

(2) 塔体、构件、衬里及焊缝无超标缺陷，内件无脱落现象。

(3) 塔体内、外构件材质及安装质量均符合设计及安装技术要求或规程规定。

3. 主体整洁，零部件齐全好用

(1) 安全阀和各种指示仪表应定期校验，灵敏准确。

(2) 消防线、放空线、紧急放空线等安全设施齐全畅通，照明设施齐全完好，各部位阀门开关灵活、无内漏，防雷接地措施可靠。

(3) 梯子、平台、栏杆完整、牢固，保温层、油漆层完整美观，静密封无泄漏。

(4) 基础、钢结构裙座牢固，无不均匀下沉；各部分紧固件齐整、牢固，符合抗震要求。

4. 技术资料齐全准确

(1) 设备档案齐全，并符合企业设备管理制度要求。

(2) 压力容器设备应取得压力容器使用许可证。

(3) 设备结构图及易损配件图齐全。

二、塔设备运行中的维护检查

塔设备在日常运行过程中，受到内部介质压力、操作温度的作用，以及物料的化学腐蚀和电化学腐蚀作用，易发生故障。是否出现故障，能否及时排除故障，与操作中的维护有很大关系。为了保障塔设备安全稳定运行，必须做好日常的维护检查，并记录检查结果，以作为定期停车检查、检修的历史资料。塔设备点检项目见表 4－2。

表 4－2　　塔设备点检项目

检查内容	检查方法	问题判断或说明
操作条件	①查看压力表、温度计和流量表 ②查看设备操作记录	①压力突然降低，说明泄漏；压力上升，说明塔板（或填料）阻力增加，或设备、管道阻塞 ②如果塔底温度低，应及时排水，并彻底排净
物料变化	①目测观察 ②物料组成分析	①内漏或操作条件被破坏 ②混入杂物、杂质或工艺原因导致积料
防腐层、保温层	目测观察	对室外保温的设备，着重检查温度在 100 ℃以下的雨水进入处、保温材料变质处和长期受外来微量的腐蚀性流体侵蚀处

续表

检查内容	检查方法	问题判断或说明
附属设备	目测观察	①进出管阀门的连接螺栓是否松动、变形、腐蚀 ②管架、支架是否变形、松动 ③人孔是否腐蚀、变形，启用是否良好
基础	①目测观察 ②水平仪	基础如出现下沉或裂纹，会使塔体倾斜、塔板不水平，应及时解决
塔体	①目测观察 ②渗透探伤 ③磁粉探伤 ④敲打检查 ⑤超声波斜角探伤 ⑥发泡剂（皂液或其他）检查 ⑦气体检测器	塔体的焊缝及接管、支架处容易出现裂纹或泄漏。对于寒冷地区的塔体，其管线最低点排冷液结构不得造成积液和冻结破坏

三、停车检查

在一般情况下，塔设备应每年定期停车检修 1～2 次，将设备打开，对其内部构件及壳体上大的损坏进行检查、检修。在停车检查前，应预先准备好备件，如密封件、连接件等，以便更换或补充。停车检查的主要项目如下：

（1）取出填料，检查并清洗污垢或杂质。

（2）检测塔壁厚度，做出减薄预测曲线，评价腐蚀情况，判断塔设备使用寿命；检查塔体有无渗漏现象，做出渗漏处的修理安排。

（3）检查填料的磨损破坏情况。

（4）检查液位计、压力表、安全阀是否发生堵塞和是否在规定压力下动作，必要时重新调整和校正。

（5）检查、清理或更换喷淋装置或溢流管，保持不堵、不斜、不坏。

（6）检查栅板的腐蚀程度，防止因腐蚀而塌落。

（7）排放塔底积存的脏物和碎填料。

（8）如果在运行中发现异常振动，停车检查时要查明原因并妥善处理。

四、塔设备的常见故障诊断与处理

塔设备常见故障诊断与处理方法见表 4－3。

表 4－3　塔设备常见故障诊断与处理方法

故障现象	故障原因	处理方法
工作表面结垢	被处理物料含有机械杂质（如泥、砂等）	加强管理，考虑增加过滤设备
	被处理物料中有结晶析出和沉淀	清除结晶、水垢和腐蚀产物
	硬水产生水垢	清理
	设备结构材料被腐蚀而产生腐蚀产物	采取防腐蚀措施

续表

故障现象	故障原因	处理方法
连接处不能正常密封	法兰连接螺栓没有拧紧	拧紧松动的螺栓
	螺栓拧得过紧而产生塑性变形	更换变形的螺栓
	设备在工作中发生振动而引起螺栓松动	消除振动，拧紧松动的螺栓
	密封垫圈产生疲劳破坏（失去弹性）	更换受损的垫圈
	垫圈受介质腐蚀而破坏	更换耐腐蚀垫圈
	法兰面上的衬里不平	加工不平的法兰
	焊接法兰翘起	更换新法兰
塔体厚度减薄	设备在操作中受到介质的腐蚀、冲蚀和摩擦	减压使用或修理腐蚀严重部分，或将设备报废
塔体局部变形	塔局部腐蚀或过热，使材料强度降低而引起变形	防止局部腐蚀引起设备变形
	开孔无补强或焊缝处的应力集中，使材料的内应力超过屈服点而发生塑性变形	矫正变形或切割下严重变形处，焊上补板
	受外压的设备，当工作压力超过临界值时，设备失稳而变形	稳定正常操作压力
塔体出现裂纹	局部变形加剧	修理裂纹处
	存在焊接内应力	
	封头过渡圆弧弯曲半径太小或未经退火便弯曲	
	结构材料缺陷	
	振动与温差的影响	
	应力腐蚀	
塔板操作区不稳定	气相负荷减小或增大，液相负荷减小	控制气、液相流量，调整降液管、出入口
	塔板不水平	调整塔板水平度
塔板上鼓泡元件脱落	安装不正	重新调整
	操作条件被破坏	改善操作条件，加强管理
	材料不耐腐蚀	选择耐蚀材料，更换鼓泡元件
生产效率差，压降与设计差异偏差大	液体分布器分布不均匀（通常可根据塔各段的分离效率确定哪个分布器分布不良）	改善设计，重新设计和制作分布器
	分布器堵塞、腐蚀漏液	清除堵塞，修补或者更换分布器
	安装水平度差	重新安装，调水平
	超过操作弹性	分布器增加开孔或减少开孔
	分布器液体入口导流工作不良	改善液体入口

思考与练习

1. 简述塔设备维护检查的主要内容。

2. 简述塔设备常见故障诊断与排除方法。

3. 讨论塔设备点检注意事项。

实训 4　对塔设备进行维护保养

一、实训目的

1. 能说出装置中塔设备结构组成及维护保养要点，能对塔设备进行维护保养，会判断常见故障。

2. 熟悉塔设备结构组成、维护保养内容，掌握塔设备常见故障的处理方法。

二、器材准备

实训车间现有塔设备、梅花扳手、活口扳手、旋具、铜棒、备用螺栓、钢板尺、手套、手锤、超声波检测仪等，其他器材可根据塔设备情况另行选用。

三、实训内容

针对学校或企业现有塔设备进行维护并填写任务工单（见表 4 –4）。通过查阅参考资料、小组讨论，对塔设备进行维护保养，利用仪器进行点检。

表 4 –4　　任务工单

<table>
<tr><td>设备名称</td><td colspan="5"></td></tr>
<tr><td>设备类型</td><td colspan="2"></td><td colspan="2">设备尺寸</td><td></td></tr>
<tr><td>设计压力/ MPa</td><td></td><td>设计温度/ ℃</td><td></td><td>工作介质</td><td></td></tr>
<tr><td>序号</td><td>部件名称</td><td>规格</td><td>主体材质</td><td>主要作用</td><td>备注</td></tr>
<tr><td>1</td><td></td><td></td><td></td><td></td><td></td></tr>
<tr><td>2</td><td></td><td></td><td></td><td></td><td></td></tr>
<tr><td>3</td><td></td><td></td><td></td><td></td><td></td></tr>
<tr><td>……</td><td></td><td></td><td></td><td></td><td></td></tr>
<tr><td>塔设备日常维护要点</td><td colspan="5"></td></tr>
<tr><td>列举塔设备常见的 3 种故障及处理方法</td><td colspan="5"></td></tr>
</table>

四、实训测评

按表 4－5 所列实训评分标准进行测评，并做好记录。

表 4－5　实训评分标准

项目	考核内容	配分	得分
方案制定	目标是否明确，步骤是否详细规范	10	
试验前的准备	着装是否符合要求，工具准备是否齐全	10	
宏观检查	检查是否全面，记录是否齐全	5	
工器具准备	工具使用是否齐全、合理	5	
操作条件	检查压力表、温度计、操作记录是否完整	10	
防腐层、保温层	超声波检测仪使用是否正确，记录是否完整	10	
压力表检查	压力表表盘、指针、刻度、灵敏度是否检查齐全	8	
液位计检查	是否检查液位计灵敏度	8	
塔体检查	超声波检测仪使用是否正确，记录是否完整	24	
文明安全操作	是否有伤害别人或自己、物件掉落等不安全操作	10	
合计		100	

§4－3　塔设备的检修

学习目标

1. 熟悉塔设备检修内容和质量标准。
2. 会使用常见工具和仪器进行塔体检测和内件检查。
3. 能根据检测结果确定检修方案并进行现场检修。

一、检修塔体

1. 检修周期和检修内容

（1）塔设备检修周期见表 4－6。

表 4－6　塔设备检修周期

检修类别	中修		大修	
	一般介质	易聚合或易腐蚀介质	一般介质	易聚合或易腐蚀介质
检修周期/月	12	6	48	24

（2）检修内容。一般通检项目包括检查、紧固或更换各连接件和管件；检查、修理或更换密封件；清理塔壁，检查塔壁腐蚀情况，测量壁厚；检查焊缝腐蚀情况；检查、修理喷淋、分布、除沫装置等；检查、修理或更换进、出料管和回流管，清洗进料过滤器；检查安全阀、流量计、温度计、压力表；修补保温层，涂漆。

大修项目还应有塔体解体，修理或部分更换；检查壁厚，对加压塔进行壁厚强度校核；检查、清理料垢和防腐层；修理或更换易损件及附属设备；检查并找正塔体铅垂度、直线度、塔体高度，紧固地脚螺栓；检查、修理塔裙座；检查、修理塔体裂纹、塔体局部变形，检查、修理塔基础的裂纹、下沉情况；塔体除锈、涂漆、保温等。

2. 塔设备检修前的准备

（1）备齐必要的图样、技术资料，必要时编制施工方案。

（2）备好机具、材料，检验合格后运到施工现场；准备好劳动防护用品。

（3）塔设备与连接管线应加盲板隔离。塔内部必须经过吹扫（蒸煮）、置换、清洗，并符合有关安全规定。

（4）加工高含硫原油的塔设备经吹扫、置换后，内部残留的硫化亚铁遇空气会引起自燃，必须在塔设备吹扫（蒸煮）后用钝化剂进行钝化并用水清洗。

（5）做好防火、防爆和防腐的安全措施，达到检修要求。

3. 检修方法

（1）拆卸。吊装时应注意人身安全，且不能碰撞塔体及附件；拆卸塔盘时应按顺序编号标记；拆卸时应注意保护各密封面，保持塔座水平度。

（2）塔体检查。每次检修前要检查各附件（压力表、安全阀与放空阀、温度计、单向阀、消防蒸汽阀等）是否灵活、准确；检查塔体腐蚀、变形、壁厚减薄、裂纹及各部焊接情况，进行无损检测，并做好详细记录；检查塔内污垢和内部绝缘材料。

塔体裂纹一般采用着色探伤或磁力探伤法检查。根据裂纹深度及宽度不同，一般采用磨掉补焊或挖补等修理方法，见表 4－7；塔体局部变形按表 4－8 的方法检修；塔体的铅垂度、直线度按表 4－9 的方法检查、调整。

表 4－7　　塔体裂纹的检修方法

裂纹类型	未穿透裂纹		穿透窄裂纹	穿透宽裂纹
	$h<0.1s$	$h>0.4s$	$\delta<1.5$ mm	$\delta>1.5$ mm
修理方法	磨掉，圆滑过渡	铲坡口补焊	铲坡口补焊	挖补

注：①h 为裂纹深度，mm；s 为塔体厚度，mm；δ 为裂纹宽度，mm。
②以上 3 类裂纹的补焊均应参照原设备图样和制造技术条件；属于压力容器的，须按有关标准、规定执行。

表 4－8　　塔体局部变形的检修方法

变形类型	局部变形		整体变形
	不严重	很严重	
修理方法	①静压力热矫正 ②冲击热矫正	挖补修理	局部更换

表 4-9　塔体的铅垂度、直线度检查、调整

检查项目	检查方法	调整方法
铅垂度	铅垂线法、经纬仪法	用垫板调整
直线度	铅垂线法	多塔节可用偏垫或调换塔节方位

属压力容器的塔类设备检修时，塔体修理如开孔、焊补、换筒节等，应按压力容器的有关规定，制定具体施工方案和施焊工艺，并经厂技术负责人审批。

（3）组装。做好组装前的准备工作。对于检修后仍可使用的零部件，在安装前应清除表面油污、污料、焊渣、铁锈、泥沙、毛刺等杂物；对塔节、塔板、支承圈等，应注意防止变形，内表面焊缝应平整。

塔盘安装前应进行预组装，在塔外按图把塔盘零件组装一层，调整并检查塔盘是否符合要求。塔盘的组装可采用卧装和立装。对整块式塔盘的安装，原则上采用立装。塔盘组装前要检查塔体不圆度以及定距管、拉杆、螺栓、填料压板、压圈填料等的规格是否符合要求。

塔设备的安装可采用分节安装和整体吊装两种方法进行，分节安装又可采用顺装（从下向上逐节进行装配，并找水平）和倒装（从上向下逐节进行装配，并找水平）。安装时，应按塔节编号顺序安装，并对准定位标记，随时检查塔节的水平度、直线度、铅垂度，且保证塔节密封面密封可靠，管口方位符合安装图样要求。

塔节水平度可用水平仪或盛水法测试。采用盛水法测试时，水位应随分节组装逐步上升。铅垂度可用铅垂线法和经纬仪法测量。

4. 塔设备检修质量标准

（1）塔体的质量标准。塔体同一断面的圆度允差见表 4-10，塔体分段处外圆周长允差见表 4-11。塔体分段处端面平面度偏差不大于 $D/1\,000$（D 为塔外径）且不大于 2 mm。

表 4-10　塔体同一断面的圆度允差

塔体承压形式	圆度允差
内压	≤1%D，且不大于 25 mm
外压	≤0.5%D，且不大于 25 mm
内外压	≤0.5%D，且不大于 15 mm

注：①圆度的测量应测塔体表面，不得测焊缝、附件或其他突起处。
②有开孔补强时，测补强圈边缘 100 mm 以外的位置。
③塔体凹凸处应平滑过渡。

表 4-11　塔体分段处外圆周长允差

塔直径 D/m	<0.8	0.8~1.2	1.3~1.6	1.7~2.4	2.6~3	3.2~4	4.2~6
外圆周长允差/mm	±5	±7	±9	±11	±13	±15	±18

塔体高度允差为 $3H/1\,000$（H 为塔高），且不超过表 4-12 中规定数值。

表 4－12　**塔体高度允差**

塔体高度 H/m	≤30	30 < H≤60	60 < H≤90	H > 90
允差/mm	±30	±40	±60	每增加 10 m，加差 5 mm

塔体高度在 20 m 及以下时，塔体直线度允差为 2H/1 000，且不大于 20 mm；塔体高度在 20 m 以上时，塔体直线度允差见表 4－13。塔体安装垂直度允差为 2/1 000 的塔体高度，且不大于 30 mm。

表 4－13　**塔体直线度允差**

塔体高度 H/m	H≤20	20 < H≤30	30 < H≤50	50 < H≤70	70 < H≤90	H > 90
直线度允差/mm	2H/1 000，且≤20	≤H/1 000	≤35	≤45	≤55	≤65

（2）塔体安装质量标准。塔体安装检修允差见表 4－14。塔体接头、手孔或人孔、视镜与筒体焊接时不得突出于内壁表面，焊接表面应光滑；对属于压力容器的塔设备，应进行无损探伤，且符合有关规程、标准要求；塔体防腐层不应有鼓泡、裂纹和脱层；塔体的保温材料应符合图样要求；塔体外壁按规定保温，表面喷涂色符合有关规定。

表 4－14　**塔体安装检修允差**

检查项目	允差	
	一般塔	与机器相连接的塔
中心轴线位置	当 D≤2 000 mm 时，±5 mm 当 D > 2 000 mm 时，±10 mm	±3 mm
标高	±5 mm	相对标高 ±3 mm
方位（沿底座环圆周测量）	当 D < 2 000 mm 时，10 mm	5 mm
垂直度	当 H < 20 m 时，为 2H/1 000，但不超过 20 mm 当 20 m≤H < 30 m 时，为 H/1 000，但不超过 30 mm	

注：D 为塔外径，mm；H 为塔体高度，m。

5. 压力试验

塔设备检修完毕，应进行清扫，清除铁锈及所有杂物。对无法进行人工清扫的设备，用 0.1～0.3 MPa 的空气和蒸汽吹扫，但应及时除去水分，清扫合格后将塔封闭。

对已检修完工的塔，根据图样和生产需要，进行压力试验。

试验前进行外部检查，并检查焊缝、连接件是否符合要求，管件及附属设备是否齐全，操作是否灵活、正确，螺栓等是否紧固完毕。

塔设备的压力试验包括耐压试验和气密性试验。耐压试验以清水进行，即水压试验。对低压大型塔，试验时应防止因温度骤变或塔体泄漏导致塔内产生负压的情况。对不锈钢塔，应防止氯离子腐蚀。在压力试验时，充水、放水前后应对基础沉降进行观测并记录。试验后及时将水排净，并用压缩空气或氮气将塔吹干。

对不宜做水压试验的塔，可用气压试验代替，气压试验的介质为干燥、洁净的空气、氮气或其他不活泼气体。对要求脱脂的塔，应用无油气体，气体温度不得低于 15 ℃。对不允许有微量介质泄漏及塔内为有毒介质的塔，均应在耐压试验合格后再做气密性试验。

试验压力应符合图样要求且符合表 4－15 的规定。试验压力应根据原塔设计图样及检修中塔的实际情况确定，但一般检修后、投产前应在设计压力下用气体或液体检测其严密性。

表 4－15　　塔的试验压力

塔的类型	受压形式	设计压力 p/MPa	耐压试验压力/MPa		气密性试验压力/MPa
			水压试验	气压试验	
钢制塔	内压	低压（$0.1 \leqslant p < 1.6$）	$1.25p$ 且不小于 $p + 0.1$	$1.2p$	p
		中压（$1.6 \leqslant p < 10$）	$1.25p$	$1.15p$	p
	外压（带夹套）	中压、低压	$1.25p$	$1.15p$	—
	外压（不带夹套）	中压、低压	$1.25p$	$1.15p$	—
真空塔	—	真空	$0.2p$	—	—

6. 塔设备维护检修安全注意事项

（1）易燃、易爆、腐蚀、有毒介质的塔，不允许带压紧固螺栓或更换垫片；易燃、易爆介质的塔，严禁用铁器敲打除锈防腐。

（2）设备维护检修必须符合安全检修规程，并结合实际制定检修方案和安全措施；设备交出检修前，必须排出物料，切断物料来源，降温、清洗、蒸煮、吹扫、置换，并经分析合格后，方可办理设备交出检修手续。

（3）所有关闭的阀门、盲板，挂上警告牌。如需动火，必须办理动火手续。

（4）对属于压力容器的塔设备进行修理，还必须遵照《压力容器维护检修规程》（SHS 01004—2004）的有关规定。

（5）制定检修方案时，其内容必须包括相应的安全措施。

（6）检修人员应熟悉设备特点和工艺介质的物理化学性质。应按规定穿戴劳动防护用品，并严格遵守有关安全规定。

（7）检修时，检修人员进入塔内之前，必须进行氧气含量分析，办理进塔作业许可证，并派专人在人孔等处进行监护，有可靠的联络措施。

（8）进塔检修人员应穿不带铁钉的干净胶底鞋；在塔板上工作时，应站在支承塔板的横梁处或木板上。

（9）塔内作业应保持清洁，避免检修中的垫片、油布、残渣、碎片等杂物遗留在塔内。

（10）起吊内件时，应按有关起重、吊装安全规定进行，并派专人负责。

（11）塔内照明应使用安全电压（12 V）；接线应使用绝缘良好的软线，并可靠接地，符合《特低电压（ELV）限值》（GB/T 3805—2008）的规定。

（12）高处作业时，必须系好安全带，戴好安全帽。

（13）立式笼梯、平台、脚手架必须牢固、可靠。

（14）检修中应加强组织和协调，塔内、塔外、上方、下方应相互照应、密切联系。

施工过程中危害辨识及控制措施见表4-16，环境因素辨识及控制措施见表4-17。

表4-16　施工过程中危害辨识及控制措施

主要作业活动	可能产生的人身伤害	主要控制措施
附件及内件检修、安装	触电、窒息、弧光	作业人员戴绝缘手套，穿绝缘鞋。焊接作业人员穿好防护服，戴好专用手套。设备内要有通风设施
吹扫及脱脂	烫伤、烧伤、中毒、火灾	设备脱脂所用的有机溶剂、浓硝酸等必须按照危险化学品进行严格管理，作业人员佩戴好劳动防护用品。作业区域应设置明显的警示牌及警戒线。编写相应的应急预案
试验	物体打击及高压水、气伤害	编制技术方案和安全措施。作业人员佩戴好劳动防护用品。作业区域设置明显的警示牌及警戒线

表4-17　环境因素辨识及控制措施

主要作业活动	环境因素	主要控制措施
吹扫及脱脂	有毒、有害废弃物	分类收集、标识和封闭存放并委托处理
试验	水、电、气的消耗	水重复使用。减少电能的无功消耗。确保设备封闭良好，减少气体损耗

7. 检修工机具

塔设备检修工机具主要有起重机械、卷扬机、空气压缩机、电焊机、切割机、气焊工具、试压泵以及测量设备、计量器具（如钢卷尺、钢板尺、游标卡尺、万能角度尺、焊接检验尺、经纬仪、塞尺、水平尺、压力表等）。所用测量设备、计量器具应经计量校验合格。

8. 检修规程的编写

（1）编制检修规程时，要做到格式统一，内容完整、准确，规程制定的目的明确，定义和术语规范，设备性能与参数准确，并严格遵守设备安全操作规程。

（2）设备检修技术规程主要内容：检修周期与寿命、检修范围、检修内容、检修程序、检修工艺要求、质量验收技术标准及检测方法、试车验收、检修记录等。

二、检修塔内件

1. 塔内件检修内容

一般检修项目通常包括检查、修理或更换塔板上泡罩、浮阀等部件及调整各部分尺寸；清理、检查、修理塔顶分离器、冷凝器、喷淋装置等。大修时应拆除全部塔盘，进行检查、修理或更换；局部更换塔节；修理或更换塔顶分离器、喷淋装置等；检查、修理或更换进、出料管和回流管，清洗进料过滤器等。

对于浮阀塔，检查、修理或更换塔盘及其构件、附件；检查、修理浮阀及浮阀孔，并补齐浮阀；检查、调整塔盘水平度、板间距、受液盘间距、溢流堰高度等。

对于筛板塔，检查、修理或更换筛板及其构件、附件，清理筛孔及腐蚀层；检查、调整筛板水平度、板间距、受液盘间距、溢流堰高度等。

对于泡罩塔，检查、修理或更换塔盘、泡罩；检查、调整塔盘水平度、泡罩齿根高度、泡罩气缝与塔盘上表面间距，测定溢流堰高度及做鼓泡试验等。

2. 检修前的准备

从技术准备、物资准备和安全技术准备三方面做好检修前的准备工作。

（1）技术准备。技术准备包括准备设备说明书、图样、技术标准等技术资料，运行时间缺陷、隐患、事故、功能等设备技术状态调查记录，主要技术参数、泄漏、腐蚀、结垢等设备性能预检记录；制定检修方案。

（2）物资准备。物资准备包括准备检修用材料、备件，拆装及吊装工具、检测仪器仪表。

（3）安全技术准备。塔设备停止生产后，卸掉塔内压力，将塔内的各物料管路阀门关闭，切断与塔相连通的管路，倒空物料并加堵盲板；对塔及其附属设备蒸煮、吹扫、置换、降温，并进行防火、防爆、防毒的清洗和换气；对塔内外及附属设备的气体取样分析化验，气体浓度达到安全标准后，方可办理动火手续；采取其他人机安全措施，如吊装孔设围栏，吊装现场设警戒线，办好检修安全许可证等。

3. 塔内件检修方法

（1）对拆开的塔节、塔部件、塔内件，应逐件检查，包括检查、紧固或更换各连接件和管件，检查、修理或更换密封件，对不符合要求的予以修理或更换。

（2）检查、清理或更换部分塔盘及支承结构。调整塔盘各部尺寸及水平度，更换密封填料。

（3）检查塔板各部件的结焦、污垢、堵塞情况，检查塔盘、鼓泡构件和支承结构的腐蚀及变形情况。塔节、塔盘等零部件结垢较严重，手工铲除较困难的，可采用喷砂或化学清洗方法清理，腐蚀较严重的可采用静电喷涂、热喷涂等方法涂敷各种耐腐蚀涂料层，延长使用寿命。

（4）检查塔盘上各部件（溢流堰、受液盘、降液管）的尺寸是否符合图样及标准的要求。

（5）检查塔盘、填料、鼓泡构件等部件的紧固情况，是否有松动现象。对于浮阀塔塔盘，应检查其浮阀的灵活性，有无卡死、变形、冲蚀等现象，浮阀孔是否堵塞。

4. 板式塔内件检修质量标准

（1）塔盘检修质量标准。塔盘应符合《板式塔内件技术规范》（NB/T 10557—2021）的规定。塔盘局部平面度在300 mm长度内公差为2 mm，塔盘在整个板面内的平面度公差应符合表4－18的规定。塔板长度偏差不得超过－4 mm，宽度偏差不得超过－2 mm。

表4－18　塔盘的平面度公差　mm

塔板长度	平面度公差	
	筛板、浮阀、圆泡罩	舌形
<1 000	2.0	3.0
1 000～1 500	2.5	3.5
>1 500	3.0	4.0

筛板塔塔盘筛孔孔径与孔距允许偏差以及舌形塔塔盘相邻固定舌片中心距的允许偏差见表4－19。筛板塔允许孔径超差的百分数及其允许偏差、固定舌片及舌孔尺寸的允许偏差见表4－20。浮阀塔塔盘板孔径应为$\phi39^{+0.5}_{-0.1}$ mm，相邻孔距的允许偏差不得超过±2.5 mm。任意孔距的允许偏差不得超过±6 mm。泡罩塔塔盘相邻升气管孔的孔径允许偏差不得超过±2.5 mm，其任意孔距的允许偏差不得超过±6 mm。

表4－19　孔径与孔距允许偏差　mm

尺寸		孔径允许偏差	孔距允许偏差
孔径	孔距		
2～4	3～10	±0.2	±0.6
5～10	7～20	－0.4～＋0.2	±1.0
12～18	10～45	－0.6～＋0.4	±1.6

表4－20　超差百分数及孔距允许偏差　mm

尺寸		超差百分数/%	孔距允许偏差
孔径	孔距		
2～4	3～10	10	±1.2
5～10	7～20	5	±2.0
12～28	16～45	3	±3.2

（2）泡罩检修质量标准。圆泡罩制造应符合相关标准，泡罩底隙取决于材料的清洁程度，具体见表4－21。安装圆泡罩时，应调节泡罩高度，使同一层塔盘所有泡罩齿根到塔盘上表面的高度符合图样要求，其允许偏差不得超过±1.5 mm。泡罩安装后，泡罩与升气管的同轴度不超过3 mm。其他类型泡罩参照相关标准执行。

表4－21　泡罩底隙　mm

料液	底隙
清液（挥发油）、酒精等	0.005～0.010
一般液（原油等）	0.010～0.019
脏液（有沉淀物）	0.035

（3）浮阀检修质量标准。浮阀质量应符合《板式塔内件技术规范》（NB/T 10557—2021）的规定。安装时，应检查浮阀的质量，并测量浮阀的高度、平面度、表面伤痕及毛刺等情况。浮阀安装后，应检查浮阀腿在塔板孔内的挂连情况。浮阀腿弯角长度及角度应符合设计要求。托浮阀时应能上下活动，开度一致，没有卡涩现象。其他型号的浮阀安装可参照相关标准进行。

（4）板式塔塔节内件检修质量标准。塔内支承圈上表面和塔盘面水平度公差应符合

表 4－22 的规定；相邻两层支承圈的间距偏差为 ±3 mm，任意 20 层支承圈间距偏差不得超过 ±10 mm；受液盘、降液板与塔体装配后，降液板底端与受液盘上表面的垂直距离 K 的偏差、降液板与受液盘立边的水平距离 D 的允差按图 4－67 的规定；塔盘构件其他位置的偏差按图 4－68 的规定；溢流堰顶水平度公差和堰高极限偏差应符合表 4－23 的规定。

表 4－22　塔内支承圈上表面和塔盘面水平度公差　mm

塔体公称内直径	支承圈上表面水平度公差	塔盘面水平度公差
$D \leqslant 1\ 600$	3	4
$1\ 600 < D \leqslant 4\ 000$	5	6
$4\ 000 < D \leqslant 6\ 000$	6	9
$6\ 000 < D \leqslant 8\ 000$	8	12
$8\ 000 < D \leqslant 10\ 000$	10	15

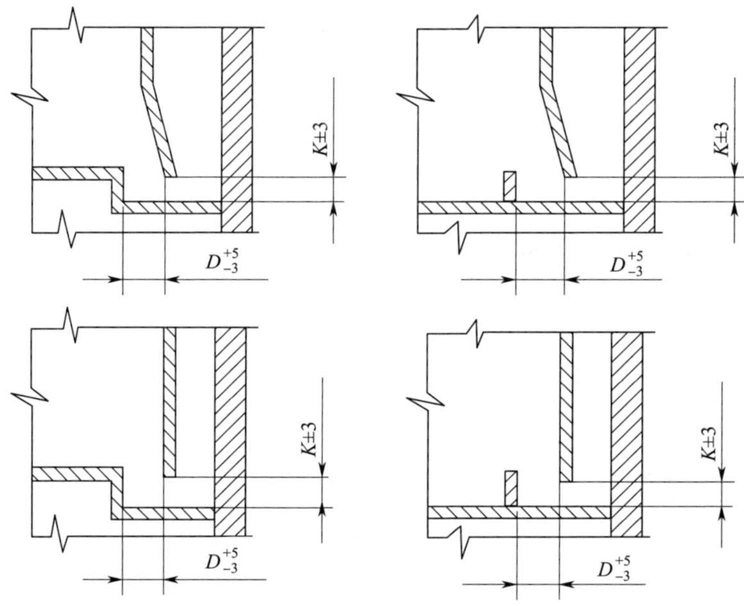

图 4－67　K 的偏差与 D 的允差

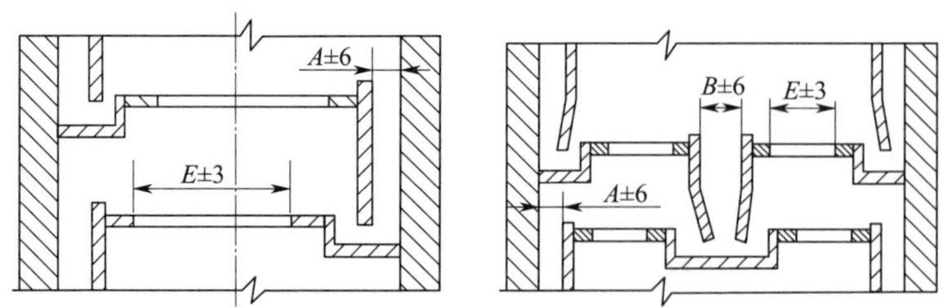

图 4－68　塔盘构件其他位置的偏差

A—塔内壁至降液板距离　E—两支承板间距　B—中间降液板间距

表4－23　溢流堰顶水平度公差和堰高极限偏差　mm

塔盘直径 D	$D\leqslant 1\ 500$	$1\ 500 < D \leqslant 2\ 500$	$D > 2\ 500$
堰顶端水平度允许偏差	3.0	4.5	6.0
塔盘直径 D	$D\leqslant 3\ 000$		$D > 3\ 000$
堰高允许偏差	±1.5		±3.0

5. 填料塔内件检修质量标准

填料支承结构安装应平稳、牢固，安装水平度（指规整填料）不得超过塔径的千分之二，且不大于4 mm；喷淋装置、液体再分布装置安装允许偏差应符合塔维护检修规程规定；溢流槽支管开口下缘应在同一水平面上，允许偏差为2 mm。

填料装填时，填料应干净，不含泥沙、污物，破碎变形者必须拣出；颗粒填料在规则排列部分应靠壁逐圈整齐正确排列，排列位置允许偏差为其外径的1/4；乱堆颗粒填料也应从塔壁开始向塔中心均匀填平。装填时，一般高塔采用湿法（塔内装满水，填料从塔顶倒入），低塔采用干法堆放。

6. 塔内件检修安全注意事项

（1）必须遵守化工企业安全管理制度，并结合实际制定检修方案和安全措施；严格办理设备交出检修手续。

（2）进入容器内检修，必须遵守入塔进罐的安全规定并办理有关手续。塔外必须有监护人员，塔内使用照明电压不高于12 V的防爆灯具。塔内件检修时，每层塔盘的承载人数不得超过塔盘的承载能力，一般不宜超过表4－24的规定。

表4－24　塔盘的承载人数限定

塔内径/mm	1 500～2 000	2 000～2 500	2 500～3 200	3 200～4 000	4 000～5 000	5 000～6 300
人数	2	3	4	5	6	7

（3）塔内作业人员必须穿干净的胶底鞋，作业时应站在梁或木板上。每层塔盘安装完毕后必须进行检查，避免将工具等物遗忘在塔内。

三、检修案例

某企业设备部组织对T1502脱水塔进行停车检修。

1. 确定负责人

确定项目负责人、检修负责人、技术负责人、工艺负责人、安全负责人。

2. 检修内容

（1）拆卸脱水塔M1至M5人孔，通道板通塔拆卸，内部检查。

（2）拆卸并更换1#至3#、9#至11#、15#至17#塔盘。

（3）在脱水塔底部出液口增加防堵塞装置。

3. 工艺处理方案

（1）精馏塔、回流罐液位降至最低液位的 20%，运行脱轻塔（脱去混合介质中的轻组分）、脱水塔，尽可能通过采出管线采出脱水塔酸液至不合格品储槽。

（2）待脱水塔合成温度降至 120 ℃，停母液泵，将脱轻塔、脱水塔退出系统，脱轻塔、脱水塔排液、水煮。脱水塔开上、下人孔各一，加盲板，开始接风机通风。

4. 设备检修方案

（1）检修前施工准备如下：

1）脱水塔 9 层新塔盘到货，并且质检合格。

2）按照《系统检修工艺开停车与置换隔离方案》对脱水塔进行工艺处理，对脱水塔塔盘进行隔离，增设盲板。

3）在脱水塔上挂定滑轮，方便吊卸塔盘。

（2）T1502 脱水塔检修步骤如下：

1）拆卸脱水塔 M1 至 M6 人孔，拆卸脱水塔再沸器上部弯管及下部短节，通风置换。

2）拆卸 1#至 59#塔盘通道板，对内部塔盘进行检查，针对塔盘可能出现的坍塌、变形、紧固件脱落等现象进行修复和补充。

3）拆卸 1#、11#塔盘 TF05、TF06、TF04L 塔板作为上下塔盘物料的吊装层。

4）从 M1 人孔处自上至下依次拆卸 1#至 3#塔盘，并把塔盘清理出脱水塔，定点存放。

5）从 M2 人孔往上，拆卸 11#塔盘，然后拆卸 10#塔盘 TF05、TF06、TF04L 塔板，再整体拆卸 9#塔盘，最后拆除 10#塔盘剩余塔板，把拆卸下的塔盘从 M2 人孔处移出脱水塔。

6）拆卸 12#、14#塔盘通道板旁 TF06 塔板和 13#塔盘的 TF05 塔板，作为吊装通道。

7）自上至下整体拆卸 15#至 17#塔盘，从上部 M2 人孔将其移出脱水塔。拆卸旧塔盘支承杆、通道板塔盘上耳板及压板，回收利用。

8）从 M2 人孔进入，自下至上依次安装 15#至 17#塔盘及 12#至 14#塔盘。

9）从 M1 人孔进入，自下至上依次安装 1#至 3#塔盘。

10）利用拆卸下的加固件，对新塔盘加固，在 1#至 3#、12#至 14#、15#至 17#塔盘下部焊接支承板，在通道板上方焊接耳板及压板。

11）详细检测塔体，检查其余塔盘及浮阀的腐蚀、磨损、减薄情况。如果有通道板断裂，应进行清理并补焊。缺失紧固件的，应进行补充。清理塔盘异物。

12）在安装新塔盘的同时，组织检修人员从 M2 至 M5 人孔进入，清理出内部异物，分批回装通道板，通塔检查脱水塔塔盘。

13）在脱水塔底部排液口增加防堵塞装置，并将其焊在塔底管口处。

14）更换垫片，回装 M1 至 M5 人孔，回装脱水塔再沸器弯头。

15）抽盲板，更换垫片，回装。

16）脱水塔气密性试验合格。

5. 盲板隔离方案

脱水塔盲板隔离方案按照《系统检修工艺停开车与置换隔离方案》编制。

6. 物资材料、备品备件准备情况

参照表 4－25 准备物资材料、备品备件。

表 4－25　　物资材料、备品备件清单

名称	规格	材料	数量	备注
各层紧固件、垫片（每层 11 种）	BA10、BA11、BA12、BA13、BA14、BA15、BA16、BA17、BA18、BA19、BA20	Zr702	不定	新采购
人孔垫片	ϕ584 mm/ϕ496 mm，t = 3 mm	增强 PTFE	5 片	自做
再沸器短节垫片	ϕ690 mm/ϕ600 mm，t = 3 mm	增强 PTFE	2 片	自做
液相出口短节垫片	ϕ866 mm/ϕ800 mm，t = 3 mm	增强 PTFE	2 片	自做
1#至 3#、9#至 11#、15#至 17 #塔盘	ϕ2 000 mm/ϕ2 600 mm，t = 3 mm	R60702	10 层	新采购
焊丝	直径为 2.0 mm	R60702	2 kg	库存
脱水塔底部防堵塞装置	—	R60702	1 件	—

注：t 指厚度。

7. 拆卸及检测工机具情况

（1）维修常用工具 16 mm/17 mm 梅花扳手各 2 把，24 mm/27 mm 插口梅花扳手各 2 把，41 mm/50 mm 敲击扳手 4 件，12″①活口扳手 2 把，18″②活口扳手 2 把，6″③活口扳手 4 把，钳工钳 2 件，大锤、手锤各 4 件。

（2）照明使用变压器、电缆和灯具及通风设备等。

（3）垫塔盘用三防布或者条纹塑料布 1 捆。

（4）地面铺设胶皮。

（5）安全绳 3 件、吊装绳 1 根、绳梯 2 件。

（6）卡环、钢丝绳等吊装工具。

（7）锆材焊接用氩弧焊焊机、焊接工具，以及 99.999% 氩气 20 瓶。

（8）轴流风机 1 套、配电箱 1 套。

（9）现场准备相应的急救设施及一定数量的安全防护器材（干粉灭火器 2 件及防酸手套、防酸胶鞋、空气呼吸器）。

8. 维修人员准备

维修钳工 4 人，起重工 1 人，特材焊接焊工 1 人（外协），塔盘安装工 8 人。

9. 工艺处理及检修施工预计时间

（1）第 1 天：系统停车，T1502 脱水塔排液，预计 24 h。

（2）第 2 天：氮气置换，预计 24 h。

（3）第 3 天：加盲板，开 M1、M5 人孔通风置换，预计 12 h。

---

①②③　12″ 活口扳手、18″ 活口扳手、6″ 活口扳手分别表示活口扳手手柄长度为 300 mm、450 mm、150 mm。

（4）第 3 天：拆卸 M2 至 M4 人孔，拆卸再沸器上部弯头及下部短节，预计 4 h。

（5）第 4 ~ 7 天：拆卸 1#至 59#塔盘通道板，拆卸 12#至 14#塔盘的 TF05、TF06、TF04L 塔板，下部搭设木制脚手架。

（6）第 4 ~ 7 天：拆卸 1#至 3#、9#至 11#、15#至 17#塔盘，并将其移出脱水塔。

（7）第 8 天：检查 60#塔盘，视情况补焊。

（8）第 8 ~ 11 天：检查 4#至 8#、18#至 59#塔盘，视检查情况，对缺失紧固件、浮阀进行修补，对变形、损坏的塔盘整形后恢复。

（9）第 8 ~ 11 天：回装 1#至 3#、9#至 11#、15#至 17#塔盘，回装拆卸的 12#至 14#塔盘的 TF05、TF06、TF04L 塔板。

（10）第 12 ~ 13 天：内部清理，回装 1#至 59#塔盘通道板。

（11）第 13 天：清理拆卸下的塔盘，放至指定位置存放。

（12）第 13 天：在脱水塔底部至成品塔进料泵入口管口增设防堵塞装置，进行焊接安装。

（13）第 14 天：更换垫片，回装人孔、再沸器弯头及短节。

（14）第 15 天：抽盲板，进行气密性试验。

10. 现场焊接要求

（1）任何锆材表面被加热前必须使用电动工具、硬质合金刀具或其他认可的方法清洁焊接表面及附近范围的表面氧化物和其他表面污染物，去除灰尘，再用丙酮进行清洗。清洗后的部位必须在 2 h 内焊接，如果不能在 2 h 内完成焊接工作，则应重新进行清洗。焊接表面及焊丝应及时用丙酮去除油污。

（2）按工艺要求进行焊接施工，使用露点温度小于 -50 ℃的高纯氩气（99.999%）充分保护。

（3）锆材焊接后，焊缝表面颜色应为银白色。当焊缝颜色变为金黄色时，必须停止焊接，同时重新对焊接区域进行清洗。焊接颜色除银白色、金黄色以外，不允许出现其他任何颜色。

（4）锆材焊接后，对所有焊接部位进行酸洗钝化并检验合格。

11. 安全防护及个人防护措施

（1）检修前，对参与检修的人员进行安全教育，组织学习检修方案，对检修任务进行分工、明确责任。检修所需的备件、材料、工机具和拆卸的零部件、螺栓等要整齐摆放到规定地点，做到“不见天、不落地”。检修后，做到“工完、料净、场地清”。

（2）按照规定办理检修所需的设备检修作业证、动火作业证等票证，在设备内作业时办理有限空间作业票，配备 2 套移动气源，并配足够的空气气瓶。

（3）地面铺设胶皮，用帆布搭盖材料，工器具定置管理，科学文明检修。

（4）设备相连管道按照要求安装盲板与设备有效隔离，设备置换后确保无有害、易燃等气体，有良好的通风措施。

（5）检修完毕后确保设备内无杂物，无缺件，无漏项，管道内用白棉布进行全面彻底

的清理。应有施工单位和车间专人对检修施工情况进行检查、记录、签字，及时存档保存。

（6）各工种人员听从指挥，服从管理，根据工作进度施工，真正做到在保障检修质量的前提下有序检修。

（7）塔内照明应采用 12 V 安全防爆灯具，且必须采用绝缘良好的电线。应确保塔内无有害气体，有通风措施。应有专人监护，与外界联系畅通及时。

（8）钳工工具、防酸吊绳、吊装软绳等要确保可靠、好用。保障洁净的施工环境，严禁在含铁等灰尘的区域施焊或组装，避免铁离子污染。

（9）维修过程中替换下来的旧件不得随意丢弃。

（10）现场准备相应的急救设施及一定数量的安全防护器材。检修监护人员具备基础的急救能力。

12. 环境评价、安全风险评价

（1）环境评价。T1502 脱水塔检修前工艺处理：将残留酸液从导淋管排入集液槽，然后进行酸洗，并将酸洗液回收至废酸槽，最后用软水冲洗，冲洗液进入废水池，用碱中和至 pH 合格后方可外送。

检修内容无有害因素存在，对安全、环境、健康不会造成任何方面的影响。

（2）安全风险评价。检修过程危害因素及控制措施见表 4－26。

表 4－26　检修过程危害因素及控制措施

作业活动	危害因素	可能导致的事故	控制措施	启动/关闭时间
设备内作业	①设备内残留有害气、液 ②设备相连管道及设备进气、进液 ③设备内环境腐蚀 ④设备内照明设施漏电	窒息、电伤、高处坠落	①严格执行设备冲洗、置换方案 ②加强通风，按时分析有害气体浓度 ③穿戴劳动防护用品 ④专人监护，设置相应的急救设施 ⑤设备按照盲板图进行盲板隔离 ⑥按工机具准备要求使用安全照明	拆卸开始至检修结束
交叉作业	①上下投掷物件 ②作业层之间没有安全防护措施	人身伤害和设备损坏	①在检修处设置安全防护平台 ②做好现场监护	拆卸开始至检修结束
动火作业	①乙炔瓶无回火器 ②无防火措施 ③动火点四周易燃物未清理	火灾、爆炸	①用前检查氧气瓶、乙炔瓶，防止漏气 ②检查周围是否有易燃易爆物品，做好隔离 ③在指定位置放置灭火器等灭火设施	拆卸开始至检修结束
登高作业	①脚手架不牢固，防护网、围栏不符合规定 ②未佩戴安全带等劳动防护用品 ③工具未装袋导致脱落	高处坠落、物体打击、坍塌	①脚手架搭设牢固，防护栏符合规定 ②佩戴安全带、安全帽等劳动防护用品 ③工具入袋	脱水塔内部检修期间

续表

作业活动	危害因素	可能导致的事故	控制措施	启动/关闭时间
拆装作业	①设备内残留有害气、液 ②设备及相连管道进气、进液 ③拆装碰撞	酸伤害、中毒、机械伤害	①严格执行设备冲洗、置换方案 ②加强通风，按时分析有害气体浓度 ③穿戴劳动防护用品 ④专人监护，设置相应的急救设施 ⑤佩戴一氧化碳报警仪	拆卸开始至检修结束
盲板抽堵作业	①设备内残留有害气体 ②盲板变形、破损、泄漏 ③盲板抽插位置法兰损坏	酸伤害、中毒、机械伤害	①严格执行设备、管道冲洗及置换方案 ②穿戴劳动防护用品 ③专人监护，设置相应的急救设施 ④佩戴一氧化碳报警仪 ⑤盲板规格尺寸符合要求，盲板垫片符合要求	抽插盲板期间
吊装作业	①绳索断裂脱落 ②指挥操作失误 ③钢丝绳无防割措施 ④吊点选择不当 ⑤工具使用不当 ⑥超负荷起吊	物体打击	①所有起重工具使用期必须经过检查 ②专业人员选点、绑扎 ③钢丝绳加垫瓦 ④专业人员吊装指挥	拆卸开始至安装结束

13. 风险辨识

（1）酸伤害、中毒、窒息。控制措施：脱水塔相连管口加盲板，接通风机从下数第一个人孔对脱水塔内部进行强制通风置换，直到置换合格。穿戴好工作服、安全帽、劳保鞋、一氧化碳报警仪等，外部配备紧急用长管呼吸器。

（2）火灾、爆炸。控制措施：现场施工过程严禁烟火，工艺处理彻底，经分析合格，办理相关票证后，方可施工。施工过程中将易燃物清理干净，每个动火点配备至少 2 台灭火器。

（3）触电。控制措施：现场线缆内部铜丝不得外露，接地规范，使用防爆插头，设专人监护。

（4）高处坠落、物体打击。控制措施：办理高处作业证，穿戴好工作服、安全帽、劳保鞋，佩戴五点式安全带，严禁低挂高用。脱水塔检修过程中，使用的检修工具放置在工具袋内。

（5）机械伤害。控制措施：对外来施工人员进行检修培训，对参与检修的人员进行大修前培训，并进行考核，确保考核合格。检修人员穿戴劳动防护用品，选择合格的检修工具，施工过程中必要时佩戴防护眼罩。

14. 验收标准

（1）浮阀塔塔内件的验收标准执行《石油化工静设备安装工程施工质量验收规范》（GB 50461—2008）。

（2）浮阀塔塔盘的验收标准执行《板式塔内件技术规范》（NB/T 10557—2021）。

（3）塔盘各部位安装正确，坍塌、变形的塔盘在整形恢复后安装无缺陷。缺失紧固件补齐，紧固件力矩符合厂家说明书要求。

（4）塔盘各类紧固件安装符合图样要求，满足使用工况连接紧固要求且安装后无松动。

（5）塔盘各部位安装验收符合《浮阀塔检修技术规程》要求。

（6）脱水塔气密性试验合格且开车运行无泄漏。

思考与练习

1. 塔设备检修前的准备工作有哪些？

2. 板式塔各零部件的检修要点及其标准是什么？

3. 简述塔设备常见缺陷故障及处理方法。

4. 塔设备检修后的验收标准有哪些？

实训5　对塔体检测及塔内件检修

一、实训目的

1. 能制定检修方案，使用检测仪器进行塔体检测和塔内件检修。

2. 熟悉塔体检测和塔内件检修内容与质量标准，掌握塔体检测方法、质量标准和塔内件检修方法与质量标准。

二、器材准备

（1）维修常用工具16 mm/17 mm梅花扳手各2把，24 mm/27 mm插口梅花扳手各2把，41 mm/50 mm敲击扳手4把，12″活口扳手2把，18″活口扳手2把，6″活口扳手4把，钳工钳2件，大锤、手锤各4件。

（2）照明使用变压器、电缆和灯具及通风设备等。

（3）垫塔盘用三防布或者条纹塑料布1捆。

（4）地面铺设胶皮。

（5）安全绳3件。

（6）现场准备相应的急救设施及一定数量的安全防护器材（干粉灭火器2件、防酸手套、防酸胶鞋、空气呼吸器）。

三、实训内容

针对学校或企业现有塔设备进行塔体检测和塔内件检修并填写任务工单（见表4－27）。

通过查阅相关资料，分组讨论。综合项目（检修环节分组进行）由小组共同完成任务，每人独立完成一份任务工单并按时提交。

表4－27　　任务工单

<table>
<tr><td colspan="6">一、塔体检测</td></tr>
<tr><td>设备名称</td><td colspan="5"></td></tr>
<tr><td>设备尺寸</td><td colspan="5"></td></tr>
<tr><td>设计压力/MPa</td><td></td><td>设计温度/℃</td><td></td><td>工作介质</td><td></td></tr>
<tr><td>塔体检测指标、相应检测方法及所用检测工具</td><td colspan="5"></td></tr>
<tr><td colspan="6">二、塔内件检修</td></tr>
<tr><td>设备名称</td><td colspan="5"></td></tr>
<tr><td>设备尺寸</td><td colspan="5"></td></tr>
<tr><td>设计压力/ MPa</td><td></td><td>设计温度/℃</td><td></td><td>工作介质</td><td></td></tr>
<tr><td>塔内件检修内容、检修方法及所用工具</td><td colspan="5"></td></tr>
</table>

四、实训测评

按表4－28所列实训评分标准进行测评，并做好记录。

表4－28　　实训评分标准

项目	考核内容	配分	得分
塔设备装拆前的准备	着装是否符合要求，工具准备是否齐全	10	
塔设备的拆卸	拆卸前尺寸测量是否正确	10	
	塔设备连接件各螺栓拆卸顺序是否正确	5	
	取出密封件的方法是否合理	10	

续表

项目	考核内容	配分	得分
塔设备各部件的检查	调整塔盘各部分尺寸及水平度的方法是否正确	13	
	塔盘及支承结构的清理方法是否正确	4	
	更换的密封填料是否正确	3	
	塔板各部件结焦、污垢、堵塞处理方法是否正确	10	
	判断各部分连接管线是否变形，连接处的密封是否正确	5	
塔设备的组装	各部件组装是否牢固	5	
	塔设备各部件安装顺序是否正确	10	
	塔板、填料、鼓泡构件等部件是否紧固	5	
文明安全操作（若对设备或人身产生重大事故隐患，该项分扣除）	整个装拆过程中学员穿戴是否规范，是否文明操作	5	
	是否有撞头、伤害别人或自己、物件掉落等不安全操作	5	
合计		100	

第5章

反应釜及其检修

为化学反应提供反应空间和反应条件的装置，称为反应设备或反应器。反应器广泛应用于石油、化工、橡胶、农药、染料、医药、食品等领域。

在化工生产中，常要进行磺化、硝化、氯化、裂化、聚合以及合成等化学过程，这些以化学反应为主的过程都是在反应器中进行的。反应器是化工生产中的重要设备，对产品的产量和质量起着决定性的作用。常见各种类型的反应器如图 5－1 所示。

a)　b)　c)　d)

图 5－1　常见各种类型的反应器

a）塔式反应设备　b）管式反应设备　c）发酵罐　d）搅拌反应设备

§5-1　认识搅拌反应釜

学习目标

1. 了解反应器的基本要求。
2. 熟悉反应器的分类及特点。
3. 掌握搅拌反应釜的总体结构、主要零部件及其应用。

在化工制药生产中，由于化学反应种类繁多，物料相态各异，反应条件差异很大，反应器也千差万别。通常，按结构型式，反应器可分为管式反应器、塔式反应器、搅拌式反应器等。其中，搅拌式反应器结构简单，操作简便灵活，操作弹性大，物料的浓度、温度和压力的可控范围广，适应性强，反应结束容易出料，便于清洗。搅拌式反应器既可用于间歇操作过程，又可单釜或多釜串联用于连续操作过程。搅拌式反应器可以使物料混合均匀，强化传热和传质，使气体或固体颗粒在液相中均匀分散或悬浮，普遍用于化工、制药、染料以及化纤生产中。

一、对反应器的基本要求

（1）有足够的反应容积，以保障设备具有一定的生产能力，保障物料在设备中有足够的停留时间，使反应物达到规定的转化率。

（2）有良好的传质性能，使反应物料之间或与催化剂之间达到良好的接触。

（3）有良好的传热性能，能及时、有效地输入或引出热量，保障反应过程在最适宜的操作温度下进行。

（4）有足够的机械强度和耐腐蚀能力，结构合理，运行可靠，经济适用。

（5）操作方便，易于安装、维护和检修。

二、反应器的分类及特点

工业用反应器的类型很多，按操作方式分为间歇反应器、连续反应器和半连续（或半间歇）反应器等，按物料的聚集状态分为均相反应器和非均相反应器，按反应器的结构主要分为管式反应器、塔式反应器、固定床反应器、流化床反应器及搅拌式反应器等。

1. 管式反应器

管式反应器（见图5-2）是一种呈管状、长径比很大的连续操作反应器。管式反应器可以很长，如丙烯二聚反应的反应器管长以千米计。反应器的结构可以是单管，也可以是多管并联；可以是空管（如管式裂解炉），也可以是在管内填充颗粒状催化剂的填充管，以进行多相催化反应。

a)

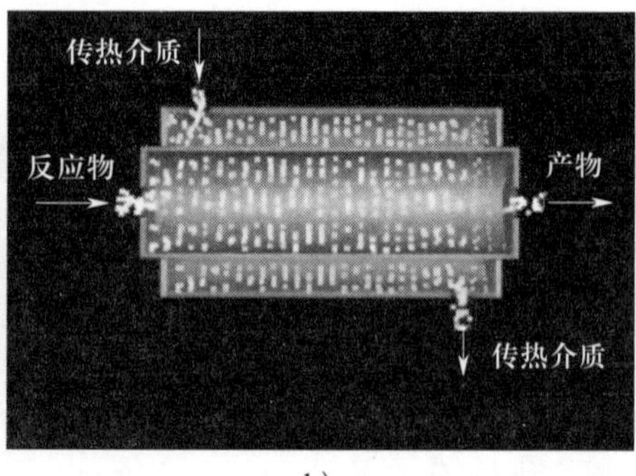

b)

图 5－2 管式反应器

a）外形 b）结构

2. 塔式反应器

塔式反应器指用于实现气、液相或液、液相反应过程的塔式设备，包括填充塔、板式塔、鼓泡塔等，如图 5－3 所示。塔式反应器有关内容可参考第四章。

a)

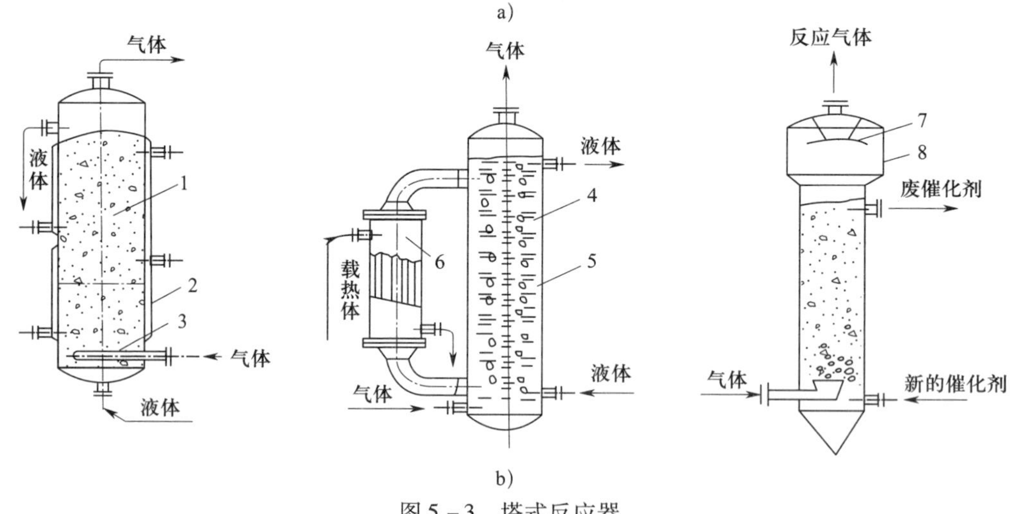

b)

图 5－3 塔式反应器

a）填料塔 b）鼓泡塔

1—分布格板 2—夹套 3—气体分布器 4—塔体 5—挡板 6—塔外换热器 7—液体捕集器 8—扩大段

3. 固定床反应器

固定床反应器（见图 5－4）属非均相物料反应器，多用于气态反应物通过静止的催化剂颗粒构成的床层进行气固相催化反应，如氨合成塔、二氧化硫接触氧化器等，也可用于液固相催化反应或气固、液固相非催化反应。参加反应的物料以预定的方向运动，流体间没有沿流动方向的混合，反应流体的组成沿流动方向而变化。当反应要求保持一定温度时，则可通过管壁进行热交换。固定床反应器的结构主要因传热要求和传热方式而不同。

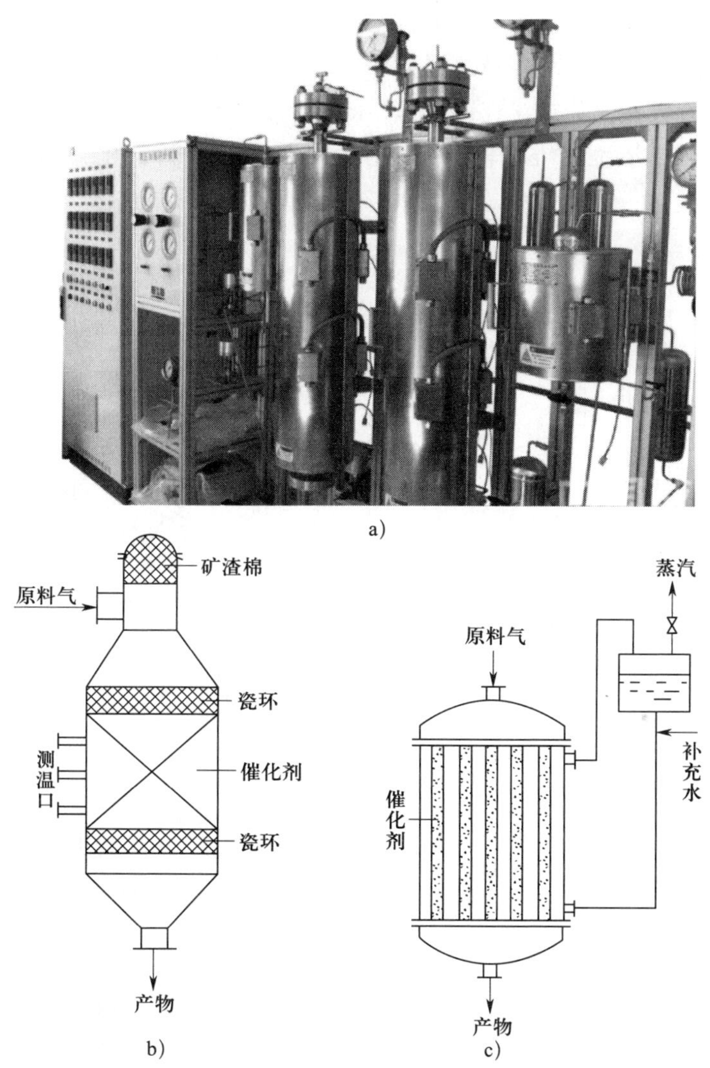

图 5 – 4　固定床反应器

a）固定床反应器外形　b）氨合成塔结构　c）列管式固定床反应器结构

4. 流化床反应器

流化床反应器多用于固体和气体参与的反应。在这类反应器中，参与反应的颗粒状固体物料装填在圆筒形容器的多孔板上，气体则通过多孔板以足够大的速度使固体颗粒呈悬浮沸腾状态（流速不宜过高，以防止固体颗粒被气体夹带出去）。颗粒快速运动使床层温度非常均匀，避免出现过热现象，这对绝热条件下进行的反应过程是一个很大的优点。流化床反应器的温度取决于反应热。为保持反应温度而需要移走热量时，可设置冷却管。这类反应器传热好，温度均匀，易控制；固体颗粒因磨损而造成损失，排出的气体中存在粉尘。流化床反应器的结构如图 5－5 所示。

5. 搅拌式反应器

搅拌式反应器亦称搅拌反应釜，是工业生产中应用最广泛的反应器，适用于各种相态物料的反应。搅拌可以使参与反应的物料混合均匀，使气体在液相中很好地分散，使固体颗粒在液相中均匀悬浮，使液、液相保持悬浮或乳化，强化相间的传热和传质。搅拌反应釜既可以间歇操作，也可以连续操作或半连续操作；既可单釜操作，也可以多釜串联操作，操作弹性大，适应性强，内部清洗和维修较方便。在合成橡胶、塑料及化纤三大合成材料的生产中，搅拌反应釜数量约占反应设备总数的 90%。搅拌式反应器的结构如图 5－6 所示。

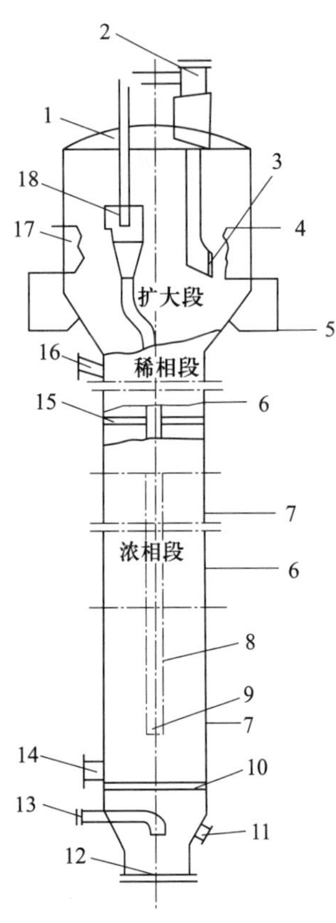

图 5－5　流化床反应器的结构

1—壳体　2—外旋风器　3—翼阀　4—稀相段　5—稀相段冷却水出口　6—浓相段蒸汽出口　7—浓相段冷却水出口　8—料腿　9—堵头　10—气体分布器　11—防爆口　12—放空口　13—原料混合器进口　14—催化剂出口　15—导向挡板　16—催化剂入口　17—冷却水管　18—内旋风器

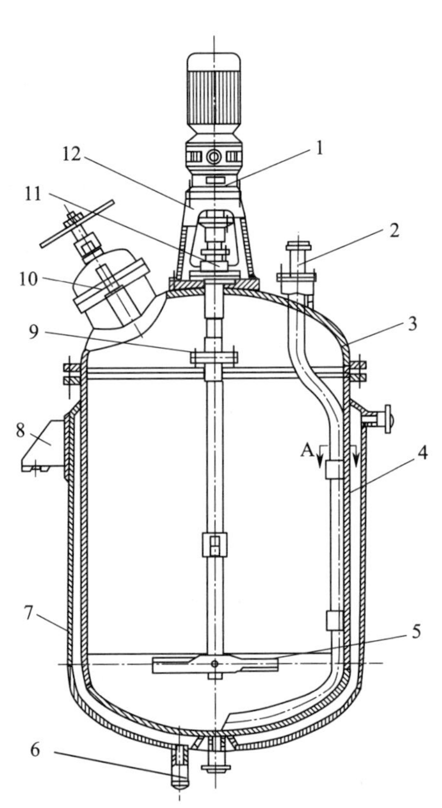

图 5－6　搅拌式反应器的结构

1—传动装置　2—工艺接管　3—釜盖　4—釜体　5—搅拌装置　6—蒸汽接管　7—夹套　8—支座　9—联轴器　10—人孔　11—密封装置　12—减速机支架

除上述几种常用的反应器外，针对不同的工艺要求，还有一些其他类型的反应器。随着科技的发展，一些新型高效的反应设备不断出现。本章重点介绍在工业生产中应用最为广泛的搅拌反应釜。

三、搅拌反应釜的结构

根据结构不同，搅拌反应釜分为立式容器中心搅拌反应釜、偏心搅拌反应釜、倾斜搅拌反应釜及卧式容器搅拌反应釜等。其中，立式容器中心搅拌反应釜最典型，如图5－7所示。

图5－7　立式容器中心搅拌反应釜

1. 总体结构

立式容器中心搅拌反应釜主要由传动装置、搅拌装置、搅拌罐、传热装置组成。传动装置包括电动机、减速器、联轴器及机座等部件，用于提供搅拌物料所需的动力。搅拌装置包括搅拌轴及轴封、搅拌器及挡板、导流筒等。搅拌轴将来自传动装置的动力传递给搅拌器；轴封保障工作时形成密封条件，阻止介质向外泄漏；搅拌器使釜内物料均匀混合，强化釜内的传热和传质过程。搅拌罐包括罐体及支座、人孔、工艺接管等附件，用于盛装反应物料和提供换热条件。传热装置提供（或带走）物料反应所需（或释放的）热量。

2. 传动装置

搅拌反应釜的传动装置（见图5－8）通常设置在反应釜的顶盖上，一般采用立式布置。

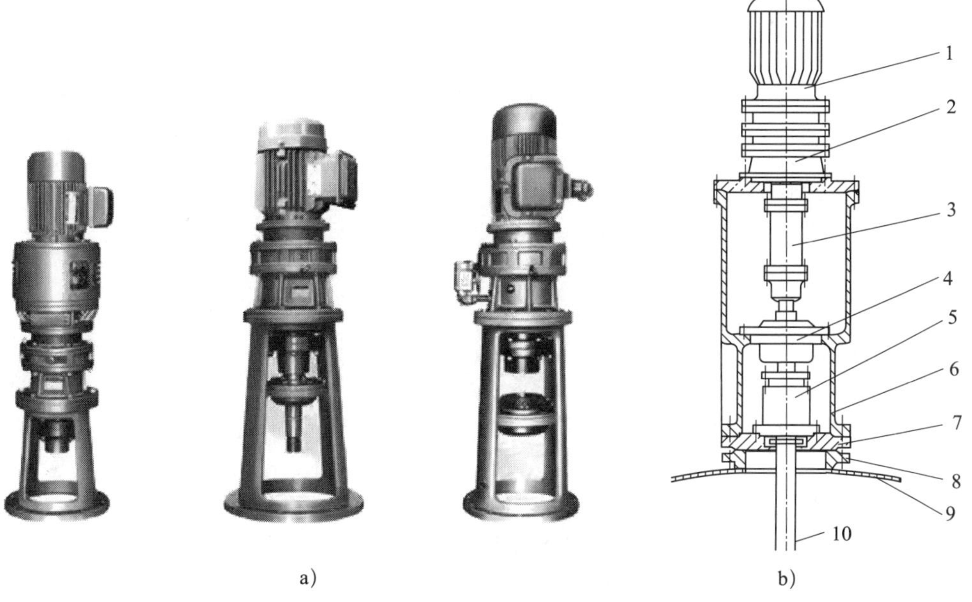

图5－8　搅拌反应釜的传动装置

a）传动装置外形　b）传动装置结构

1—电动机　2—减速器　3—带短节联轴器　4—轴承箱　5—密封装置　6—单支点机架　7—安装底盖　8—凸缘法兰　9—釜盖　10—传动轴

电动机经减速器将转速减至工艺要求的搅拌转速，再通过联轴器带动搅拌轴旋转，从而带动搅拌器转动。电动机往往与减速器配套使用。

3. 搅拌装置

（1）搅拌器。搅拌器是反应釜的关键部件。根据釜内不同介质的物理化学性质、容量、搅拌目的等，选择相应的搅拌器。搅拌可使物料充分混合，加快反应速率，强化传质和传热效果，促进化学反应。对于放热反应，搅拌可使反应放出的热量通过夹套的冷却剂带走；对于吸热反应，同样可通过夹套的载热体供热。当反应器里的液体含有悬浮的固体时，搅拌可使这些悬浮的固体均匀分布，使操作正常进行。有些聚合反应会产生黏稠的物料，这些物料黏附在筒壁上，称为挂料。挂料对器壁的传热有不利影响，因此也要进行搅拌，以防止或减少挂料现象的发生。

搅拌器已标准化，相关内容可查阅《搅拌器型式及基本参数》（HG/T 3796.1—2005）。常用搅拌器的结构型式如图 5 – 9 所示。

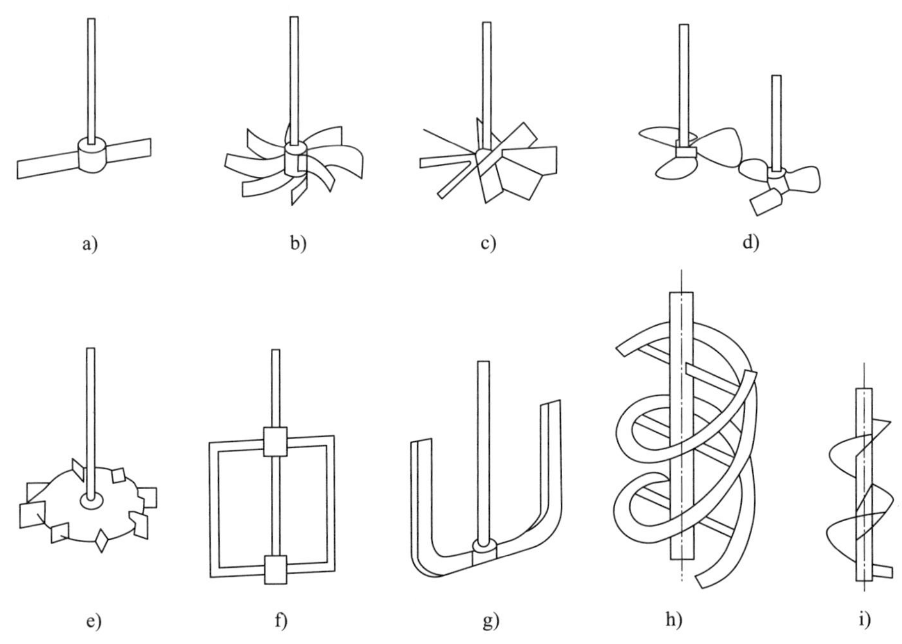

图 5 – 9　常用搅拌器的结构型式

a）桨式　b）开启弯叶涡轮式　c）开启折叶涡轮式　d）推进式
e）圆盘平直叶涡轮式　f）框式　g）锚式　h）螺带式　i）螺杆式

1）推进式搅拌器。推进式搅拌器的结构如同船舶推进器，桨叶通常是 3 个，如图 5 – 10 所示。搅拌时，物料在釜内循环流动，剪切作用小，上下翻腾效果好。当需要有更大的流速时，釜内可设导流筒。

推进式搅拌器一般采用整体铸造方法制造，常用材料为铸铁或不锈钢；也可采用焊接成形。搅拌器可用轴套以平键或紧固螺钉与轴固定。搅拌桨叶直径较小，一般是筒体内径的 1/3 左右，宽度较大，且从根部向外逐渐变宽。此类搅拌器可在较小的功率下得到较好的搅

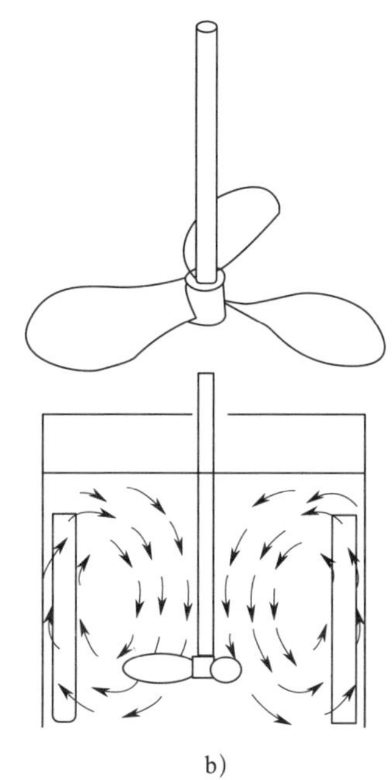

a)　　　　b)

图5－10　推进式搅拌器

a）外形　b）结构

拌效果，适用于低黏度、大流量的场合。

2）桨式搅拌器。桨式搅拌器结构比较简单，如图5－11所示，它用螺栓将2~4片桨叶固定在搅拌轴上。桨叶一般以扁钢制造，材料可选用碳钢、合金钢、有色金属或碳钢外包橡胶、环氧树脂等。桨式搅拌器有平直叶桨式、折叶桨式、弧叶桨式、螺旋叶桨式等。

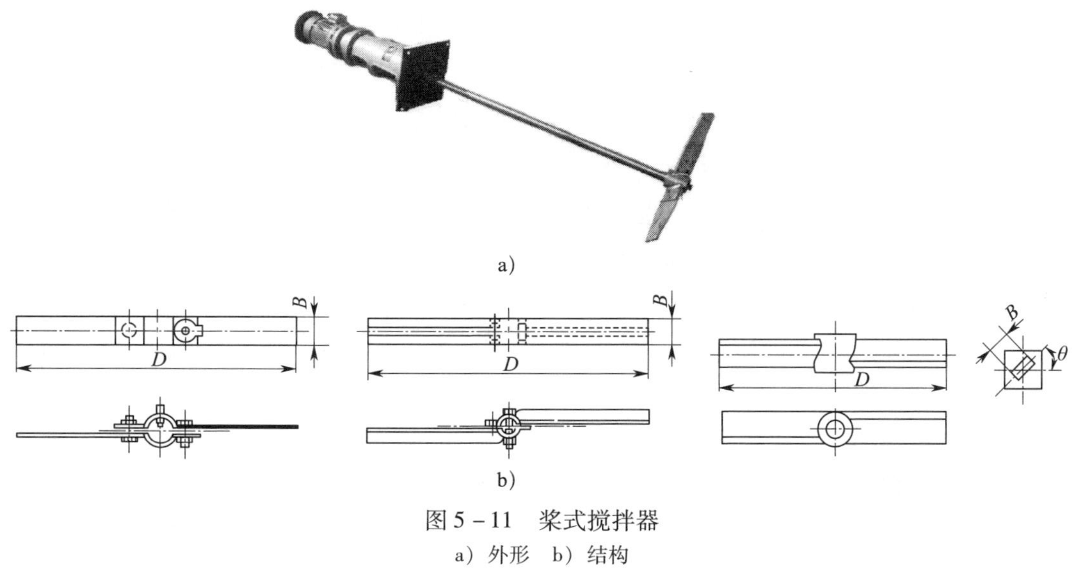

图5－11　桨式搅拌器

a）外形　b）结构

当釜内液面较高时，常安装几层桨叶，相邻两层桨叶常交错90°，以增加釜内介质的搅拌效果。桨式搅拌器通常适用于中低黏度液体的混合、均匀、调和、溶解、传热或结晶，黏度较高时采用多层大直径低速搅拌。

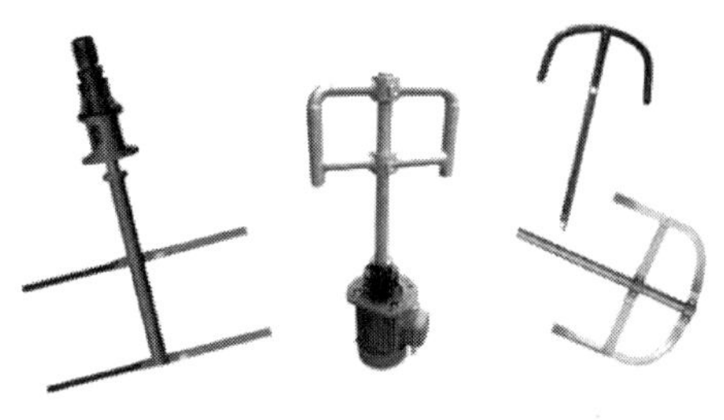
图 5-12 锚框式搅拌器

3）锚框式搅拌器（见图 5-12）。框式搅拌器直径较大，一般取反应器内径的 2/3 ~ 9/10，转速为 50 ~ 70 r/min。框式搅拌器与釜壁间隙较小，有利于传热过程的进行。快速旋转时，搅拌器叶片所带动的液体把静止层从釜壁上带下来；慢速旋转时，有刮板的搅拌器能产生良好的热传导作用。框式搅拌器可视为桨式搅拌器的变形，其结构比较坚固，搅动物料量大，常用于传热、晶析操作和高黏度液体、高浓度淤浆和沉降性淤浆的搅拌。如果框式搅拌器底部形状和反应釜下封头形状相似，通常称为锚式搅拌器。这两类搅拌器型式和应用工况接近，合并称为锚框式搅拌器。

碳钢制锚框式搅拌器采用角钢或扁钢制造。不锈钢制锚框式搅拌器则采用扁钢焊接，加筋后桨叶断面呈 T 字形，既有利于提高桨叶强度，又节约了不锈钢材料，同时便于加工制造。有些场合也采用管材制造，外表进行搪瓷、覆胶或覆其他保护覆盖层，以防腐蚀。小直径搅拌器的搅拌叶与轴套间可全部焊接或整体铸造；较大直径搅拌器与轴的连接常做成可拆式，用螺栓连接，以便于检修和安装。

搪玻璃搅拌罐中的锚式叶轮多用钢制圆管或扁管焊接而成，其外壁为搪玻璃，搅动范围很大，适用于中高黏度液体的混合、传热或反应过程，特别适用于有固体沉淀或容易挂料的场合。

4）涡轮式搅拌器。涡轮式搅拌器的型式很多，如图 5-13 所示，常用的有开启式和圆盘式两种。桨叶可分为平直叶、弯叶和折叶式 3 种。桨叶一般与圆盘焊接（或以螺栓连接），圆盘焊在轴套上。铸造而成的桨叶较均匀，稳定性好，表面硬度大，适用于耐磨损的场合，但铸造比焊接困难，制造时皆应进行静平衡试验。

搅拌器用轴套以平键和销钉与轴固定。搅拌器的结构与工作原理和离心泵相似，当涡轮旋转时，液体由轮心吸入，同时借离心力由桨叶通道沿切线方向抛出，从而造成流体剧烈搅拌。这种搅拌器的直径一般在 700 mm 以下。

5）螺带式搅拌器。螺带式搅拌器主要由一定螺距的螺旋带、轴套和与二者连接的支承杆组成。搅拌桨叶是有一定宽度和一定螺距的螺带，常用的有单头和双头两种，单头即一根螺带，双头为两根螺带，它通过横向拉杆与搅拌轴连接。螺带式搅拌器搅动时，液体做复杂的螺旋运动，混合和传质效果较好，常用于高分子化合物的聚合反应器内，也可用于高黏度、低转速下的物料搅拌。与此搅拌器结构相似的还有螺杆式搅拌器，其桨叶直径较小。以上两种搅拌器参数可查《螺杆式搅拌器》（HG/T 3796.10—2005）和《螺带式搅拌器》（HG/T 3796.11—2005）。

锚式、框式、螺带式搅拌器的结构对比如图 5-14 所示。

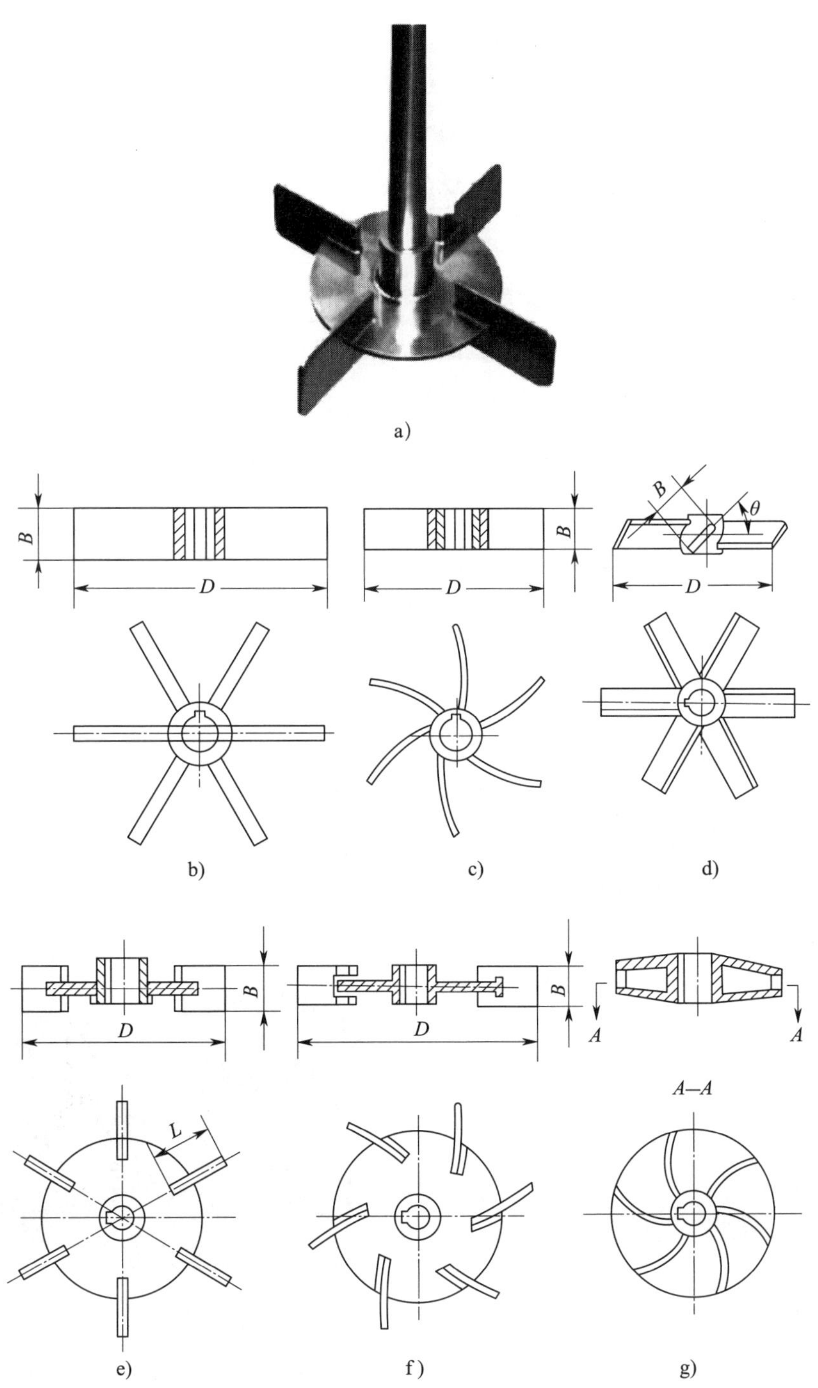

图 5－13　涡轮式搅拌器

a）外形　b）开启直叶涡轮式　c）开启弯叶涡轮式　d）开启折叶涡轮式
e）圆盘平直叶涡轮式　f）圆盘弯叶涡轮式　g）闭式弯叶涡轮式

（2）搅拌轴。搅拌轴主要用于传递运动和动力。搅拌轴（见图 5－15）材料常用 45 号

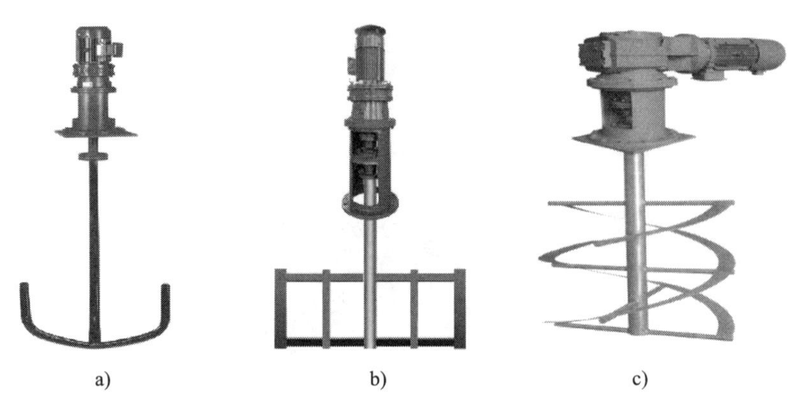

图 5－14　锚式、框式、螺带式搅拌器的结构对比
a）锚式搅拌器　b）框式搅拌器　c）螺带式搅拌器

优质碳素钢，对强度要求不高或不太重要的场合也可选用 Q235 钢。当介质具有腐蚀性或不允许铁离子污染时，可采用不锈耐酸钢或采取防腐措施，如碳钢轴外包覆耐腐蚀材料，也可采用搪瓷材料。搅拌轴可以是实心轴，也可以是空心轴，可以设计成一段或多段，应满足刚度、强度要求。

另外，搅拌轴往往较长，伸入罐体内进行搅拌操作，常会产生弯曲而使搅拌器振动，因此可采取底轴承（见图 5－16）或中间轴承支承。但这样会给搅拌轴的检修带来不便，且物料可能进入轴承造成堵住或咬死；支承点过多还会产生偏心，使搅拌轴卡住或造成单侧磨损。所以，一般尽可能避免在罐内安装轴承。

图 5－15　搅拌轴

图 5－16　搅拌轴底轴承

（3）轴封。轴封是指搅拌轴与顶盖之间的密封，是搅拌反应釜的重要组成部分。搅拌轴是转动的，而顶盖是固定静止的，所以轴封是动密封。其作用是防止反应物料逸出或杂质渗入搅拌反应釜。常用的动密封有填料密封和机械密封。

4. 搅拌罐

（1）釜体。釜体（见图 5－17）为物料完成搅拌反应提供空间，其主体部分是立式圆筒形容器，包括顶盖、筒体和罐底，并通过支座安装在基础或平台上。为了满足传热的要求，需要在筒体的外侧安装夹套或在筒体内部安装蛇管传热结构；顶盖上装有传动装置；筒体上安装人孔、手孔等附件。

图 5－17　釜体

（2）附件。搅拌反应釜的附件包括进料管、出料管、仪表接口、温度计、压力表、支座及视镜管口等，接管的直径和方位由工艺要求确定。

5. 传热装置

为了使搅拌反应釜内的物料在最适宜的温度下反应，常常对物料进行加热或冷却。搅拌反应釜的传热装置最常用的有夹套式和蛇管式两种，如图 5－18 所示。一般夹套式传热结构应用更普遍，当反应釜采用衬里结构或夹套传热不能满足要求时常采用蛇管式传热结构。

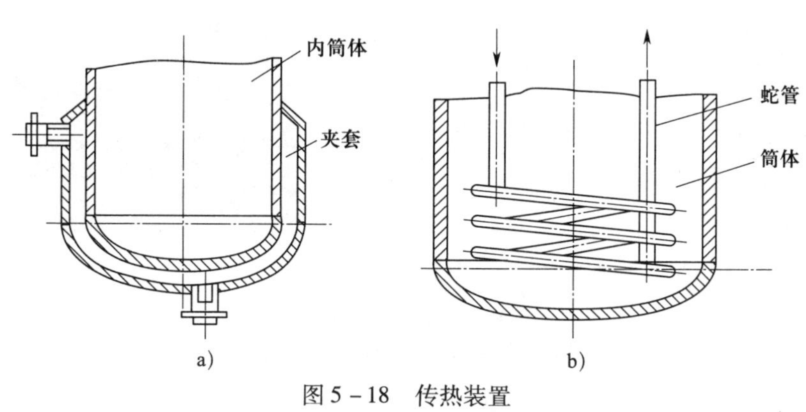

图 5－18　传热装置
a）夹套式　b）蛇管式

（1）夹套式。夹套就是用焊接或法兰连接的方式在容器外侧装设各种形状的结构，使其与容器外壁形成密闭的空间，在此空间内通入载热体，加热或冷却容器内的物料，以维持物料的温度在预定的范围。夹套的主要结构有整体夹套、型钢夹套、半圆管夹套和蜂窝夹套等，如图 5－19 所示。

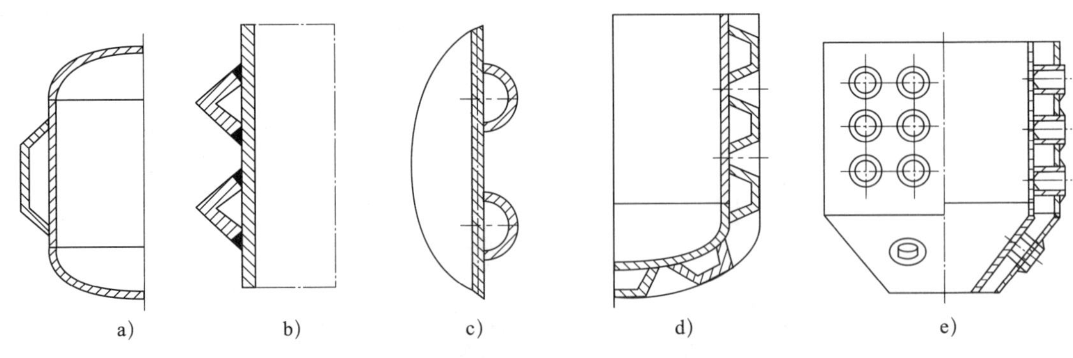

图 5-19　夹套的主要结构

a）整体夹套　b）型钢夹套　c）半圆管夹套　d）折边式蜂窝夹套　e）短管支撑式蜂窝夹套

整体夹套与筒体连接方式分为可拆式和不可拆式。如果筒体与夹套用不同材料制造，两种材料不能用焊接方式连接。因反应条件恶劣要求定期检查筒体表面时，应采用可拆式连接。

（2）蛇管式。若要求较大的传热面积而夹套不能满足要求时，可采用蛇管传热。蛇管沉浸在物料中，热损失小，传热效果好。也可将夹套与蛇管联合使用，以增大传热面积。蛇管可分为螺旋式盘管和竖式蛇管，如图 5-20 所示。蛇管不宜太长，一是因为凝液积聚会降低传热效果，二是过长的蛇管会导致管内流体阻力增大，能量消耗多。如果要求很大的传热面积，可以制成几个并联的同心蛇管组。

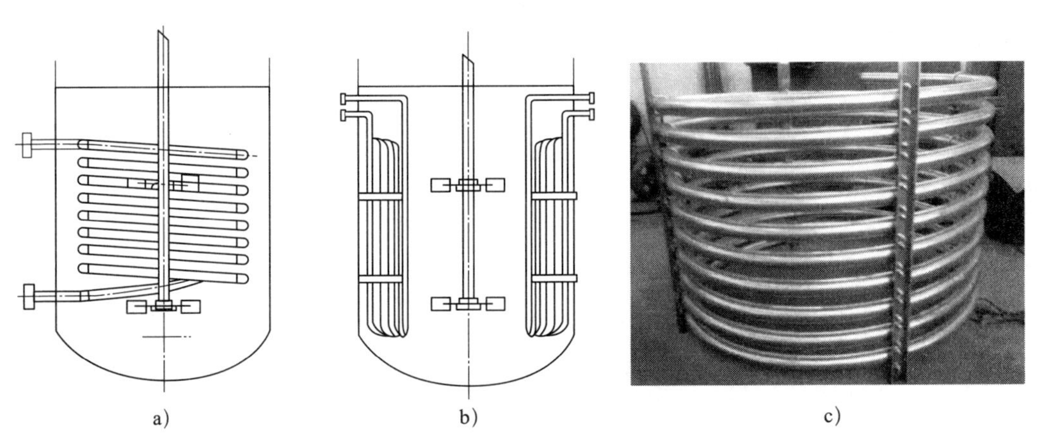

图 5-20　蛇管结构

a）螺旋式盘管　b）竖式蛇管　c）蛇管外形

思考与练习

1. 工业用反应器的类型很多，按操作方式分为________________、________________

和＿＿＿＿＿＿＿＿等，按反应器的结构可分为＿＿＿＿＿＿＿＿、＿＿＿＿＿＿＿＿、＿＿＿＿＿＿＿＿、＿＿＿＿＿＿＿＿及＿＿＿＿＿＿＿＿。

2. 搅拌反应釜通常由＿＿＿＿＿＿＿＿、＿＿＿＿＿＿＿＿、＿＿＿＿＿＿＿＿和＿＿＿＿＿＿＿＿等组成。

3. (　　) 搅拌器的型式很多，常用的有开启式和圆盘式两种。

A. 涡轮式　　　　B. 推进式

C. 螺带式　　　　D. 浆式

4. 传动装置中，(　　) 的作用是将两个独立设备的轴牢固地连接在一起，以传递运动和功率。

A. 减速器　　　　B. 电动机

C. 联轴器　　　　D. 机架

5. 搅拌反应釜中使用最普遍的动密封有两种：＿＿＿＿＿＿＿＿和＿＿＿＿＿＿＿＿。

6. 搅拌反应釜的传热装置最常用的有＿＿＿＿＿＿＿＿和＿＿＿＿＿＿＿＿。

7. 搅拌装置包括＿＿＿＿＿＿＿、＿＿＿＿＿＿＿、＿＿＿＿＿＿＿和＿＿＿＿＿＿＿等。

§5-2　搅拌反应釜的维护与保养

学习目标

1. 明确反应釜维护过程中的安全注意事项。

2. 熟悉反应釜日常维护与保养内容。

3. 能列举搅拌反应釜常见的安全故障并简述处理措施。

4. 能够根据维护检修规程对反应釜釜体及零部件进行质量检查并记录。

5. 在规定位置加注润滑油或脂进行润滑，严格执行“五定”“三级过滤”等规定，保持润滑系统清洁、通畅。

6. 能够针对轴封处泄漏特征确定处理方法，并进行密封性检验。

一、搅拌反应釜的日常维护内容

1. 运行性能检查

(1) 遵守规程，严禁超温、超压、超负荷运行。

(2) 检查各运动部件有无松动和异常声响。

(3) 及时消除跑、冒、滴、漏。检查冷却液、密封液（气）是否畅通，压力、温度、流量、液位是否符合要求，各连接处及轴封有无泄漏情况，密封泄漏量是否符合规定。油量减少时要及时补油。

(4) 检查电机电流是否正常。

(5) 检查各轴承部位温度、声音等是否正常。

(6) 检查搅拌轴是否因紧固件失灵而下沉。如有下沉，应立即停车处理。

(7) 对于带传动装置，应经常检查、调整其松紧度。

(8) 对于发酵罐，应按工艺指标控制夹套（蛇管）与反应器温度；严格控制配料比，防止剧烈反应。

2. 停车检查

(1) 釜体检查。目测腐蚀变形情况；用测厚仪检测空气分布管出口处及液体冲刷处下封头变薄情况，记录壁厚数值，实际最小壁厚应不小于强度校核壁厚加一个检验周期的腐蚀裕量；内表面焊缝应无裂纹；挡板、蛇管、人（手）孔、补强板、拉筋等焊接附件应牢固可靠且无明显缺陷；检查螺栓是否松动；目视和用水平仪检查，釜体支架基础应无下沉、倾斜变形，接地良好，罐体安装稳固，无偏斜；每次出料后应检查进料管、压料管有无堵塞、结疤、腐蚀、变形等现象；每班应检查压力表、温度计、液位计是否完好无损、清晰、准确。

(2) 减速器维护。对行星摆线针齿减速器、齿轮减速器等维护时，应注意减速器的异常振动和温度异常现象。必要时应停车检查，并针对不同原因进行修复。异常振动的原因主要有釜内负荷过大或加料不均匀；齿轮中心距或齿侧间隙不合适；齿轮表面加工精度不符合要求等。温度异常的原因主要是轴弯曲，齿轮啮合间隙过小；轴套与轴配合过紧；密封圈或填料与轴配合过紧；轴承安装间隙不合适；润滑油质量不好，油量不足等。

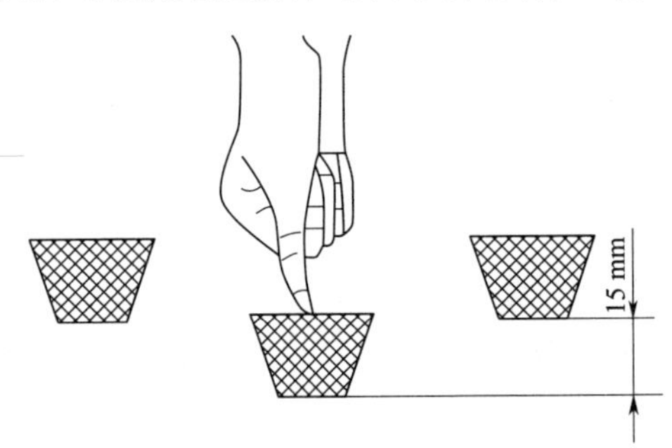

图 5－21　带松紧度检查

对于带传动装置，应设置防护罩，以保障操作人员的安全；防止油、酸、碱对带的腐蚀；检查带有无磨损、松弛和断裂现象，检查方法如图 5－21 所示。如有一根带松弛或断裂，则应全部更换新带。禁止给带轮加润滑剂，应及时清除带轮槽及带上的油污。带传动工作温度不应过高，一般不超过 60 ℃。若带传动装置久置后再用，应将传动带放松。

(3) 主轴和搅拌系统检查。检查主轴和搅拌系统各焊接点焊接是否可靠，拉筋有无变形或开裂，有无异常声音或振动，底轴承和中间轴承的间隙是否合适。

(4) 轴封检查。检查搅拌轴、填料及填料箱的磨损程度，填料箱的腐蚀、安装等情况；检查机械密封动静环损坏、变形、磨损及密封圈失效等情况。

二、操作维护安全注意事项

(1) 操作人员必须持证上岗操作。

（2）按规定佩戴劳动防护用品。

（3）不得用水直接冲洗电动机、减速器、保温层、仪表、计量器具等。

（4）设备运转时，不得清理、擦拭运转的零部件。

（5）不得违反操作规程带压拧紧或松开螺栓及修理受压元件。

三、常见故障诊断与处理

搅拌反应釜常见故障及处理方法见表 5－1。

表 5－1　搅拌反应釜常见故障及处理方法

故障现象	故障原因	处理方法
搅拌轴摆动量过大	搅拌轴端部螺母松动	检查轴向定位，紧固松动的螺母
	搅拌轴弯曲	调直或更换
	轴承、衬套间隙过大	更换衬套
	搅拌器变形严重或损坏	修复或更换搅拌器
超温、超压	物料配比不当导致反应剧烈	正确控制物料配比，及时降压
	仪表失灵	检查、修复仪表
釜内出现异常声音	搅拌器刮壁	检查、修复搅拌器
	搅拌器摩擦、碰撞釜内附件	检查、修复搅拌器
	中间轴承、底轴承损坏	更换轴承
填料密封泄漏	填料少量磨损	适当压紧填料
	填料老化或损坏	更换填料
	轴颈磨损	微量机加工修复
机械密封泄漏	转子轴向窜动，动环不能补偿位移	将轴向窜动减小到允许范围内
	操作不稳，密封腔内压力波动	稳定操作，控制压力波动
	转子周期性振动	排除振动
	端面比压过大或过小	修复或更换密封环
	安装中受力不均匀	正确安装，使动、静环与压盖配合均匀
	密封副内混入杂质	拆卸，清理，重新安装
	密封副表面损伤	更换密封副
法兰处泄漏	垫圈材质不合理，安装接头不正确，空位、错位	正确选择垫圈材质，垫圈接口要搭齐，位置正确
	卡子松动，数量不足，分布不均匀	按要求安装足够的卡子，且要均匀、紧固
轴承温度过高	润滑油不足或过多，油质不合适或不清洁	调整油量，更换润滑油
	机件配合不当	调整间隙
	轴承损坏	更换轴承
联轴器响声大	螺栓松动	紧固松动的螺栓
	弹性连接件磨损	更换新件
	零部件间隙过大	更换或修理

续表

故障现象	故障原因	处理方法
搅拌轴下沉	上端锁紧螺母松动，花键损坏，减速器输出轴与搅拌轴找正不好	换键，使轴回位紧固；调整、找正
电机电流过大	负载过大	检查处理
	绕组绝缘能力降低	修理或更换
油泵漏油	油泵与减速器接头连接处密封不好	对于塑料管，可用细铁丝拧紧；对于有机玻璃管，可在接头处使用密封材料
杂音大	轴承损坏	更换轴承
	装配间隙不合适	检查各部间隙，找正
	摆线轮有裂纹	更换摆线轮
高温发热	油不干净或缺油	更换机油或把油加到所需要的位置
	转速太高或搅拌轴直径太大	降低转速或改变搅拌轴直径
	安装质量差	摆线针齿轮未按照标记而强行安装，应重新装配
传动有杂音	设备缺油造成齿轮退火磨损	定期检查油位，加油到规定油位
出料不畅	出料管堵塞	清理出料管
	压料管损坏	修理或更换配管

四、紧急情况停车

发生下列异常现象之一时，必须紧急停车：

(1) 反应釜工作压力、介质温度或壁温超过许用值，采取措施仍得不到有效控制。

(2) 主要受压元件发生裂纹、鼓包、变形、泄漏等危及安全的缺陷。

(3) 安全附件失效。

(4) 接管、紧固件损坏，难以保障安全运行。

(5) 发生火灾等意外情况，直接威胁反应釜安全运行。

(6) 液位失去控制，采取措施仍得不到有效控制。

(7) 反应釜与管道发生严重振动，危及安全运行。

五、搪瓷反应釜的维护要点

搪瓷反应釜（见图 5－22）是一种具有耐腐蚀玻璃衬里的钢制化工容器，其钢制罐体具有承压能力，罐内涂搪的玻璃衬里又使其具有可靠的耐腐蚀性。

(1) 建立设备使用与维护制度，确保设备正常运转。

(2) 经常检查搪瓷衬里、传动部件、密封情况是否正常，若发现异常，应及时处理。

(3) 若需清除搪瓷表面黏附的物料，应用木、竹、塑料等非金属器具进行清理，严禁使用金属器具。

(4) 经常向传动部件、放料阀丝杆加注润滑液，保障其良好运行。

图 5－22　搪瓷反应釜

（5）设备应保持清洁，夹套中的污物和氧化铁会影响传热效果，最好每月清洗一次。

（6）夹套内若使用除垢剂，应在短时间内完成，再用清水反复冲洗夹套，保障夹套内清洁。

（7）避免骤冷骤热，耐温剧变小于 120 ℃。

（8）严防夹套内进酸，以免产生氢效应，引起搪玻璃表面脱落。可用 2% 次氯酸钠溶液清洗，最后用水冲洗。如果夹套一定要用酸洗，pH 值要大于 2。

思考与练习

1.（　　）会导致搅拌轴摆动量过大。

A. 搅拌轴端部螺母松动　　B. 搅拌轴弯曲

C. 轴承、衬套间隙过大　　D. 搅拌器变形严重或损坏

2.（　　）会导致反应釜高温发热。

A. 油不干净或缺油　　B. 转速太高或搅拌轴直径太大

C. 安装质量差　　D. 搅拌器变形严重或损坏

3. 简述搅拌反应釜的操作维护安全注意事项。

4. 简述搪瓷反应釜的维护要点。

§5－3　搅拌反应釜的检修

学习目标

1. 熟悉搅拌反应釜釜体的质量检验与缺陷修复方法。

2. 熟悉搅拌反应釜搅拌系统的检修规程。

3. 能够对反应釜罐体进行质量检验，针对缺陷确定修复方法。

4. 能够对反应釜的搅拌系统进行检修、组装与调整搅拌轴摆动量。

一、反应釜釜体的质量检验与缺陷修复

1. 反应釜判废的标准

当反应釜使用到一定年限，有下列情况之一出现时，应予以报废：

（1）釜体壁厚均匀腐蚀超过设计规定的最小值。

（2）釜体因局部腐蚀造成壁厚小于设计规定的最小值，且腐蚀面积大于总面积的 20%。

（3）经水压试验发现釜体有明显变形或残余变形超过规定值。

（4）碱脆或晶间腐蚀严重，造成本体或焊缝裂纹无法修补时。

（5）瓷面损坏面积超过 15% 或损坏部位无法修复时。

（6）因为严重的结构缺陷危及安全运行、焊缝不合格、严重未焊透、裂纹等均无法修补时。

2. 釜体常用的检查方法

（1）宏观检查。将釜体冲洗干净，观察有无裂纹、变形、腐蚀及碱脆等。有疑问时可进一步做无损探伤检查确认。

（2）无损检测。利用超声波测厚仪对局部缺陷进行测厚；利用超声波探伤、渗透探伤等方法检测釜体裂纹等缺陷的特征。

（3）钻孔检查。当无法用仪器测量时，可采用钻孔方法确定壁厚减薄程度，但钻孔检查不适于铸铁、低合金高强度钢制容器。

（4）测定直径。对于内、外径经过加工的铸铁釜，使用过程中存在均匀腐蚀，可通过测量釜体内、外径实际尺寸，查阅技术档案，确定壁厚减薄程度与超标情况。

3. 釜体的缺陷修复方法

（1）钢制釜体。钢制釜体与腐蚀性介质长期接触，产生均匀腐蚀、点腐蚀及碱脆时，除对整体设备进行更换外，对局部缺陷可通过宏观检查、无损探伤，确定缺陷的性质，采取必要措施加以修补。

1）壳体局部腐蚀。采用电弧堆焊法修补，若腐蚀面积较大，采用贴补法修补。

2）未穿透的裂纹。若裂纹深度小于壁厚的 10%，且不大于 1 mm，可用砂轮将裂纹磨平，并与金属表面圆滑过渡。若裂纹深度不超过壁厚的 40%，可在裂纹深度范围铲出坡口，进行焊补，但裂纹两端宜钻小孔，以防止裂纹延伸。对于长裂纹，采用逐段退焊法，即从裂纹两端逐段向中间焊，以降低焊接应力和减少变形。若裂纹深度超过壁厚的 40%，应按穿透的窄裂纹处理。

3）穿透的窄裂纹。焊补前，在裂纹两端钻止裂孔，孔径稍大于裂纹宽度，并加工出坡口。除应力集中的部位外，釜体上各部分的裂纹和穿透的窄裂纹，都允许进行焊补。

4）穿透的宽裂纹。用气焊把带有缺陷的金属部分切下来，往切口处补焊一块与母材相

同的钢板。

5）不锈钢衬里鼓包。产生鼓包的主要原因是衬里泄漏。可通过压力修补法、机械修补法进行修补。

6）有金属衬里压力容器的修补。如果发现衬里有穿透性腐蚀、裂纹、局部鼓包或凹陷，应局部或全部拆除衬里层，查明本体的腐蚀状况或其他缺陷。压力容器的挖补、更换筒体及焊后热处理等技术要求，应参照相应制造技术规范，制定施工方案及适合的技术要求。消除缺陷后，一般均应进行表面无损检测，确认缺陷完全消除，且修补部位符合质量要求。

（2）铸铁釜体。对于铸铁釜体常见的砂眼、裂纹、点腐蚀或局部腐蚀等缺陷，通常采用电弧冷焊修理。焊补时应在裂纹端点外 3 ~5 mm 处各钻一个止裂孔。

（3）搪玻璃釜体。搪玻璃性脆易损坏，且热稳定性较差，检修时须注意保护其表面，在规定的部位挂钩或系绳起吊，施焊时须采取必要的降温措施。根据不同的损坏情况，可采用耐蚀金属填塞法、无机涂料修补法、有机涂料修补法。

需要注意的是，在反应釜缺陷施焊修复后，应按相关规定对釜体进行无损检测、液压强度试验。

二、反应釜搅拌系统的检修

检修类型不同，检修内容也不相同。

1. 小修

（1）更换密封填料和所拆卸零部件的密封圈、垫片。

（2）清理、疏通密封装置的润滑、冷却系统。

（3）检查并修理或更换阀门，消除泄漏及其他缺陷。

（4）检查并清理、修理或更换进料管、出料管、温度计套管、视镜、液位计等附件。

（5）检查、紧固各连接螺栓。

2. 中修

除包含小修全部内容外，还应进行以下工作：

（1）电动机与减速器的清理、检查、修理、换油。

（2）搅拌轴、搅拌器、联轴器、轴承的检查与修理。

（3）机械密封的检查与修理。

（4）检查釜体与衬里，测量壁厚，修补内部衬里层。

（5）釜内换热蛇管的查漏、修补或更换。

（6）安全阀及仪表、计量器具校验（防爆片超出使用期限时，更换防爆片）。

（7）壳体涂漆防腐和保温层修补等。

（8）对属于压力容器的反应釜，还应进行在线外部检查。

3. 大修

除包含中、小修全部内容外，还应进行以下工作：

（1）修理或更换釜盖、釜体，更换保温层。

（2）修理或更换釜体夹套，更换内部衬里层。

（3）检查并修理基础、支座、支架。

（4）对釜体、管线、支架进行防腐处理和保温层恢复。

（5）当釜体达到压力容器内外部检查年限时，做内外部检查。

此外，依据状态监测结果，还应对搅拌系统齿轮箱或轴封系统进行修理。

4. 检修前准备工作

（1）了解搅拌反应釜相关的技术资料及其部件检修规程等，向车间了解被检修设备停车前的运行状态及故障现象。

（2）准备检修工具，如手拉葫芦、铜棒、内六角扳手及套筒扳手、拉拔器等专用工具和劳动防护用品；备好百分表、铅丝、游标卡尺等检测仪器；对备品备件、材料（煤油、铅丝、易损件等）及其型号、规格、数量和质量进行检查核实。

（3）按操作规程进行工艺处理，做好断电、拆线、停水、挂牌、安全防护等工作。

5. 搅拌装置检修方法及质量标准

（1）搅拌轴弯曲时通常可用机械压力法进行校直。搅拌轴直线度应为 0.1 mm/m，轴径位置直线度应为 0.04 mm/m。

（2）搅拌轴与填料密封配合处磨损时，应微量机加工修圆。若磨损量大于 0.5 mm，应堆焊后再机加工，恢复图样尺寸。

（3）搅拌轴均匀腐蚀超过原厚度的 30% 时应更换。

（4）若搅拌轴局部腐蚀、裂纹、变形，用焊补、整形、校正办法修复。若搪玻璃搅拌器出现腐蚀、脱瓷等损坏情况，按搪瓷修理方法修复。

（5）桨式、框式和锚式搅拌器的轴线应与桨叶垂直，垂直度为桨叶总长度的 4/1 000，且不超过 5 mm。

（6）转速高于 100 r/min 的涡轮式、推进式搅拌器应进行静平衡试验。可用去重法或加重法进行平衡，切除或增加的厚度均不得大于壁厚的 1/4，衔接处要圆滑过渡。转速小于 500 r/min 时，叶轮外径上的不平衡质量应不大于 20 g。

（7）涡轮式及推进式搅拌器的叶轮孔与搅拌轴颈选用 H7/k6① 配合。

（8）应使用专用工具拆卸滚动轴承，热装时油温为 120 ℃，严禁用火焰直接加热。

（9）在搅拌器下端安装滚动轴承时，外圈不应卡死，须留有 0.5～1.0 mm 的轴向热伸缩窜动量；滚动轴承的滚子与滚道表面应无腐蚀、坑疤、斑点，基础平滑无杂声。

（10）中间轴承、底轴承的轴套与轴瓦的配合间隙见表 5－2。

---

① H7/k6 基制孔，轴的偏差为 H7，孔的偏差为 k6，过渡配合，用于稍有振动的定位配合，加紧固件可传递一定的载荷，装拆方便。

表 5－2　　中间轴承、底轴承的轴套与轴瓦的配合间隙

轴颈外径/mm	配合间隙/mm
<70	0.6～0.7
<90 且≥70	0.8～0.9
<110 且≥90	1.0～1.1

检修完成后，应按《压力容器　第 4 部分：制造、检验和验收》（GB/T 150.4—2011）及化工设备检修规程的相关规定对反应釜进行检验与试车，包括空载试运转和负载试运转，一般空载试运转最少 2 h，负载试运转最少 4 h。

6. 检修安全注意事项

（1）特种作业人员须有相应的作业资格证。

（2）必须按规定办理设备交出检修手续。

（3）有毒、有害的场合，要配备防护器具。

（4）切断电源，悬挂“禁止合闸”警告牌。

（5）检修易燃、易爆、有毒、有腐蚀性物质的釜体时，必须切断出入口阀门，加隔离盲板，并进行清理置换，经取样分析合格后，方能进行工作。

（6）釜内作业要办理釜内作业许可证，并采取通风措施。对通风不良以及容积较小的釜体，采取间歇作业，不得强行连续作业。作业因故较长时间中断或安全条件改变，继续釜内作业时，应重新办理釜内作业许可证。釜内作业要按釜体深度搭设安全梯及台架，设立监护人，配备救护绳索，以保障应急撤离。监护人不得擅自离开监护岗位。

（7）动火须办动火作业证。施焊人离开时，不得将乙炔焊枪留在釜内，以防乙炔泄漏。检修临时灯采用低压 36 V，釜内的照明应使用电压不超过 12 V 的防爆灯具。

三、检修案例

某企业设备部组织对 R2301 反应釜进行拆卸检修。

1. 确定负责人

明确项目负责人、技术负责人、安全负责人、监护负责人。

2. 检修内容

R2301 反应釜全面检测及固定检查的主要工作如下：

（1）容器内全面进行常规渗透检测，并根据检测情况进行局部缺陷的消缺处理。

（2）反应釜整体进行氦渗透检测、筒体检漏孔检测，根据检测结果对其进行局部缺陷的消缺处理。底部相连管口环纵焊缝及壁厚进行 X 射线检测，对本体接管法兰螺栓进行检查。

（3）检查流体搅拌喷头固定情况，并视情况紧固，检查气相管道管口。

（4）拆检并清理反应釜现场液位计，拆除脚手架。

3. 工艺处理

（1）合成工段按照系统开停车工艺处理方案执行。

（2）合成系统内液体排至母液罐，管道母液通过低点导淋管排至母液罐内。

（3）待设备和管道内母液排空后，将系统泄压至0.1 MPa。

（4）低点导淋管接临时管，确认设备和管道内母液排空，无残液。

（5）打开2号框架T2501氮气阀，T2501－S2301－R2301－R2302－S2301－T2401－S2402－T2502[①]系统充氮气置换。

（6）卸净余压，打开反应釜人孔，接临时软水冲洗反应釜。待反应釜内达一定水位后，冲洗相连管道。反复冲洗两遍。

（7）冲洗、置换数次后，排尽置换残液。

（8）根据检修需要打开人孔，拆除甲醇入口短节，在短节处分接风机向反应釜内强制送风，分析合格后方可进行检修作业。

4. 检修方案

（1）拆反应釜人孔及下部甲醇进料阀，反应釜相关管口按照工艺开停车及置换隔离方案增加盲板。

（2）对反应釜进行通风置换，合格后联系维修车间在反应釜内部搭设木制脚手架。

（3）对容器内全面进行常规渗透检测，并根据检测情况进行局部缺陷的消缺处理。

（4）检查流体搅拌喷头固定情况，并视情况紧固，检查气相管道管口。

（5）对反应釜上所有检漏孔进行疏通，回装甲醇入口短节，回装反应釜人孔。

（6）安装装有冲压接头的法兰。设备内充入空气和氦气的混合气体（氦气体积分数为10%～20%），内部压力大于0.103 MPa。

（7）联系氦渗透检测单位，对反应釜进行全面氦渗透检测。

（8）卸压，拆卸甲醇入口短节，拆卸人孔，通风置换。

（9）根据检测结果，对泄漏部位进行补焊处理，处理后重新进行氦渗透检测，直至检测合格。

（10）检查反应釜底部一氧化碳分布器，检查紧固件、卡件，视情况更换。

（11）拆检并清理反应釜现场液位计，拆除脚手架。

（12）对反应釜内部进行清洗，清理杂物。

（13）更换垫片回装，气密性试验合格。

5. 检修注意事项

（1）设备内由下而上搭设杉木架，在流体搅拌喷头及反应釜气相管道管口处搭设检修平台。所用木材必须去除树皮、尖角，与釜内壁接触处必须用抹布包好。

（2）配合专业检修人员对内部进行全面检测，并根据渗透检测情况对反应釜内部进行修复施工。

针对焊缝部位，根据打磨后深度情况进行补焊或盖板贴焊消除缺陷。

釜壁坑窝深度低于1.5 mm的，进行坑窝锐边打磨消除；深度大于1.5 mm的，进行坑

---

① T指塔设备，S指闪蒸器，R指换热器。

窝盖板补焊消除。

（3）通过对流体搅拌喷头的检查，掌握流体搅拌的总体运行状况。

（4）拆检反应釜现场液位计，清理固体催化剂等杂质，检查液位计浮子使用情况，视情况进行更换。

（5）检测完毕后拆杉木架，反应釜内清理完毕并冲洗干净后回装人孔，将设备交出。

6. 施工措施要求（现场焊接要求）

（1）任何锆材表面被加热前必须使用电动工具、硬质合金刀具或其他认可的方法清洁焊接表面及附近的表面氧化物和其他表面污染物，去除灰尘后再用丙酮进行清洗，清洗后的部位必须在 2 h 内焊接；若不能在 2 h 内完成焊接工作，则应重新进行清洗。焊接表面及焊丝应及时用丙酮去除油污。

（2）应按工艺要求施焊，使用露点温度小于 −50 ℃的高纯氩气（99.999%）充分保护。

（3）锆材焊接后，焊缝表面颜色应为银白色，当焊缝颜色变为金黄色时，必须停止焊接，同时重新对焊接区域进行清洗。焊接颜色除银白色、金黄色以外，不允许出现其他任何颜色。

（4）锆材焊接后，应对所有焊接部位进行酸洗钝化并检验合格。

7. 安全防护方案及个人防护措施

（1）检修前，对参与检修的人员进行安全教育，组织学习检修方案。对检修任务进行分工，明确责任。检修所需的备件、材料、工机具和拆卸的零部件、螺栓等要整齐摆放到规定地点，做到“不见天、不落地”。检修后，做到“工完、料净、场地清”。

（2）按照规定办理检修所需的设备检修作业证、有限空间作业证、动火作业证等票证。

（3）地面铺设胶皮，用帆布搭盖材料，工器具定置管理，科学文明检修。

（4）各工种人员进入检修现场必须穿戴劳动防护用品。施工人员按照要求穿戴无金属拉锁、纽扣的洁净白棉布工作服、鞋套。严禁戴戒指、耳环及系含有裸露金属的腰带等。

（5）照明应采用 12 V 安全防爆灯具，且必须采用绝缘良好的电线。焊机接线应配备符合安全要求的专用配电箱。

（6）设备相连管道按照要求安装盲板与设备有效隔离，设备置换后应确保无有害、易燃等气体，有良好的通风措施。

（7）检修完毕后确保设备内无杂物，无缺件，无漏项，管道内用白棉布进行全面彻底的清理。应由施工单位和车间专人对检修施工情况进行检查、记录、签字，及时存档保存。

（8）各工种人员听从指挥，服从管理，根据工作进度施工，真正做到在保障检修质量的前提下有序检修。

（9）钳工工具、防酸吊绳、吊装软绳等要确保可靠、好用。保障洁净的施工环境，严禁在含铁等灰尘的区域施焊或组装，避免铁离子污染。

（10）维修过程中替换下来的旧件不得随意丢弃。

（11）现场准备相应的急救设施及安全防护器材。检修监护人员具备基础的急救能力。

8. 物质材料、备品备件准备情况

物质材料、备品备件准备情况见表 5－3。

表 5－3　　物质材料、备品备件准备情况

名称	规格	材质	数量
人孔垫片	24"　300LB	Zr702/PTFE316L	1 件
特材垫片	D 型 6"　300LB 4.5 mm	Zr702/PTFE316L	2 件
特材垫片	D 型 8"　300LB 4.5 mm	Zr702/PTFE316L	12 件
特材焊丝	ERZR2ϕ2.4 mm	ZR	1 kg
PT 检测试剂	DPT－5	—	20 套
盲板	24"　300LB 3.0 mm	高压石棉板	1 件
特材螺栓	M16 mm×100 mm	ZR705	12 套
高纯氩气	99.999%，40 L	—	3 瓶
冲压接头	—	—	1 套
氮气	40 L	—	23 瓶
氦气	40 L	—	3 瓶

9. 工机具情况

（1）外协特材切割及焊接工具一套（外协施工人员自备）。

（2）设备内搭设脚手架所需木板、杉杆等。

（3）钳工维修常用工具 54 mm、41 mm 呆口扳手各 1 件，6″、12″、18″活口扳手各 2 把，大锤、手锤各 1 件。

（4）安全带 3 件，设备内专用防护服及鞋套 3 套，防酸吊绳（20 m）1 根，吊装软绳（20 m）1 根，绳梯 10 m。

（5）1 号框架五层铺设胶皮、搭盖用帆布。

（6）照明使用变压器、电缆和灯具（设备内使用照明 2 套）及离心风机（设备底部 1 套）等。

（7）现场准备相应急救设施及一定数量的安全防护器材（干粉灭火器 2 件——外部釜口位置，一氧化碳防毒面具 3 件——进入设备人员携带，一氧化碳报警仪 2 件——进入设备人员携带，釜口附近框架及上下层框架处洗眼器等）。

（8）设备内使用移动电源配电箱、电缆和移动电源线盘 2 套。

10. 人员配备情况

维修钳工 7 人，外协特材焊工 1 人，外协架子工数人，渗透检测员 3 人，氦检测员 2 人。

11. 施工工期

检修周期：18 天。

12. 环境评价、安全风险评价

（1）环境评价。本次检修不会对周围环境造成污染，冲洗、置换合格后不会对人员身

体健康造成损害。

（2）安全风险评价。检修过程危害因素及控制措施见表5－4。

表5－4　检修过程危害因素及控制措施

作业活动	危害因素	可能导致事故	控制措施	启动/关闭时间
有限空间作业	①设备内残留有害气体和液体 ②设备相连管道及设备进气、进液 ③设备内环境腐蚀 ④设备内照明设施漏电	窒息、电伤、高处坠落	①严格执行设备冲洗、置换方案 ②加强通风，按时分析 ③穿戴劳动防护用品 ④设专人监护，设置相应的急救设施 ⑤设备按照盲板图进行盲板隔离 ⑥按工机具准备要求使用安全照明	拆卸开始至检修结束
交叉作业	①上下投掷物件 ②作业层之间没有安全防护措施	人身伤害和设备损坏	①在检修处设置安全防护平台 ②做好现场监督	拆卸开始至检修结束
动火作业	①无防火措施作业 ②电气焊焊机、磨光机、砂轮未采取相关防护措施	火灾、爆炸	①检查周围是否有易燃易爆物品，做好隔离 ②磨光机、砂轮采取防护措施，废砂轮回收	拆卸开始至检修结束
登高作业	①脚手架不牢固，防护网、围栏不符合规定 ②未佩戴安全带等劳动防护用品 ③工具未装入袋内	高处坠落、物体打击、坍塌	①脚手架搭设牢固，防护栏符合规定 ②佩戴安全带、安全帽等劳动防护用品 ③工具入袋	反应釜内部检修期间
拆装作业	①设备内残留有害气体和液体 ②设备相连管道及设备进气、进液 ③拆装碰撞	酸伤害、中毒、机械伤害	①严格执行设备冲洗、置换方案 ②加强通风，按时分析 ③穿戴劳动防护用品 ④设专人监护，设置相应的急救设施 ⑤佩戴一氧化碳报警仪	拆卸开始至检修结束
盲板抽堵作业	①设备内残留有害气体和液体 ②盲板变形、破损、泄漏 ③盲板抽插位置法兰损坏	酸伤害、中毒、机械伤害	①严格执行设备管道冲洗、置换方案 ②穿戴劳动防护用品 ③专人监护，设置相应的急救设施 ④佩戴一氧化碳报警仪 ⑤盲板规格尺寸符合要求，盲板垫片符合要求	抽插盲板期间

13. 风险辨识

（1）酸伤害、中毒、窒息。控制措施：使用风机对反应釜内部进行强制通风置换，直到置换合格；穿戴劳动防护用品；对外来施工人员进行检修培训，对检修人员进行大修前培训，并进行考核，确保凡参与检修的人员考核合格；检修人员熟知介质应急救援预案，执行检修规程。

穿戴好工作服、安全帽、劳保鞋、一氧化碳报警仪等，反应釜外部配备紧急用长管呼吸器。

（2）火灾、爆炸。控制措施：严禁烟火，工艺处理彻底，经分析合格，办理相关票证后，方可施工。施工过程中将易燃物清理干净，反应釜四周消防水随时可用，配备至少2台灭火器。

（3）触电。控制措施：现场线缆内部铜丝不得外露，接地规范，使用防爆插头，设专人监护。

（4）高处坠落、物体打击。控制措施：办理合格高处作业证，穿戴工作服、安全帽、劳保鞋，佩戴五点式安全带，严禁低挂高用。

钢格板拆除期间做好防护隔离措施，每天施工完毕及时恢复。

检修过程中，检修工具放置在胶皮上，定置摆放。

（5）脚手架坍塌。控制措施：安排有资质的架子工搭设脚手架，脚手架固定牢固，上下方便，搭设规范，并且最终验收合格。

（6）机械伤害。控制措施：穿戴劳动防护用品，选择合格的检修工具，施工过程中必要时佩戴防护眼罩。

14. 验收标准

（1）各部位拆卸正确，反应釜内流体搅拌喷头固定正常，反应釜内部清理干净，无遗留物。

（2）焊接工艺应执行《压力容器焊接规程》（NB/T 47015—2011）的所有焊接文件要求（或参照 ASME BPVC－Ⅸ－2019 版《焊接和钎接判定标准》）。

（3）无损探伤及检测执行系列标准《承压设备无损检测》（NBT 47013）相关规定，对所有内部焊缝进行100%渗透检测，I级合格。

（4）氦渗透检测执行《无损检测 氦泄漏检测方法》（GB/T 15823—2009）及《承压设备无损检测　第8部分：泄漏检测》（NB/T 47013.8—2012）中附录B，泄漏率小于10^{-6} Pa·m^3/s。

（5）回装无泄漏，气密性试验合格。

思考与练习

1. 简述反应釜釜体缺陷修复的方法。
2. 简述搅拌系统检修规程。
3. 简述搅拌反应釜安全检修注意事项。

实训6　搅拌反应釜的维护与检修

一、实训目的

1. 正确使用检测工具对反应釜进行泄漏检查和处理。

2. 团队协作，完成反应釜搅拌系统的组装，调整搅拌轴摆动量至符合要求。

3. 掌握釜体检验及搅拌系统组装、调试、检验与试车方法等。

二、器材准备

钳工维修常用工具 54 mm、41 mm 呆手扳手各 1 件，6″、12″、18″活口扳手各 2 把，大锤、手锤各 1 件，安全带 2 件。

三、实训内容与步骤

通过查阅参考资料、小组讨论，模拟实际生产情况，对反应釜进行日常维护，更换密封件；对反应釜进行检修、组装，调整搅拌轴摆动量使其符合要求。每人独立完成一份任务工单（见表 5－5）并按时提交。

表 5－5　　任务工单

一、反应釜搅拌系统组装顺序、所用工具及注意事项 1. 拆装顺序 2. 检修工具 3. 注意事项 二、搅拌轴与密封腔的垂直度检测 1. 搅拌轴与密封腔的垂直度实测值： 2. 单端面机械密封垂直度偏差应小于 0. 05 mm（转速在 200 r/min 以下时）。 结论： 三、搅拌轴与密封腔的同轴度检测 1. 搅拌轴与密封腔的同轴度实测值： 2. 搅拌轴与密封腔的同轴度偏差应不大于 0. 5 mm。 结论： 四、搅拌轴的径向跳动检测 1. 搅拌轴与密封腔的径向跳动实测值： 2. 单端面机械密封径向跳动偏差应不大于 1 mm，双端面机械密封径向跳动偏差应不大于 0. 5 mm。 结论： 五、反应釜机械密封的型号、结构组成及其密封原理 六、反应釜试车时应注意的问题

四、实训测评

按表 5 – 6 所列实训评分标准进行测评，并做好记录。

表 5 – 6　　实训评分标准

项目	考核内容	配分	得分
搅拌反应釜装拆前的准备	着装是否符合要求，工具准备是否齐全	10	
反应釜的拆卸	拆卸前测量尺寸的方法是否正确	10	
	反应釜各螺栓拆卸顺序是否正确	5	
	取出机械密封元件的方法是否合理	10	
搅拌轴摆动量的调整	搅拌轴与密封腔的垂直度检测方法是否正确	3	
	搅拌轴与密封腔的同轴度检测方法是否正确	3	
	搅拌轴的径向跳动检测方法是否正确	3	
	以上三项检测数值是否在合格范围内	11	
反应釜组装	各部件组装是否牢固	8	
	反应釜安装顺序是否正确	20	
	测量数值是否与之前相符	7	
文明安全操作（若对设备或人身产生重大事故隐患，该项分扣除）	整个装拆过程中学员穿戴是否规范，是否文明操作	5	
	是否有撞头、伤害别人或自己、物件掉落等不安全操作	5	
合计		100	

第6章

化工设备的腐蚀与防腐

在化工生产中，腐蚀会缩短设备的使用寿命和运转周期，从而造成减产，增加设备制造、维修费用。腐蚀易造成设备和管线跑、冒、滴、漏，轻则造成原料和产品大量损失，影响产品质量，污染环境，重则酿成中毒、爆炸、火灾等重大事故。腐蚀还阻碍新技术、新工艺的发展。不难看出，这些因腐蚀造成的经济损失，比腐蚀掉的金属本身价值高得多。

对化工设备采取有效的防腐蚀措施，使之不受腐蚀或少受腐蚀，是保障设备正常运转、延长使用寿命、增收节支的重要措施，对于促进化学工业的迅速发展具有十分重大的意义。

§6－1　概述

学习目标

1. 熟悉腐蚀的含义及其界定。
2. 熟悉金属腐蚀的分类。
3. 掌握金属腐蚀速度评定的方法。

一、腐蚀的界定与分类

腐蚀是一种自然现象，且到处可见。例如，金属构件在大气中因腐蚀而生锈，埋入地下的金属管道因腐蚀发生穿孔，钢铁材料在高温下与空气中的氧作用发生锈蚀等。在化工生产中，化工设备与强腐蚀性介质（如酸、碱、盐等）接触，尤其是在高温、高压和高流速的工艺条件下，腐蚀问题更为突出和严重。

1. 腐蚀的界定

腐蚀指材料与周围环境发生化学、电化学反应和物理作用而引起的破坏或变质。从这个定义可以看出，腐蚀不仅涉及金属材料，非金属材料的变质也包括在腐蚀的范围之内。

金属腐蚀是指金属在周围介质（最常见的是液体和气体）作用下，由于化学变化、电化学变化或物理溶解而产生的缓慢破坏。例如，钢铁生锈、铜生绿、铝出现白斑等现象都是腐蚀。

非金属材料在化学介质与环境的共同作用下，由于渗透、溶解或变质所发生的缓慢损坏过程也称为腐蚀。例如，橡胶和涂料受阳光或化学物质的作用引起的变质等。

单纯的机械作用引起的金属磨损和破坏不属于腐蚀范畴。

2. 金属腐蚀的分类

金属腐蚀的现象与机理比较复杂，为便于了解腐蚀机理，更好地寻求防腐途径，通常按不同方法对金属腐蚀进行分类。

（1）按腐蚀机理分类，金属腐蚀可分为化学腐蚀、电化学腐蚀和物理腐蚀 3 类。

1）化学腐蚀。化学腐蚀指金属表面与周围介质直接发生纯化学作用而引起的破坏。在化学腐蚀过程中，没有电流产生。例如，铝在纯四氯化铁、三氯甲烷或乙醇中的腐蚀，镁和钛在纯甲醇中的腐蚀，金属在无水酒精和石油中的腐蚀等，都属于化学腐蚀。实际中，单纯的化学腐蚀比较少见，因为腐蚀介质中往往含有少量的水分而使金属的化学腐蚀转变为电化学腐蚀。

2）电化学腐蚀。电化学腐蚀指金属表面与周围介质发生电化学作用而产生的破坏，腐蚀过程中有电流产生。它的主要特点是在腐蚀介质中，有能够导电的电解质溶液。属于这类腐蚀的有：金属在潮湿空气中的大气腐蚀，如化工厂内暴露在大气中的机器、设备、电器等的腐蚀；土壤腐蚀，即埋在地下的金属设施的腐蚀，如地下水管、油管和电缆在土壤中的腐蚀；海水腐蚀，如舰船外壳的腐蚀、采油平台的腐蚀；电解质溶液的腐蚀，如金属在酸、碱、盐溶液中的腐蚀，是最普遍的腐蚀现象。化工生产中大部分腐蚀属于电化学腐蚀。由电化学腐蚀造成的破坏损失最严重。

3）物理腐蚀。物理腐蚀指金属由于单纯的物理作用所引起的破坏。许多金属在高温熔盐、熔碱及液态金属中可发生物理腐蚀。例如，盛放熔融锌的钢容器，由于铁被液态锌所溶解而腐蚀。

（2）按腐蚀破坏的形貌特征分类，金属腐蚀可分为全面腐蚀（均匀腐蚀）和局部腐蚀两大类。

1）全面腐蚀。全面腐蚀是指腐蚀分布在整个金属表面，这类腐蚀的危险性较小。当全面腐蚀不太严重时，只要在设计时增加腐蚀裕度就能防止设备的破坏。

2）局部腐蚀。局部腐蚀是指腐蚀主要集中在金属表面某一区域，而其他区域几乎未被破坏。局部腐蚀往往是在没有先兆的情况下发生的，目前对其预测和防止仍很困难。局部腐蚀是造成设备破坏的主要原因。常见的局部腐蚀有以下几种：

①点腐蚀。点腐蚀也称孔蚀，是指金属表面局部区域内出现向深处发展的小孔。它的特

点是蚀孔的深度大于孔径，在金属表面呈分散或密集状态。点腐蚀会引起应力集中，是破坏性和隐患最大的腐蚀形式之一，严重时可使设备穿孔破坏。不锈钢、铝及其合金和钛及其合金在含有氯离子的介质中常出现点腐蚀。

②应力腐蚀。应力腐蚀是金属材料在拉伸应力和特定的腐蚀环境共同作用下，以裂纹形式发生的腐蚀破坏。日本曾对 17 年内所发生的 306 起设备腐蚀破裂事故进行统计，其中应力腐蚀破裂占 42.2%。在我国化肥、化工、炼油生产中，疲劳断裂和应力腐蚀断裂引起的化工设备破坏事故占比也很大。

③晶间腐蚀。这种腐蚀在金属晶粒边界上发生并沿着晶界向纵深发展，使晶粒间结合力大大削弱。晶间腐蚀的特点是金属表面看不出明显的变化，但强度已大为降低，敲击时无金属的清脆声。不锈钢、镍合金、铝合金、镁合金等都是晶间腐蚀敏感性较高的材料。

④电偶腐蚀。凡具有不同电极电位的金属互相接触，并在同一介质中所发生的电化学腐蚀即电偶腐蚀，也称接触腐蚀。电偶腐蚀也是常见的腐蚀现象。例如，碳钢与黄铜在海水中互相接触，由于它们在海水中的腐蚀电位不同，碳钢成为阳极而被腐蚀，黄铜成为阴极而不会被腐蚀。

⑤缝隙腐蚀。缝隙腐蚀是在金属与金属或金属与非金属之间形成的小缝隙内发生的金属腐蚀。这是一种很普遍的腐蚀现象，金属材料几乎都会发生缝隙腐蚀。例如，法兰连接面、螺母紧压面、焊缝气孔等以及金属表面的砂泥、积垢等，都会形成缝隙而使金属腐蚀。

⑥磨损腐蚀。介质运动速度很快，引起金属的加速破坏或腐蚀。腐蚀过程中伴随着冲刷和磨损，致使腐蚀速度比静态时大为增加。

⑦氢脆。在高温、高压下，氢气渗入钢材内，与金属材料内的碳化物反应，生成甲烷逸出，而使钢材脱碳，造成材料的强度与塑性大幅度降低，使金属脆化，称为氢脆。氢脆可使金属丧失强度而断裂。

二、金属腐蚀速度的评定

金属遭受腐蚀后，其质量、厚度、机械性能以及组织结构等都会发生变化，这些物理和力学性能的变化率均可用来表示金属腐蚀的速度。在均匀腐蚀的情况下，通常可采用质量指标和深度指标来表示金属腐蚀速度。

1. 质量指标

金属腐蚀速度的质量指标是把金属因腐蚀而发生的质量变化，换算成单位金属表面积于单位时间内的质量变化的数值。通常采用失重法表示。

2. 深度指标

金属腐蚀速度的深度指标就是把金属的厚度因腐蚀而减少的量，以线量单位表示，并换算成单位时间内的数值。在衡量密度不同的各种金属腐蚀速度时，此种指标极为方便。

工程上，根据金属年腐蚀深度的不同，可将金属的耐蚀性分为 10 级标准和 3 级标准(见表 6－1 和表 6－2)。

表 6－1　　均匀腐蚀的 10 级标准

耐蚀性评定	等级	腐蚀深度/(mm/a)
Ⅰ（完全耐蚀）	1	<0.001
Ⅱ（很耐蚀）	2	0.001～0.005
	3	0.005～0.01
Ⅲ（耐蚀）	4	0.01～0.05
	5	0.05～0.1
Ⅳ（尚耐蚀）	6	0.1～0.5
	7	0.5～1
Ⅴ（欠耐蚀）	8	1.0～5
	9	5.0～10
Ⅵ（不耐蚀）	10	>10

表 6－2　　均匀腐蚀的 3 级标准

耐蚀性评定	等级	腐蚀深度/(mm/a)
耐用	1	<0.1
可用	2	0.1～1.0
不可用	3	>1.0

由表 6－1 和表 6－2 可见，10 级标准分得太细，且腐蚀深度并不与时间呈线性关系，难以精确地反映实际情况。3 级标准比较简单，在一些要求严格的场合往往过于粗略。例如，对一些精密部件，虽然腐蚀率小于 1.0 mm/a，但这样的材料不见得“可用”，故应视具体情况应用。但要注意，高压和处理剧毒、易燃、易爆物质的设备对均匀腐蚀深度的要求比普通设备严格得多，所以在选材时应从严选用。

思考与练习

1. 什么是腐蚀？腐蚀有哪几种类型？
2. 全面腐蚀和局部腐蚀的特征是什么？
3. 局部腐蚀破坏有哪几种？
4. 哪些常用材料易出现晶间腐蚀？如何确定材料已被晶间腐蚀？
5. 金属均匀腐蚀速度的评定指标是什么？

§6－2　常用材料的耐蚀性

学习目标

1. 熟悉耐蚀材料的物理、化学性能以及使用环境的条件。

2. 能够根据具体使用场合选择制造设备的材料。

3. 能够根据运行设备材料性能制定维护设备的措施。

在化工生产中，常用的耐蚀材料为金属材料和非金属材料。耐蚀材料是对应其使用环境而言的，因此，了解各种耐蚀材料的物理、化学性能以及使用环境的条件是至关重要的。本节对化工生产中常用的材料及耐蚀特性进行简单介绍，便于合理选用材料，正确维护设备。

一、金属材料

1. 碳钢

碳钢在盐酸中不耐蚀，在硝酸、硫酸中的腐蚀速度起初随其浓度提高而增大，当浓度达到50%（质量分数）以上反而耐蚀。弱酸、强碱组成的盐对碳钢腐蚀性小，特别是一些具有氧化性的盐，能使碳钢表面生成钝化膜而起到保护作用。

2. 不锈钢

不锈钢是指在一般腐蚀介质中具有良好抗蚀能力的钢，其中对强腐蚀介质具有抗蚀能力的又称耐酸钢。不锈钢中的合金元素主要有铬、镍、锰、钼、钛、铝、铜等。一般，不锈钢中铬质量分数在10.5%以上，因为只有当铬质量分数大于13%时，才能使钢由活化状态转化为钝化状态，从而具有良好的耐蚀性能。铬以外其他合金元素的加入，是为了提高不锈钢的耐蚀性或改善其他性能。

不锈钢的种类很多，大致可分为马氏体不锈钢、铁素体不锈钢、奥氏体不锈钢等。

（1）马氏体不锈钢的耐蚀性不如铁素体和奥氏体不锈钢，它在海水、大气及氧化介质中抗蚀性较好，但在盐酸和硫化氢等介质中抗蚀性差。

（2）铁素体不锈钢因含铬量较高，所以具有良好的耐蚀性和抗高温氧化性能。因不能热处理强化，铁素体不锈钢强度比马氏体不锈钢差，易变脆，冷热加工性较差。

（3）奥氏体不锈钢是最常用的铬镍不锈钢，铬质量分数达18%以上，镍质量分数达8%以上，不但耐蚀性、抗高温氧化性能好，而且冷加工性能及焊接性能好。

3. 铝及其合金

铝和铝合金是石油、化工生产中常用的一种耐腐蚀材料。这是因为空气中的氧及氧化性介质能使铝钝化，使其表面生成一层氧化膜，这层膜致密又坚固，所以铝在许多介质中很稳定。一般说来，铝越纯，越耐腐蚀。

铝在尿素和聚丙烯腈生产中，可耐低压和常压下尿液、丙烯腈和丙烯醛等介质的腐蚀。铝在硫酸盐溶液和氨水中耐蚀。铝在许多有机介质中有优良的耐蚀性能，尤其不会使食物中毒，不污染食品和改变食品颜色（铝离子无毒无色）。在化工厂中，应用较多的是防锈铝合金和铝硅合金及铸造铝合金。

4. 铜及其合金

铜是一种广泛使用的金属，具有良好的耐蚀性、优越的低温机械性能及良好的导电性、导热性、低温焊接特性。纯铜又叫紫铜，在大气、水、海水、碱类溶液中有较好的耐蚀性能，但不耐硝酸、含氧及氧化剂的溶液和氨的腐蚀。

常用的铜合金是黄铜和青铜。黄铜比单纯的铜具有更强的耐冲击腐蚀能力；青铜与黄铜的物理性能相似，防腐蚀能力与纯铜差不多。

铜及其合金主要用于制冷设备（如用黄铜制作海水冷凝器的管道等）。

5. 镍及其合金

纯镍强度高，塑性、延伸性和可锻性好。镍是一种用途广泛又较贵重的金属，大量用于国防尖端工业和冶金工业，在化学工业中主要用于制碱工业。

镍合金包括许多耐蚀、耐热和既耐蚀又耐热的合金，化工生产中常用的有镍铜合金（蒙乃尔合金）、镍钼铁合金（哈氏合金或称海氏合金）等。

镍铜合金（镍质量分数为 70%，铜质量分数为 30%）具有良好的机械性能和加工性能，能抵抗高速流动的海水腐蚀，在石油、化工生产中被用来制造输送浓碱液的泵和阀门等。

镍钼铁合金既耐蚀又耐高温。它在盐酸、硝酸、氢氟酸等介质的特别苛刻的条件下，比奥氏体不锈钢的耐蚀性高得多。由于它较贵重，在化工生产中只有当其他材料不能使用时，才采用这类合金。

6. 铅及其合金

铅在大气和土壤中有很高的耐蚀性，在稀硫酸中极耐蚀，常用于硫酸生产。铅的强度低，硬度低，密度大，熔点及导热系数小，容易加工，便于焊接。所以在化工生产中经常用衬铅、搪铅作为防腐蚀层或制作管道，但铅及其合金不能用于传热设备。

在化工生产中，最常用的铅合金是硬铅，即铅锑合金。在铅中加入约 10%（质量分数）的锑，能显著提高铅的硬度。硬铅的化学稳定性随锑含量的增加而稍有下降。但总的来说，硬铅的化学稳定性仍然是很高的，可用来制造管件、泵壳、叶轮等。

7. 钛及其合金

钛是一种新型的化工耐腐蚀金属材料。它是轻金属，相对密度小，强度高，耐蚀性好，广泛用于宇航、石油、化工等许多工业部门。

钛本身具有较高的活性，易与氧结合生成致密的氧化膜，此膜的稳定性远高于铅及不锈钢的氧化膜，且在受到机械损伤后能很快恢复。钛对许多活性介质是极其耐蚀的，其耐蚀性超过高铬镍不锈钢及镍钼合金等。一般情况下，钛不会产生点腐蚀，也不会发生晶间腐蚀。

钛及其合金不宜在高温下使用，氧、氮和氢会渗入其内部，使钛及其合金材料变脆。钛不仅具有良好的耐蚀性能，而且加工性能好，可进行冷热加工和一般机械加工，适用于制造耐蚀条件要求高的化工设备壳体、内衬、换热器等。

二、非金属材料

非金属材料在石油、化工生产中已获得了日益广泛的应用，因为非金属材料具有良好的耐蚀性能，甚至某些特性是金属材料所不能代替的。

非金属材料可以单独作为化工设备的结构材料，常用作黑色金属的防腐蚀衬里。常用的非金属材料可分为无机材料（陶瓷、玻璃等）和有机材料（塑料、涂料、不透性石墨、橡胶等）。

下面介绍几种常用的非金属材料。

1. 化工陶瓷

化工陶瓷制品是化工生产中常用的耐蚀材料。化工陶瓷多用在介质温度变化不大，常低压，无冲击和振动的中小设备及管、管件、泵、阀门等零件上，产品多已定型。

化工陶瓷一般分为3类，即耐酸陶瓷、耐酸耐温陶瓷和工业陶瓷。耐酸耐温陶瓷的孔隙率和吸水率大，耐温度急变性高，容许使用温度较高。其他两类陶瓷耐温度急变性差，使用温度较低。化工陶瓷为脆性材料，加工性能差，冲击韧性低，弹性模数小，热稳定性差，容易受温度剧变的影响。实际使用中应防止撞击、振动和骤冷、骤热。

2. 玻璃

玻璃属硅酸盐材料，在防腐领域中应用较多的为高硅氧玻璃、硼硅酸盐玻璃。玻璃具有优良的耐蚀性，能耐几乎所有的无机酸、有机酸和有机溶剂的腐蚀（除氢氟酸、热磷酸、硅氟酸和强碱外）。玻璃在盐酸和制药行业中应用广泛，常用作蒸馏塔、泵、管道、阀门等玻璃衬里层，又可制成玻璃设备。

3. 塑料

塑料是以合成树脂为主体，加入一定量的填料、增塑剂、稳定剂等制成的材料。塑料最大的特点是耐蚀，在化工生产中有着广阔的用途，主要用于设备的结构材料、管道和防腐衬里。各种塑料主体原料不同，所加添加剂各异，故其性能差异较大。下面介绍几种常用的耐蚀塑料。

聚氯乙烯塑料在大部分酸、碱、盐类溶液中耐蚀，根据增塑剂添加数量不同，可分为软、硬两种。硬聚氯乙烯具有一定的强度，成形加工性能好，可进行焊接，具有一定的电气绝缘、隔热、阻燃等性能。许多化工厂用硬聚氯乙烯塑料代替不锈钢、铅、橡胶等材料，并用作塔器、储槽、泵、阀门、管道。软聚氯乙烯多用作耐蚀衬里层。

聚乙烯塑料是乙烯的高分子化合物，随着制造方法的不同，其性能也有差异。聚乙烯具有优良的耐寒性，化学稳定性好，有机溶剂都不能溶解它。聚乙烯可用于制成管件、阀门、泵、塔盘等，也可作为防腐涂层，其薄板可作为设备防腐内衬。

氟塑料是塑料分子中含有氟原子的塑料总称。其种类有聚四氟乙烯、聚三氟氯乙烯和聚全氟乙丙烯等。其中，聚四氟乙烯是最典型的塑料，俗称塑料王。其特点是耐热性、绝缘性、耐寒性好，化学稳定性极佳，各种强酸、强碱甚至王水对它也不发生作用，在防腐领域中是极有前途的材料。氟塑料主要用于制作衬里、轴瓦、小容器、热交换器及管道等。

耐酸酚醛塑料易于挤压、卷制、模压成形、黏结和机加工，可制成塔节、储槽、管道、管件、泵、阀门、搅拌器等。

4. 玻璃钢

以合成树脂为黏结剂，以玻璃纤维及其制品（如玻璃带、玻璃布、玻璃丝）为增强材料，按一定成形方法（如手糊、模压、缠绕等）所得到的制品称为玻璃纤维增强塑料。该类塑料比强度（抗拉强度与表观密度之比）超过一般钢材，故有玻璃钢之称。

玻璃钢是一种新型的非金属防腐蚀材料。它质轻、强度高、耐热、耐腐蚀，所以在化工防腐蚀上得到了广泛的应用。玻璃钢常用来制作设备衬里和整体玻璃钢设备，还用于增强非金属材料制造的设备和管道的强度。在化工生产中，应用较多的是环氧、酚醛、呋喃和聚酯等几种类型的玻璃钢。玻璃钢的耐蚀及耐热性，随所采用的树脂而异。例如，酚醛玻璃钢耐酸、耐溶剂性好；环氧玻璃钢耐水、耐碱性好，耐酸、耐溶剂性尚好，与金属黏结力强，机械强度高；呋喃玻璃钢耐酸、碱、溶剂性好，耐高温；聚酯玻璃钢耐稀酸、油性好，施工方便，韧性好。

为了改善玻璃钢的性能，可采用增加第二种树脂的方法，制成改性玻璃钢。一般说来，改性玻璃钢兼有两种树脂的性能。常用的改性玻璃钢有环氧－酚醛、环氧－呋喃玻璃钢等。

5. 不透性石墨

用各种树脂浸渍石墨以消除孔隙即得到不透性石墨。它具有较高的导热性和化学稳定性，热膨胀系数小，耐温度急变性好，不污染物料而能保障产品的纯度，切削加工方便，密度小，但是机械强度低，而且质脆。

不透性石墨的耐腐蚀性主要取决于浸渍树脂的性能。例如，用酚醛树脂浸渍的不透性石墨，除强氧化性介质（如硝酸、浓硫酸、酪酸等）和强碱外，能耐大多数介质的腐蚀。不透性石墨的导热性好，因而常用来制作强腐蚀性介质的换热器，也可用作泵和反应器上机械密封的密封环等。

6. 橡胶

橡胶是常用的防腐材料，通常作为金属设备的防腐蚀衬里。

橡胶分为天然橡胶和合成橡胶两类。用于化工防腐蚀衬里的橡胶为天然橡胶。这种衬里橡胶系生胶经过硫化处理而成。经过硫化后的橡胶具有一定的耐热性能和良好的物理性能、机械性能、耐蚀性能，除强氧化剂（如硝酸、浓硫酸、铬酸及过氧化氢等）及某些溶剂（如苯、二硫化碳、四氯化碳等）外，能耐大多数无机酸、有机酸、碱、盐溶液及醇类介质的腐蚀。

7. 涂料

化工厂的设备、管道、厂房经常遭到工业大气或腐蚀性介质的腐蚀。采用涂料覆盖层保护是最经济和有效的方法。

涂料由液体部分、固体部分和辅助部分组成。液体部分包括成膜物质和溶剂。成膜物质是油料或树脂在有机溶剂中的溶液，它将填料、颜料黏结在一起，形成能牢固附着在物体表面的漆膜。溶剂是一些挥发性的液体，它能稀释或溶解树脂或油料，使之便于施工。固体部分有填料和颜料。填料用以提高漆膜的机械强度、耐蚀性、耐热性，降低膨胀系数及收缩率。颜料使漆膜有一定的遮盖力和颜色。辅助部分有固化剂和增塑剂。常用的涂料有生漆、过氯乙烯漆、酚醛清漆、环氧树脂漆及沥青漆等。

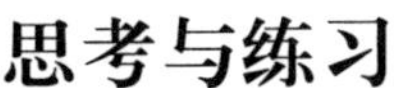

思考与练习

1. 腐蚀有哪些危害？
2. 简述常用耐蚀材料的种类及耐蚀特性。

§6－3　化工设备的防腐

学习目标

1. 熟悉化工设备常用的 4 种防腐方法。
2. 能根据耐腐蚀原理制定设备金属腐蚀控制主要方法措施。
3. 熟悉非金属保护层防腐措施。

化工设备防腐是延长设备使用寿命，避免事故发生的重要措施。常用的防腐蚀方法有金属保护层、非金属保护层、电化学保护、缓蚀剂保护、选择耐腐蚀材料、改善设备结构、改善工艺过程和进行环境处理等。本节只介绍常用的 4 种防腐方法。

一、金属保护层

金属保护层是用耐蚀性能强的金属或合金覆盖于耐蚀性能较弱的合金或金属（主体金属）上。金属保护层除具有较好的耐蚀性外，还能节约大量贵重金属和合金，而且不同的覆盖层具有不同的耐蚀性，能够满足不同的工艺要求，因而在石油、化工防腐工程中得到一定应用。但金属保护层施工较复杂，质量不易保障（如镀层多孔、焊接质量不好等），使其应用受到一定限制。常见的金属保护层有电镀、化学镀镍、金属喷镀和金属衬里等。

1. 电镀

电镀是工业上普遍采用的一种防腐措施。电镀是利用直流电的作用，从电解液中析出金属沉积在工件表面，从而使工件表面获得金属保护层（如镀铬、镀镍等）。通过电镀工艺操作，可以控制必要的镀层厚度。电镀层很牢固，纯度很高，具有一定的耐蚀性和耐磨性，外观美观，可用于装饰。电镀一般有电镀锌、镉、铜、锡、镍、铬等多种。电镀层一般很薄且不容易做到完全无孔，故不能用于强腐蚀性介质，大多用于防止大气、水和某些弱腐蚀性介质的腐蚀。

电镀锌最为普遍，镀锌板和镀锌管是工业装置和日常生活中的常用材料。

2. 化学镀镍

化学镀镍是采用镍盐、次磷酸钠及其他附加物的弱酸性溶液，将镍离子还原成金属镍并沉积在金属表面的一种方法。这种方法的特点是无须外加电流，而且工件的形状不影响镀层的厚度，只要镀液能达到的地方，均能获得均匀的镀层厚度。一般情况下，化学镀镍层较薄，如需较厚的镀层，可采用连续镀法，即将镀液通过连续循环来完成镀镍的过程。镀镍后进行热处理，可提高镀层的结合力。这种镀层比电镀层（电镀锌）的孔隙率更低或无孔隙，可用于耐碱的小型工件和某些要求干净、避免铁离子污染的生产过程。

3. 金属喷镀

金属喷镀是利用压缩空气将熔融状态的金属雾化成微粒，并喷射在预先准备好的工件表面上而形成金属保护层。这种方法采用的工艺和设备都较简单，可喷镀多种金属和合金，应用较广。金属喷镀最常用的方法是气喷镀和电喷镀两种。气喷镀是用乙炔氧焰燃烧将金属熔化，再用压缩空气将熔融金属喷镀在工件表面上，主要设备为气喷枪。电喷镀是利用直流电使两根金属丝间产生电弧将金属熔化，然后用压缩空气使之雾化并喷涂在工件上，其主要设备为电喷枪。

4. 金属衬里

金属衬里就是把耐腐蚀的金属材料衬在其他金属（碳钢）底层。常用的有铅衬里、不锈钢衬里、铝衬里及钛衬里等。

（1）铅衬里。搪铅是指采用氢气-氧气火焰将铅条熔融后贴覆在被衬的工件或设备表面，形成具有一定厚度的密实铅层。衬铅是将铅板用压板、螺栓、搪钉固定在设备或被衬物件表面，再用铅焊条将铅板之间焊接起来，形成一层铅防腐层，将设备与介质隔离开。在化工防腐中，这两种方法用于接触硫酸和硫酸盐等介质的设备。不论在衬铅还是搪铅施工中，应注意铅中毒。近年来，铅衬里已部分被不透性石墨、塑料、玻璃钢等非金属材料所代替。

铅衬后的设备都应进行水压或气压试验，确无渗漏后才可投入使用。

（2）不锈钢衬里。用不锈钢作为衬里，是利用热压、金属堆焊、熔焊或塞焊等方法在金属或合金表面衬一层不锈钢。但应用更多的是不锈钢复合钢板。不锈钢衬里一般是无孔的，有一定的厚度，可起到耐蚀作用。不锈钢复合钢板是钢厂专门轧制生产的，其耐蚀性能与纯不锈钢板相同，现已推广使用于石油、化工工业中的耐腐蚀设备上。

二、非金属保护层

非金属保护层是以有机或无机的非金属材料覆盖在金属制品表面作为保护层，包括非金属衬里和涂层。非金属保护层是化工厂应用较多的防腐措施。

1. 非金属衬里

非金属衬里包括玻璃钢衬里和橡胶衬里。

（1）玻璃钢衬里。玻璃钢衬里是玻璃钢在防腐工程中常用的一种形式。它是将合成树脂作为黏结剂，把玻璃纤维制品逐层铺贴在设备的内表面上，经固化处理后，形成具有一定机械强度、耐热性能和化学稳定性的整体结构。这种结构的耐蚀性能良好。常用的玻璃钢衬里有环氧、酚醛、呋喃和聚酯玻璃钢等。

玻璃钢制品的固化处理主要根据所用的黏结剂材料而定。通常，加有固化剂的黏结材料可在常温下固化，不加固化剂的须加热固化。常用固化剂有环氧树脂固化剂、酚醛树脂固化剂、呋喃树脂固化剂等。

（2）橡胶衬里。橡胶衬里就是把生橡胶板（橡胶、硫黄和其他配合剂混合而成）按一定的工艺要求，衬贴在设备内表面上，再经硫化而形成的保护层。硫化就是把已衬贴橡胶板的设备，用蒸汽加热，使橡胶与硫化剂发生反应而固化的过程。硫化后，橡胶由可塑状态变成不可塑状态，并具有良好的物理、力学性能和化学性能。

除腐蚀不太严重的设备衬单层橡胶板外，一般设备衬 2 层橡胶板。当有磨损和温度变化时，可选用 2 mm 或 3 mm 的硬橡胶板作底层，面层用 2 mm 或 3 mm 的软橡胶板。当腐蚀严重又有物料磨损时，可用 2 层半硬橡胶板，衬层总厚度为 6 mm。对于室外安装的橡胶衬里设备，考虑冬季气温低，硬橡胶板易冻裂，也应采用 2 层半硬橡胶板作为衬里层。若条件苛刻，2 层半硬橡胶板难以适应时，可考虑衬 3 层。

2. 涂层

涂层防腐（见图 6 – 1）就是把具有防腐功能的涂料涂在设备表面，经干燥固化形成均匀的涂膜，从而达到防止外部介质腐蚀的目的。在众多的防腐方法中，涂层防腐是最简便、经济且适用范围最广泛的一种。

图 6 – 1　涂层防腐

涂料的防腐作用主要表现在以下 3 个方面：

（1）隔离作用。当物体表面涂刷的涂料干结后，便形成一层连续的保护膜，将物体与腐蚀环境隔开，使腐蚀介质不能直接接触被涂物体，因而起到防腐蚀作用。

（2）缓蚀作用。某些涂料的底层（底漆）含有阻蚀性颜料，如四氧化三铅、锌铬黄等。它们能与金属起反应，使金属表面钝化形成保护膜，可提高涂层的保护性能。另外，一些油料在金属皂的作用下生成降解产物，也能起到有机缓蚀剂的作用。涂料的这种作用能弥补隔离作用的不足，而隔离作用又能防止缓蚀剂的流失，使缓蚀作用持久。

（3）电化学保护作用。当腐蚀介质透过涂层，接触基体金属表面时，就会发生膜下的电化学腐蚀。如果在涂料中加入活性比基体金属高的金属粉末作为填料，牺牲阳极，进而起到保护作用。即使涂层有破损，其对裸露金属的保护比缓蚀作用可靠。最典型的例子是富锌涂料。大量的锌粉填料除用于牺牲阳极外，其腐蚀产物氧化锌还能使涂层变得更致密，遮盖并钝化裸露的金属表面。值得注意的是，在酸性或碱性溶液中，氧化锌能被溶解，锌粉也会很快被腐蚀消耗尽。有资料表明，锌在 60 ~ 70 ℃ 的温度下会转变极性，成为钢铁的阳极，反而促进腐蚀。因此，富锌涂料只能用于常温下中性或弱碱性的溶液中。

常用防腐涂料包括底涂料、油性涂料、硝基纤维涂料、醇酸树脂涂料、酚醛树脂涂料、呋喃树脂涂料、环氧树脂涂料、沥青防腐涂料等。

三、电化学保护

金属的电化学保护可分为阴极保护和阳极保护。

1. 阴极保护

将被保护的金属进行阴极极化（当有外电流作用时，电极电位偏离稳定电位的现象称为极化。电极电位向更负的方向移动称为阴极极化，反之称为阳极极化），以减小或防止金属腐蚀的方法，称为阴极保护。阴极保护是电化学保护中常用的一种形式。

外加电流阴极保护法简单易行，保护效果好。该方法是将被保护的金属设备用导线与外加直流电源的负极连接，在电解质溶液中外加辅助阳极与外加直流电源正极连接，如图 6 – 2 所示。

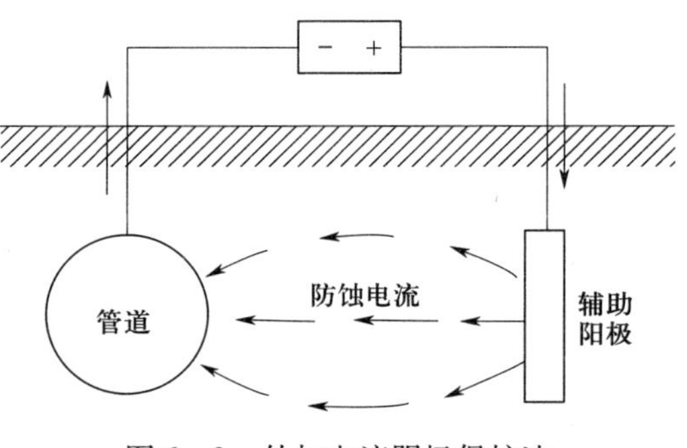

图 6 – 2　外加电流阴极保护法

通电后，外加电流由辅助阳极经过电解质溶液流入被保护金属，使之发生阴极极化，从而降低腐蚀速度，使化工设备得到保护。

外加电流阴极保护法可用于各种水冷器、联碱生产结晶器、母液槽、生产碳酸氢铵的碳化塔以及制盐蒸发器、浓缩硫酸盐等设备。

2. 阳极保护

阳极保护刚好与阴极保护相反，它是将保护的金属设备与外加直流电源的正极相连接，电源的负极与辅助阴极相连，在一定电解质溶液中，给金属设备通以阳极电流，进行阳极极化至一定电位。在此电位下，金属设备能建立并维持钝化状态，使金属表面生成一层稳定的钝化膜从而受到保护。

四、缓蚀剂保护

向腐蚀环境中加入的可以降低环境对金属腐蚀作用的物质称为缓蚀剂，又称腐蚀抑制剂。

缓蚀剂防腐方法使用方便，防腐效果显著，同时在整个系统中，凡是与介质接触的设备、机器、仪表等均可受到保护，这是其他任何防腐措施都不可比拟的，所以在石油、化工、钢铁、机械、动力和运输等部门得到广泛的应用。在化肥、化工生产中常采用缓蚀剂防腐。例如，烧碱生产中的铸铁熬碱锅，可采用 0.03% 左右的硝酸钠作为缓蚀剂，使铸铁锅的腐蚀深度从每年几毫米降低到每年 1 mm 以内，缓蚀率达 80% ~90% 。在合成氨生产的热

钾碱法脱碳系统中，介质对设备、管道的腐蚀非常严重，采用偏钒酸钾作为缓蚀剂（在生产上通常加入五氧化二钒，它在钾碱溶液中生成偏钒酸钾），可使设备的腐蚀大大减轻。用酸洗方法除去锅炉和换热器的水垢是恢复其使用功能，保障安全运行的重要措施。采用酸洗除垢，能大大节省人力、物力和时间，但是为了防止酸洗过程中金属被酸腐蚀，必须根据具体条件选用相应的酸洗缓蚀剂。

缓蚀剂的种类繁多，它们的缓蚀效果与腐蚀环境（如介质的性质、温度、流动速度等）、被保护材料的种类和性质以及缓蚀剂本身的种类和加入量等，都有着密切的关系。所以，使用时应有针对性地选择缓蚀剂。

为了减少缓蚀剂的流失，一般宜在循环系统中使用。同时，在使用缓蚀剂时，应考虑对产品质量有无不良影响，对生产过程有无堵塞、发泡等副作用，对环境是否造成污染，以及成本的高低、经济效益是否显著等问题。

思考与练习

1. 常见的金属保护层有哪些？它们分别有什么优缺点？
2. 金属设备的常用防腐方法有哪些？
3. 常用的非金属衬里有哪些？
4. 涂料有什么防腐作用？常用的防腐涂料有哪些？
5. 何谓阴极保护、阳极保护？
6. 缓蚀剂的缓蚀效果与哪些因素密切相关？